“十四五”职业教育国家规划教材
“十三五”职业教育国家规划教材
国家示范性高等职业院校成果教材
新能源汽车技术系列

动力电池管理及维护技术

（第2版）

张　凯　主　编
李正国　副主编

清華大学出版社
北　京

内 容 简 介

动力电池管理及维护技术是电动汽车的核心技术，是电动汽车产业发展的基础和关键。本书讲述电动汽车动力电池的发展、参数、测试等基础知识，重点讲解目前应用最广泛的锂离子动力电池，同时兼顾镍氢电池、铅酸电池、燃料电池等其他类型动力电池和储能装置。本书对动力电池管理系统、充电设施及动力电池维护技术也进行了较详细的介绍。

本书采用新形态的编写模式，注重课程思政引领，可作为应用型本科及高职本专科车辆工程、汽车工程技术、新能源汽车工程技术、新能源汽车技术、智能网联汽车技术等相关专业的教材，也可供从事新能源汽车研发、生产和管理等方面工作的工程技术人员参考。

图书在版编目（CIP）数据

动力电池管理及维护技术/张凯主编. —2 版. —北京：清华大学出版社，2020.2（2024.9重印）
国家示范性高等职业院校成果教材. 新能源汽车技术系列
ISBN 978-7-302-54560-6

Ⅰ. ①动… Ⅱ. ①张… Ⅲ. ①电动汽车－电池－管理－高等职业教育－教材 ②电动汽车－电池－维修－高等职业教育－教材 Ⅳ. ①TM91

中国版本图书馆 CIP 数据核字(2019)第 290398 号

责任编辑：许　龙
封面设计：常雪影
责任校对：赵丽敏
责任印制：丛怀宇

出版发行：清华大学出版社
网　　址：https://www.tup.com.cn，https://www.wqxuetang.com
地　　址：北京清华大学学研大厦 A 座　　**邮　　编**：100084
社 总 机：010-83470000　　**邮　　购**：010-62786544
投稿与读者服务：010-62776969，c-service@tup.tsinghua.edu.cn
质量反馈：010-62772015，zhiliang@tup.tsinghua.edu.cn
印 装 者：天津鑫丰华印务有限公司
经　　销：全国新华书店
开　　本：185mm×260mm　　**印　张**：13.75　　**字　　数**：332 千字
版　　次：2017 年 8 月第 1 版　2020 年 2 月第 2 版　　**印　　次**：2024 年 9 月第 17 次印刷
定　　价：39.80 元

产品编号：086397-02

第2版前言

我国新能源汽车行业发展迅猛，动力电池作为核心技术和关键部件，在最近几年更是发生了巨大的变化。全球动力电池市场需求将持续增长，预计中国仍然会是全球最大的新能源汽车市场，2020年新能源汽车产量将达210万辆，对应的电池需求量为110GW·h，产值规模达1100亿元。技术路线方面，磷酸铁锂、三元电池分别占据商用车和乘用车的应用主流，固态电池和燃料电池也日益引起重视。

根据中国汽车工程学会发布的《节能与新能源汽车技术路线图》，为了达到"支撑新能源汽车的发展，持续提升电池单体能量密度和降低单体成本"的目标，路线图提出，到2020年，纯电动汽车动力电池系统能量密度达到250W·h/kg，电池系统成本降至1元/(W·h)。可以预见，未来几年将是中国动力电池技术及产业迎来快速发展和变革的时期，高职新能源汽车技术教学理应紧跟时代，不断充实和革新内容。深圳职业技术学院与国内新能源汽车领域龙头企业比亚迪股份有限公司建立了良好的校企合作关系，2019年起双方共建"比亚迪应用技术学院"，本教材在编写过程中吸纳了比亚迪公司的主要车型和技术资料。

本教材出版以来已重印多次，被国内多所高职院校用作新能源汽车技术及相关专业教材，获得了较好的评价。为适应两年多来动力电池技术的快速发展，此次修订在保留原有体系的基础上，对教材内容进行了较大的更新和调整。主要改动如下：增加了动力电池技术发展及市场现状的介绍；锂离子动力电池章节扩充了三元电池和固态电池的知识；其他电池与储能装置章节扩充了燃料电池的知识；充电及电池维护两个章节调整了案例车型；此外基础知识、电池测试和电池管理部分也作了部分调整。

本教材采用新型态编写模式，融入课程思政元素，贯彻以比亚迪"刀片电池"为代表的新技术、新工艺和新标准，在编写体例方面，基于内容特点，没有采用项目化形式编排，但在实际教学过程中，可以在相应章节（如电池成组、测试、管理、充电及维护等）开展项目化教学。教材以二维码的形式配备了动画、文档等数字资源，供读者学习使用，并可利用配套慕课、VR资源开展教学。

参加修订的人员有：于湛（第1章1.1、1.2节）、朱亮红（第1章1.3、1.4节）、范文慧（第2章）、周兴锋（第3章3.1、3.2节）、李健平（第3章3.3节）、熊永（第4章）、张凯（第5～6章）、张永波（第7章）、李正国（第8章），全书由张凯主编并统稿，李正国任副主编，曹家喆担任主审。

此次修订参考了大量的书籍、文献和资料，在此谨向作者表示感谢。同时，教材再版过程获得了比亚迪锂电池有限公司王高武、张磊等多位工程师的大力支持，以及董铸荣、贺萍、潘浩、胡林林、陈典荣、易聃的帮助，在此表示感谢。

最后，限于编者水平和时间，疏漏之处在所难免，敬请读者批评指正。

编　者

2019年8月于深圳

第1版前言

国家“十五”“863”计划电动汽车重大科技专项确立了以燃料电池电动汽车、混合动力电动汽车和纯电动汽车为“三纵”，以多能源动力总成、驱动电池和动力电池为“三横”的“三纵三横”研发布局，电动汽车关键零部件核心技术取得突破。产业化方面，经过多年的示范应用和政策支持，市场对电动汽车表现出极大的认可。根据中国汽车工业协会最新统计数据，我国2016年新能源汽车生产51.7万辆，销售50.7万辆，比上年同期分别增长51.7%和53%，已连续两年产销量位居全球第一。近几年新能源汽车产业发展势头迅猛，然而我国相应的专业教育并没有跟上，未来新能源汽车领域的人才缺口巨大。

在电动汽车领域，虽然关于电池技术的教材、专著并不少，但是绝大多数都侧重于电池的原理，其中以电化学相关知识为主。以应用为目的尤其是为新能源汽车(这里主要指纯电动汽车)而编写的教材并不多，无法满足相关专业学生对电动汽车动力电池知识学习的需求。鉴于此，编者在近几年讲授“电动汽车应用技术”“新能源汽车概论”“动力电池管理与维护”等课程的同时，整理讲义并编写了本书。在编写过程中注意把握电动汽车动力电池的发展趋势，引入动力电池最新的知识和最新应用，从结构和基本原理出发，介绍电池技术的发展历史、重要参数、设备测试等基础知识，重点讲解目前应用最广泛的锂离子动力电池(包含三元电池)，同时兼顾铅酸电池、镍氢电池、燃料电池、锌空气电池、太阳能电池、超高速飞轮电池、超级电容等其他类型动力电池和储能装置。在电池章节，对其电化学原理点到为止，重点介绍其使用特性和应用情况。同时对动力电池管理系统、充电设施及动力电池维护技术也进行了较详细的介绍。全书整体叙述深入浅出，对动力电池作了相对详细、全面和较为深入的介绍和分析。

本书共8章，可大体上分为3部分：第1～3章是动力电池的总体介绍，主要包括动力电池的发展历程、工作原理、基本参数、充电方法、特性测试等；第4～7章是主体，包括8种主要电池和储能装置的基本原理、性能特点、应用情况以及电池的管理和充电问题；第8章为应用部分，简要讲述了动力电池和充电设施的保养与故障诊断。

本书可作为应用型本科及高职车辆工程、新能源汽车技术、汽车电子技术等相关专业的教材，也可供从事新能源汽车产品研发、生产和管理等方面工作的工程技术人员参考。

参加编写的人员有：于湛(第1章)、张凯(第2、4～7章)、李正国(第3、8章)。全书由张凯担任主编并统稿，李正国担任副主编。

在本书的编写过程中查阅了大量的书籍、文献和资料,引用了其中一些技术资料和图表,在此谨向作者表示感谢。同时,在讨论教材体系结构安排和收集资料时,得到了董铸荣、曹家喆、徐艳民、徐卓胜、朱小春、何军的支持,在此表示感谢。

限于编者水平,疏漏之处在所难免,恳请读者不吝赐教。

编　者

2017年5月

目录

第1章 电动汽车动力电池的发展

伴随环境以及能源短缺问题，以化石燃料为主要能量来源的汽车工业面临着严峻的挑战。用动力电池代替化石燃料发展电动汽车是目前解决这些问题的有效途径。人们习惯上将用动力电池替代或部分替代燃油的包括纯电动汽车、混合动力电动汽车在内的各类电动汽车称为新能源汽车，而将仅采用燃油作为单一能源的汽车称为传统汽车。本章介绍动力电池及电动车辆的发展历程、现状和趋势，介绍动力电池在不同种类电动车辆上的应用，以及以比亚迪、宁德时代为代表的在技术和销量上领先的动力电池企业基本情况。

1.1 电动汽车发展历程

动力电池是电动车辆的主要能量来源，其技术历经了多次材料体系的变迁。每一次动力电池材料体系的变化都会带来电动车辆的一次发展高潮。20 世纪 90 年代出现的锂离子动力电池带来了现在以纯电驱动为主的电动汽车研发和示范应用新纪元。2021 年国内新能源汽车销量达 352 万辆，我国新能源汽车产销量从 2015 年开始连续 7 年位居全球首位。

1.1.1 电池发展简史

1800 年，亚历山大·伏特制成了人类历史上最早的电池，后人称之为伏特电池。1830 年，威廉姆·斯特金解决了伏特电池的弱电流和极化问题，使电池的使用寿命大大延长。1836 年，约翰·丹尼尔进一步改进了伏特电池，后人称之为丹尼尔电池，它是第一个可长时间持续供电的蓄电池。1859 年，法国科学家普兰特·加斯东发明了一种能够产生较大电流的可重复充电的铅酸电池。1899 年 Waldmar Jungner（沃尔德玛·杨格纳）发明了 Ni-Cd 电池。1984 年荷兰的飞利浦（Philips）公司成功研制出 $LaNi_5$ 储氢合金，并制备出 MH-Ni 电池。

1991 年，可充电的锂离子蓄电池问世，实验室制成的第一只 18650 型锂离子电池容量仅为 600mA·h。1992 年，索尼公司开始大规模生产民用锂离子电池。1995 年，日本索尼公司首先研制出 100A·h 锂离子动力电池并在电动汽车上应用，展示了锂离子电池作为电动汽车用动力电池的优越性能，引起了广泛关注。到目前为止，锂离子动力电池被认为是最有希望的电动汽车用动力蓄电池之一，并在多种电动汽车上推广应用。近年推出的电动汽车产品绝大多数都采用锂离子动力电池，并形成了以钴酸锂、锰酸锂、镍酸锂、磷酸铁锂为主的电动汽车锂离子动力电池应用体系。如图 1-1 所示即为某电动汽车锂离子电池系统。

随着对电池能量密度提升的需要，三元锂电池在乘用车领域的市场占比越来越大。由于三元电池具有能量密度(也称作比能量)高、支持高倍率放电等优异的电化学特性，以及价格适中的成本优势，在智能机器人、AGV 物流车、无人机和新能源汽车等动力锂电池领域显示出了强劲的发展潜力。动力电池安全问题备受瞩目，而固态电池因其能够很大程度改善安全性，成为继三元锂电池之后的下一轮动力电池热点。固态电池是一种使用固体电极和固体电解液的电池，其能量密度相对三元电池更高，储存同样的能量，固态电池体积将变得更小，所以它被认为是未来电动汽车理想的电池。

燃料电池是一种通过氧化还原反应将燃料(氢气)转换成电力的装置。相比于普通电动汽车，氢燃料电池汽车具有添加燃料快、续航能力长的优势，比如本田生产的氢燃料电池汽车 Clarity，加氢 3min，续航里程 750km。因此氢燃料电池汽车甚至被认为是新能源车的终极解决方案。其他电池如锌空气电池、钠硫电池、镁空气电池(见图 1-2)等，在过去的 100 年中在电动汽车上也有所应用但由于其电池的特性、价格、制备工艺等问题，尚未成为电动汽车应用电池的主流。

如今新型高能动力电池不断见诸报道，可以想见，随着技术的进步，动力电池必将向高能量密度、高功率密度(也称作比功率)、长寿命、低价格、安全可靠的方向发展。

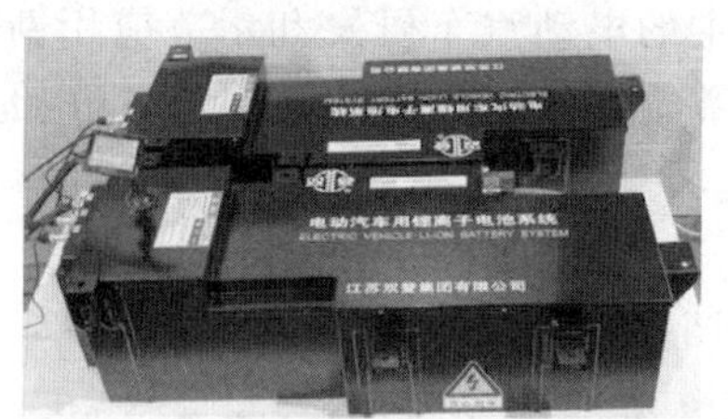

图 1-1　电动汽车锂离子电池系统

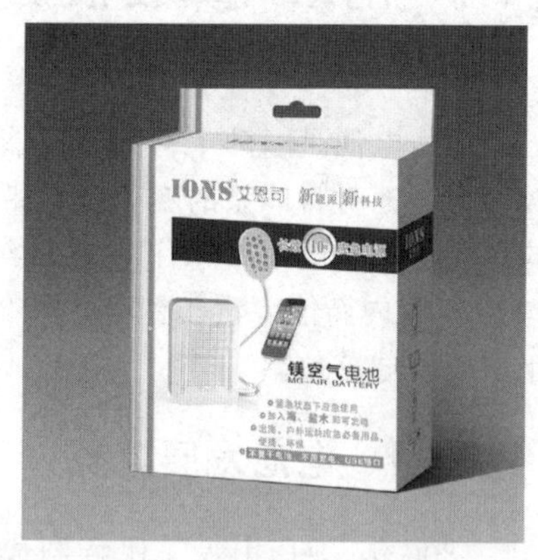

图 1-2　镁空气电池

1.1.2　电动机发展简史

第一个电动机是 1740 年由苏格兰僧侣安德鲁·戈登创建的简单的静电设备。1821 年英国人迈克尔·法拉第发明电动机实验室模型，只要有电流通过线路，线路就会绕着一块永久磁铁不停地转动，成为电动机发展的雏形。1827 年，匈牙利物理学家安幼思·杰德利克开始尝试用电磁线圈进行实验。杰德利克在解决一些技术问题后，称他的设备为“电磁自转机”。虽然只用于教学目的，但第一款杰德利克的设备已包含今日直流电动机的 3 个主要组成部分：定子、转子和换向器。1831 年，美国人约瑟夫·亨利改进了法拉第电动机，使用电磁铁代替永久磁铁，提高了输出功率，从而向实用电动机发展跨出了重要一步。

1834 年,德国人莫里茨·赫尔曼·雅可比对亨利的电动机作了重要革新,把水平的电磁铁改为转动的电枢,并加装了换向器,制成了第一个电动机样机。1838 年,制造出世界上第一台实用直流电动机,安装在船上,并试航成功。从此,电动机就完成了从实验室模型到实用电动机的转化。

1835 年,美国一位铁匠汤马斯·达文波特制作出世界上第一台能驱动小电车的应用电动机,并在 1837 年申请了专利。18 世纪 70 年代初期,世界上最早可商品化的电动机由比利时电机工程师 ZenobeTheo-phileGamme(泽诺布·特奥·菲力格玛)发明。1888 年,美国著名发明家尼古拉·特斯拉应用法拉第的电磁感应原理,发明了交流电动机,即感应电动机。1902 年,瑞典工程师丹尼尔森利用特斯拉感应电动机的旋转磁场观念,发明了同步电动机。

电动机的发明使电驱动车辆成为可能,为电动汽车的发展提供了条件。

1.1.3 电动汽车的发展历程

电池和电动机的发明和不断发展推动了电动汽车的发展。一百多年来,电动汽车的发展经历了发明、发展、繁荣、衰退和复苏 5 个阶段。

1. 电动汽车的发明

1839 年,苏格兰的罗伯特·安德森(Robert Anderson)给四轮马车装上了电池和电动机,将其成功改造为世界上第一辆靠电力驱动的车辆(见图 1-3)。1842 年他又与托马斯·戴文波特(Thomas Davenport)合作制作电动汽车,该车采用的是不可充电的玻璃封装蓄电池,自此开创了电动车辆发展和应用的历史。这比德国人戈特利布·戴姆勒(Gottlieb Daimler)和卡尔·本茨(Karl Benz)发明的汽油发动机汽车早了数十年。1847 年,美国人摩西·法莫制造了第一辆以蓄电池为动力、可乘坐两人的电动汽车。

图 1-3 世界第一辆电动汽车

2. 电动汽车的发展

1881 年 11 月,法国人古斯塔夫·特鲁夫在巴黎展出了一台电动三轮车。加上乘员后总质量达到 160kg,速度达到 12km/h。1882 年,威廉姆·爱德华·阿顿和约翰·培理也制成了一辆电动三轮车,车上还配备了照明灯。这辆车的总质量提高到 168kg,速度提高到 14.5km/h。1890 年,威廉姆·莫瑞逊在美国制造了一辆能行驶 13h、车速为 14mile/h(1mile≈1.6km)的电动汽车。1891 年,美国人亨利·莫瑞斯制成了第一辆电动四轮车,实现了从三轮向四轮的转变,这是电动车向实用化方向迈出的重要一步。

1895 年,由亨利·莫瑞斯和皮德罗·沙龙制造的 ElectrobatⅡ,安装了两台驱动电机,能以 20mile/h 的速度行驶 25mile。1897 年,美国费城电车公司研究制造的纽约电动出租车实现了电动车的商业化运营。1899 年 5 月,一个名叫卡米勒·杰纳茨的比利时人驾驶一辆 44kW 双电动机为动力的后轮驱动的子弹头型电动汽车,创造了速度为 68mile/h 的纪录,并且续航里程达到了约290km。这也是世界上第一辆速度超过100km/h的汽车,如图1-4(a)所示,图1-4(b)所示为后期法国学生复制的子弹头电动汽车。

(a)

(b)

图1-4 1899年子弹头电动汽车及其后期复制品

1899年,贝克汽车公司在美国成立,开始生产电动汽车。公司生产的电动赛车的车速能超过120km/h,而且是第一辆座位上装有安全带的乘用车。1900年,BGS公司生产的电动汽车创造了单次充电行驶180mile的最长里程纪录。

3. 电动汽车的繁荣

19世纪末期到1920年是电动车发展的一个高峰。

据统计,到1890年,在全世界4200辆汽车中,有38%为电动汽车,40%为蒸汽车,22%为内燃机汽车。到1911年,就已经有电动出租汽车在巴黎和伦敦的街头上运营。美国首先实现了早期电动车的商业运营,成为发展最快、应用最广的国家。19世纪末的电动出租汽车如图1-5所示。

图1-5 19世纪末的电动出租汽车

到了1912年,已经有几十万辆电动汽车遍及全世界,被广泛使用于出租车、送货车、公共汽车等领域。据统计,1912年,在美国登记的电动汽车数量达到3.4万辆。电动汽车产销量在1912年达到最大,在20世纪20年代仍有不俗表现。

4. 电动汽车的衰退

然而电动汽车的黄金时代并没维持多久。由于在美国得克萨斯州发现了石油,使得汽油价格下跌,大大降低了汽油车的使用成本。1890—1920年,全世界的石油生产量增长了10倍。1911年,查尔斯·科特林(Charles Kettering)发明了内燃机自动起动技术;1908年,福特汽车公司推出了T型车,并开始大批量生产,内燃机汽车的成本大幅下降,1912年电动车售价1750美元,而汽油车只要650美元。

1913年,福特建立了内燃机汽车装配流水线,几乎使装配速度提高了8倍,最终使每工作日每隔10s就有一台T型车驶下生产线。内燃机汽车进入了标准化、大批量生产阶段。亨利·福特以大批量流水线生产方式生产汽油车使得汽油车价格更加低廉,其价格从1909年的850美元降到了1925年的260美元。内燃机汽车应用方便、价格低廉的优点逐步显现。虽然同一时期电动汽车用的动力电池技术也在飞速发展，在1910—1925年间，电池存储的能量提高了35%，寿命增长了300%，电动汽车的行驶里程增长了230%，与此同时，价格降低了63%，但汽油的质量能量密度是电池的100倍，体积能量密度是电池的40倍。在使用性能方面，燃油汽车的续航里程是电动汽车的2～3倍，动力电池充电时间也明显长于内燃机汽车燃油的加注时间。因此，电动汽车续航里程短、充电时间长成为无法与内燃机汽车相抗衡的致命因素。随着道路交通系统的改善，导致对长距离运输车辆的需求不断增加，电动汽车的黄金时代仅仅维持了20多年，便走向衰退。

第一次世界大战后，电力牵引技术应用的重点转移到公共交通领域，如火车、有轨电车和无轨电车。随着内燃机汽车设计和制造技术的发展，在很多地区，有轨电车和无轨电车也逐步被柴油驱动的内燃机汽车取代。这一方面是由于电动汽车技术多年没有大的进步，车速低、加速度小；另一方面是由于其使用区域受限以及电力供应网络和建设维护费用偏高。20世纪20年代，电动汽车几乎消失了。

5. 电动汽车的复苏

第二次世界大战后，欧洲和日本的石油供给紧张，电动汽车在局部地区出现复苏迹象。1943年，仅仅在日本就有3000多辆电动汽车处于注册状态。20世纪40年代，电动汽车续航里程只有50～60km，最高速度仅为30～35km/h，其性能仅能满足短途、低速运输的需要。

进入20世纪60年代，内燃机汽车大批量的使用导致严重的空气污染。不仅如此，更严重的是内燃机汽车对石油的过分依赖，导致一系列的政治问题和国家安全问题。70年代初，世界石油危机对美国乃至世界经济产生了重大影响，而电动汽车由于其良好的环保性能和能摆脱对石油的依赖性，重新得到社会各界的重视。

20世纪70年代末期，德国戴姆勒-奔驰汽车公司生产了一批LE306电动汽车，采用铅酸电池，电压180V，容量180A·h，铅酸电池质量为1000kg；装有他励直流电动机，电动机最高转速为6000r/min；有效载荷为1450kg，总质量为4400kg；最高速度为50km/h，最大爬坡度为16%，原地起步加速到50km/h的时间为14s，续航里程可达120km。

意大利为了降低空气污染，于20世纪80年代末建立了电动汽车车队，共投入52辆电动汽车试验，所有车均用铅酸电池。1990年菲亚特汽车公司生产“熊猫一览lef/ra”，载重量为1330kg，车速为70km/h，续航里程为100km，采用铅酸电池或镍镉电池，车速可达100km/h，续航里程达180km。

1976年，美国国会通过了《纯电动汽车和混合动力电动汽车的研究开发和样车试用法令》(The Electric and Hybrid Vehicle Research Development and Demonstration)，拨款1.6亿美元资助电动汽车的开发。1977年，第一次国际电动汽车会议在美国举行，公开展出了100多辆电动汽车。1978年，美国通过《第95-238公法》(Federal Nonnuclear Act)，增加对电动汽车研发的拨款，政府同时责成能源部电力研究所与电力公司加快研制电动汽车的技术，并加大资金投入，责成国家阿岗实验室与电池公司合作研制供电动汽车用的高性能蓄电池。从此，国际上开始了第二轮的电动汽车研发高潮。图1-6为20世纪80年代Bradley生产的GTElectrics电动跑车。

1988年，在美国洛杉矶地区的市议会上曾有人提出引入国际竞争机制，年产1万辆电

图 1-6　GTElectrics 电动跑车

动汽车,包括 5000 辆货车和 5000 辆两座乘用车并推向市场。继洛杉矶倡议之后,1989 年 12 月 13 日,加利福尼亚州空气资源委员会(CARB)对汽车排放制定了规划,该项规划要求到 20 世纪 90 年代,在加利福尼亚州销售的所有车辆中,有 2%要符合零排放标准(zero-emission-vehicles),满足该标准的车辆只能是纯电动汽车或氢燃料电池电动汽车。随后,美国纽约、马萨诸塞等州也颁布了类似的法律。

1991 年美国通用汽车公司、福特汽车公司和克莱斯勒汽车公司共同商议,成立了先进电池联合体(USABC),共同研究开发新一代电动汽车所需要的高能电池。1991 年 10 月,USABC 与美国能源部签订协议,在 1991—1995 年的 4 年间投资 2.26 亿美元资助电动汽车用高能电池的研究。1991 年 10 月,美国电力研究院(ERPI)也加入先进电池联合体,参与高能电池与电动汽车的开发。它们研发的主要有镍氢、钠硫、锂聚合物和锂离子等高能电池,其中镍氢、锂聚合物和锂离子电池投入商业化生产。美国通用汽车公司还在底特律建成 EV-1(纯电动汽车)电动轿车总装线,每天生产 10 台电动轿车。但经过 13 年的探索,蓄电池技术还是未能获得关键性突破,以通用汽车公司为代表的汽车厂商不再积极鼓励发展纯电动汽车,转向了对燃料电池车的研究。

2009 年奥巴马上台后又转向了率先实现混合动力车商业化、燃料电池车作为远期目标的电动汽车发展战略。在国家战略的引导下,美国各类电动汽车技术成果颇丰,先后提出了针对纯电动汽车与混合动力汽车的四大类标准,并形成了世界上最完善的燃料电池汽车标准体系。截至 2012 年,在混合动力汽车、燃料电池汽车等电动汽车关键技术领域,美国获得授权专利数量占据了全球专利总数的 22%。特斯拉推出的 Model 3 在 2018 年电动汽车领域占据了主导地位,成为美国最畅销的汽车之一,这是电动汽车的一个突破。

进入 21 世纪后,欧洲电动汽车产业也快速发展,保有量大幅增长。欧洲的汽车企业也纷纷在传统内燃机汽车的技术优势的基础上推出自己的插电式混合动力和纯电动汽车品牌,如雷诺推出的雷诺 ZOE、雷诺 KangrooZOE、雷诺 twizy 三款纯电动汽车,宝马推出的纯电动跑车 i3、插电式混合动力跑车 i8,大众推出的插电式混合动力车辆高尔夫"TwinDrive"等。中国自主品牌比亚迪、北汽新能源、上汽集团、吉利汽车等均推出了自己的新能源汽车,知名车型如比亚迪汉、唐 DM、北汽 EU5、荣威 Ei5、帝豪 EV450 等。2022 年 11 月,比亚迪第 300 万辆新能源汽车下线,标志着中国新能源汽车产业达到了一个新高度。

2010—2020 年全球电动汽车(纯电动及插电式混动)销量如图 1-7 所示。

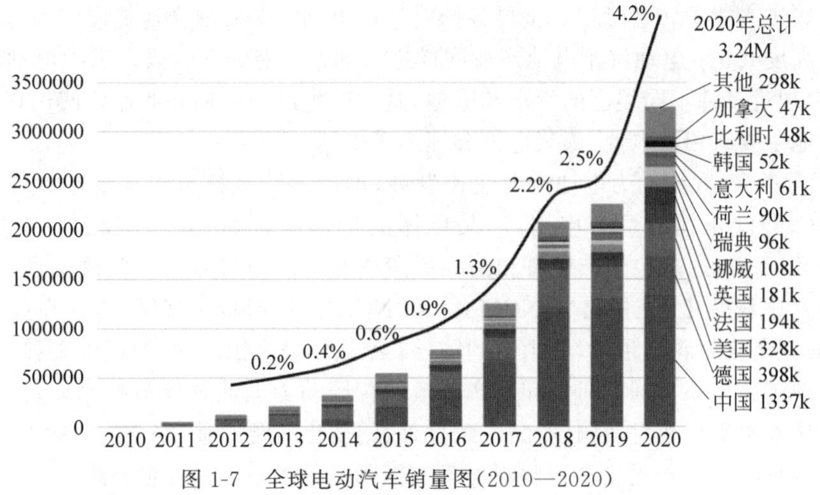

图 1-7 全球电动汽车销量图(2010—2020)

1.2 动力电池技术及其发展趋势

应用在电动汽车上的储能技术主要是电化学储能技术，即铅酸、镍氢、镍镉、锂离子、钠硫等电池储能技术。过去这些储能技术分别在能量密度、功率密度、充电技术、使用寿命、安全性和成本等几方面存在严重不足，制约了电动汽车的发展。近年来，电动汽车电池技术的研发受到了各国能源、交通、电力等部门的重视，电池的多种性能得到了提高，如锂离子电池技术在安全性方面取得了突破性进展。这些将有望推动电动汽车的大规模商业化。

1.2.1 国内外动力电池技术现状

1. 车用电池发展

在19世纪末到20世纪初之间，电动汽车由于缺乏成熟的电池技术和合适的电池材料发展得非常缓慢，以内燃机为动力的传统汽车占领了市场。第一代现代电动汽车EV1由美国通用汽车公司在1996年制造，它采用的是铅酸电池技术。1999年研发的第二代通用汽车公司的电动汽车以镍氢电池为动力源，一次充电的行驶里程是前者的1.5倍，同样因无竞争力而退出市场。同期，日本丰田汽车公司利用镍氢电池技术制造了将内燃机和电动机相结合的第三代电动汽车，即混合动力车(hybrid electric vehicle，HEV)。HEV是具备多个动力源(主要是汽油机、柴油机和电动机)，根据情况同时或者分别使用几个动力源的机动车辆。镍氢电池成为在电动汽车电池技术的研究领域和市场应用中最受关注的电池。

2006年锂离子电池技术的迅速发展，特别是在安全性方面的大幅提高，使之逐步被应用于纯电动车和混合动力车，成为镍氢电池强劲的竞争者。2007年，插电式的混合动力车(plug-in HEV，PHEV)诞生了。PHEV与HEV最大的不同是它的电池能量可来自于电网，而不完全依靠内燃机化石燃料提供。当电池电量高时，PHEV采用纯电动车模式(动力完全来自电池)行驶，电池电量降低时，进入传统的HEV模式。

2008年，金融危机、国际油价的高位震荡和节能减排等产生巨大的外部压力，使全球汽车产业正式进入能源转型时期。世界各国对发展电动汽车实现交通能源转型这样的技术路线达成了高度共识;电动汽车电池产业同样进入加速发展的新阶段。纵观电动车的整个发展过程,出现过多种不同类型的汽车和电池,其中产生巨大影响并商业化使用直到现在的电动汽车电池主要有铅酸电池、镍氢电池和锂离子电池。

2012 年以来,我国动力电池产业快速发展,推动各环节技术水平快速提升。电芯实现了三元 NCM811 电池的量产应用,产品单体能量密度为 260W・h/kg,系统能量密度为 180W・h/kg;方形、软包生产设备和圆柱后段电化学环节设备基本实现国产,自动化程度和设备精度显著提升;正极材料 NCM811 和 NCA 材料初步实现国产,并在部分产品上实现应用;硅碳负极材料已量产,并出口到国外;湿法隔膜已国产化,产品性能接近国外水平;电解液实现了新型添加剂的研发和量产。虽然我国动力电池各环节技术取得一定发展,但企业总体研发水平仍相对薄弱、产品一致性差、同质化问题严重、安全问题频发,特别是在电池能量密度、BMS、生产设备和原材料方面与国际先进水平存在一定差距。

2. 基本特性

表 1-1 列出现阶段在电动汽车上使用的主流电池类型及其基本特性。其中铅酸蓄电池由于技术成熟、成本低,在电动汽车尤其是纯电动汽车上应用广泛。锂离子动力电池具有容量高、能量密度高、循环寿命长、无记忆效应等优点,因而成为当前电动汽车用动力电池技术研究开发的主要方向,尤其是 Plug-in 混合动力概念的推出,又为锂离子电池的应用拓展了广阔的市场空间。

表 1-1　电动汽车用蓄电池概况

电池类型	铅酸蓄电池	镍镉电池	镍氢电池	钠硫电池	锂离子电池
能量密度/(W・h/kg)	35	55	60～70	100	120
功率密度/(W/kg)	130	170	170	150	300
循环寿命/次	400～600	500 以上	1000 以上	350	1000 以上
优点	技术成熟,廉价,可靠性高	能量密度较高,寿命长,耐过充放性好	能量密度高,寿命长	能量密度高	能量密度高,寿命长
缺点	能量密度低,耐过充放性差	镉有毒,价高,高温充电性差	价高,高温充电性差	高温工作稳定	价高,存在一定安全性问题

当前,国际上各大电池公司纷纷投入巨资研制开发锂离子动力电池,在技术上取得一系列重大突破。如美国的 A123 公司研制的锂离子动力电池,电池容量为 2.3A・h,循环寿命长达 1000 次以上,能够以 70A 电流持续放电,120A 电流瞬时放电,产品安全可靠。美国 Valence 公司研制的 U-charge 磷酸铁锂电池,除了能量密度高、安全性好以外,可在－20～60℃的宽温度范围内放电及储存,其质量比铅酸电池轻了 36%,一次充电后的运行时间是铅酸电池的 2 倍,循环寿命是铅酸电池的 6～7 倍。随着锂离子动力电池技术的不断发展,其在电动汽车上的应用前景被汽车企业普遍看好,在近几年国际车展上,各大汽车公司展出的绝大多数纯电动汽车和混合动力汽车都采用锂离子动力电池。

在我国,权威部门对动力电池的测试结果表明,中国研制的动力蓄电池的功率密度和能量密度实测数据达到同类型电池的国际先进水平,电池安全性能也有了很大的提高。镍氢动力蓄电池荷电保持能力大幅提升,常温搁置 28 天,荷电保持能力可达 95%以上;新型锂离子动力电池功率密度可达 2000W/kg 以上。

3. 典型电池应用

1) 铅酸电池

尽管新电池技术不断地产生,但铅酸蓄电池至今仍作为动力源应用于旅游观光车、电动叉车或者一些短距离行驶的公交车上。表 1-2 所示为铅酸蓄电池的性能指标和作为某种汽车动力源的应用情况。

表 1-2 铅酸蓄电池的性能指标及其在电动汽车的应用情况

质量能量密度/(W·h/kg)	体积能量密度/(W·h/L)	功率密度/(W/kg)	循环次数	单体电压/V
30～50	60～75	90～200	500～800	2.105

电动汽车电池组单体容量/(A·h)	电动汽车电池组单体质量/kg	电动汽车电池组单体电压/V	电动汽车类型
150	42	12	短距离电动汽车(如观光车)

应用于电动汽车的新一代阀控式密封铅酸蓄电池(valve-regulated lead acid battery, VRLA)无须维护,允许深度放电,可循环使用;然而 VRLA 依旧有着铅酸蓄电池能量密度和功率密度低的致命弱点,根本原因是金属铅的密度大。充放电方式也会严重影响它的使用寿命,长期过充电产生的气体会导致极板的活性物质脱落,不适合放电到低于额定容量的 20%,反复过度放电同样导致寿命急剧缩短;此外,在没有定期充满的情况下会有硫酸盐晶体析出,使电池的孔隙度降低,限制活性物质的进入,导致电池的容量减小。掌握铅酸电池变流放电情况下的电池特性对延长电池寿命有重要意义。

铅酸电池作为电动汽车电池的未来研究重点是解决能量密度低的问题,以及高倍率部分荷电状态时寿命严重缩短的问题。

2) 镍氢电池

碱性电池由镍基和碱性溶液电解液构成,主要有镍镉电池、镍锌电池和镍氢电池 3 种,其中镍氢电池最具有应用于电动汽车的竞争力。镍氢电池相对于镍镉电池,能量密度较高并对环境无污染。商业化的 HEV 大多数采用镍氢电池技术,其性能指标及在电动汽车的应用情况如表 1-3 所示。相对铅酸电池,镍氢电池在体积能量密度方面提高了 3 倍,在功率密度方面提高了 10 倍。

表 1-3 镍氢电池的性能指标及其在电动汽车的应用情况

质量能量密度/(W·h/kg)	体积能量密度/(W·h/L)	功率密度/(W/kg)	循环次数	单体电压/V
30～110	140～490	250～1200	500～1500	1.2

电动汽车电池组单体容量/(A·h)	电动汽车电池组单体质量/kg	电动汽车电池组单体电压/V	电动汽车类型
90	2.2	1.2	混合动力车(如混合动力公共汽车)

镍氢电池广泛应用受限的原因是其在低温时容量减小和高温时充电耐受性的限制；此外，价格也是制约镍氢电池发展的主要因素，原材料如金属镍非常昂贵。镍氢电池显然能够比铅酸电池储存更多的能量，但过放电会造成永久性损伤，荷电状态(state of charge，SOC)必须被限制在一个较小的范围内，电池储存的大部分能量并没有被实际使用，如丰田 Prius 只能使用电池 20%的能量。

3) 锂离子电池

锂离子电池的传统结构包括石墨阳极、锂离子金属氧化物构成的阴极和电解液(有机溶剂溶解的锂盐溶液)。最常见的锂离子电池以碳为阳极，以碳酸乙烯酯和碳酸二甲酯溶解六氟磷酸锂溶液为电解液，以二氧化锰酸锂为阴极；轻巧结实，能量密度大，单体电压约为 3.7V。表 1-4 所示为锂离子电池的性能指标及其在电动汽车的应用情况。可以看出，相较镍氢电池，锂离子电池具有相对较高的工作电压和较大的能量密度，是镍氢电池的 3 倍。锂离子电池体积小，质量轻，循环寿命长，自放电率低，无记忆效应且无污染。

表 1-4 锂离子电池的性能指标及其在电动汽车的应用情况

质量能量密度/(W·h/kg)	体积能量密度/(W·h/L)	功率密度/(W/kg)	循环次数	单体电压/V
100～250	250～360	250～340	400～2000	3.7

电动汽车电池组单体容量/(A·h)	电动汽车电池组单体质量/kg	电动汽车电池组单体电压/V	电动汽车类型
400	14.4	3.2	纯电动车(如私家车、纯电动公共汽车)

锂离子电池技术的先进性和在新兴关键市场(电动汽车领域)的应用，已激发全球范围内的研发热潮，因此锂离子电池势必将在电动汽车和新能源领域占据重要位置。目前在电动汽车中，应用较多的锂离子电池是磷酸铁锂电池，它热稳定性和安全性较好，同时价格相对便宜。这些因素使磷酸铁锂电池成为小型电动汽车和 PHEV 动力电池的首选。然而在锂离子电池中，磷酸锂电池的能量密度、功率密度以及运行电压相对较低，在大型纯电动车应用方面钴酸锂和锰酸锂电池等更具优势。

1.2.2 动力电池的发展趋势

1. 发展趋势

铅酸电池经过 100 多年的发展，技术成熟，初期采购成本比镍氢电池和锂离子电池低得多，而且电池结构方面的新技术继续提高了铅酸电池的性能，因此在一定时间内铅酸电池仍然会被较为广泛使用。目前来看铅酸电池比较适合低速、低成本的电动车辆，我国绝大多数电动自行车的电池采用铅酸电池。但是铅及其化合物对人体有毒，而且铅酸电池性能大幅提高的可能性不大，从长远来看，铅酸电池将被其他新型电池所取代。

镍氢电池和锂离子电池属于新型动力电池。在镍氢动力电池研发和产业化方面，日本走在前列，镍氢电池以其功率密度高、技术成熟在电动车辆用动力电池中将被持续稳定应用。在锂离子电池领域，随着锂离子电池材料的研究和发展，在能量密度、功率密度、安全性、可靠性、循环寿命、成本等方面取得了突破性进展，为电动汽车发展注入了新的活力，使锂离子电池成为近期最有发展前途和推广应用前景的动力电池。

在整个新能源汽车发展中，纯电动汽车产品的开发理念由以往单纯重视性能、一味追求动力性和续航里程，转为以提高整车性价比为中心，综合考虑动力性、续航里程和成本的设计理念，产品更加接近消费者需求。不同类型的动力电池性能、价格具有明显差异，能适应不同的消费层次和满足不同的需要。铅酸电池、镍氢电池、锂离子电池和燃料电池在未来一段时间内仍将是国内外电动汽车用动力电池的主要类型，会共同占有电动汽车用动力电池的市场。

在电池技术发展预测方面，日本政府在《下一代车辆燃料行动计划》中，对电动汽车用动力电池的性能发展进行了预测(见表1-5)。从表中可以看出，预计到2030年，电池性能提高7倍，成本是当前的1/40。德国国家电动汽车发展计划(2009年)预测，至2015年，电池系统普遍能够达到的能量密度为200W·h/kg，为当前使用的锂离子电池密度的2倍；博世(Bosch)公司预测，2020年，电池能量密度可以达到350W·h/kg。中国汽车工程学会2020年发布的《节能与新能源汽车技术路线图2.0》提出纯电动汽车动力电池的比能量目标是2025年为350W·h/kg，2030年为400W·h/kg，2035年为500W·h/kg。事实上，电动汽车用动力电池能量密度如果在近年出现质的飞跃，电动汽车续驶里程将不再是困扰电动汽车发展的瓶颈问题。

表1-5 日本车辆燃料行动计划对电动汽车动力电池发展的预期和目标

发展阶段	当前现状	改良型电池(2010年)	先进型电池(2015年)	革新型电池(2030年)
电动汽车类型	用于电力公司的EV小型电动车	特殊用途的微型汽车； 高性能混合动力汽车	普通微型电动车燃料电池汽车； 插入式混合动力汽车	纯电动汽车
性能	1	1	1.5倍	7倍
成本	1	1/2	1/7	1/40

2. 政策支撑

日本、韩国、美国、德国等国际主要动力电池生产国纷纷制定动力电池产业发展扶持政策，明确发展方向、任务目标和技术路线，推动动力电池产业快速发展，支持政策主要内容如表1-6所示。

表1-6 主要动力电池国家政策

国家	支持政策主要内容
日本	《新一代(次世代)机动车战略2010》，规划到2020年，纯电动汽车(EV)和混合动力轿车(Hybrid)将在整体乘用车的销售比例中占到50%。日本发布《二次电池技术路线图2013》，明确到2030年前日本二次电池技术路线目标
韩国	韩国知识经济部支持《世界首要材料》项目，涉及纯电动汽车和储能两大应用领域，项目内容是引导绿色社会的二次电池技术研发项目，以期在韩国打造完善的动力电池产业链
美国	美国能源部所属的能源效率及可再生能源办公室发布《电动汽车无处不在大挑战》，重点支持应用于插电式混合动力汽车的"锂离子电池"技术研发
德国	发起电池研发的资助计划，计划要简化研究成果向产业应用转化，以及实现电池"德国制造"，提出2014—2020年动力电池系统的技术参数目标

我国也出台并形成了完善的动力电池产业政策体系，涵盖从研发、生产、销售、使用到回收利用的全产业链环节，为保障动力电池产业的健康有序发展提供了强有力支撑，见图 1-8。

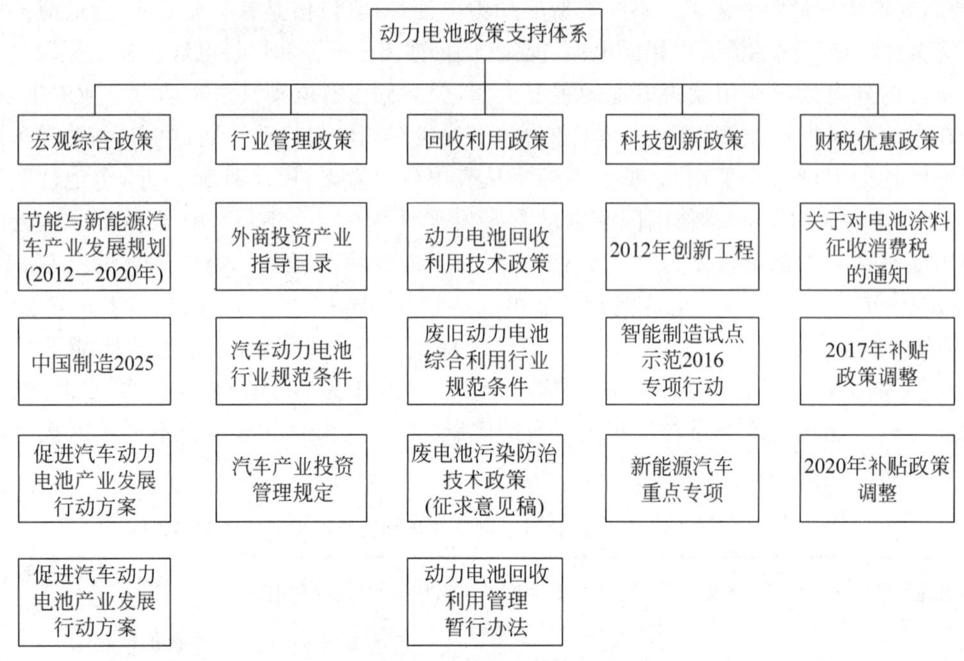

图 1-8　中国动力电池产业政策支撑体系

1.3 动力电池驱动的车辆类型

1.3.1 场地车辆

1. 厂内车辆

在厂区或生产现场的产品或材料运输中，电动车辆已有很长的应用历史。1910 年前后电动车辆就被应用于货物运输，1922 年出现了电动举升式叉车，随后以电动叉车为主的电动车辆被广泛应用于工厂的货物举升、移动和码放。当前，叉车种类繁多，从结构上分类，主要包括三支点和四支点平衡重式叉车、前移式叉车、拣选车、三向堆垛车和托盘搬运车等。但不论哪种类型的叉车，基本上都由动力部分、底盘、工作部分和电气设备四大部分构成。电动叉车如图 1-9 所示。

现阶段，电动叉车主要应用的蓄电池还是以铅酸电池为主，锂离子电池等先进电池的应用并不广泛。电动叉车具有运转平稳、检修容易、操纵简单、营运费用低的优点，尤其在封闭环境中作业，无噪声、不排废气，可以保证良好的工作环境；电动叉车应用的主要缺点是需要充电设备，初期投资高，充电时间较长(一般充电 7～8h，快速充电 2～3h)，一次充电后的连续工作时间短。在一些特殊工况下，电动叉车成为货物运输最佳的选择，如在易燃品仓库

图 1-9 电动叉车

或食品、制药、微电子及仪器仪表等对环境条件要求较高的行业，只能使用电动叉车；在冷冻仓库中，内燃机起动困难，也主要采用电动叉车。其他由蓄电池作为动力源的厂内车辆还包括电动拖车(用于无动力货箱或车厢的牵引)、移动式升降平台等。国外市场特别是欧美发达国家市场，由于受环境保护法律法规的影响，电动叉车的产量已占叉车总产量的 40%以上，日本电动叉车应用也已超过了叉车总量的 1/3。在我国，电动叉车所占比例为 20%左右，目前已逐步由室内作业走向室外作业，从小吨位作业向大型化发展，市场需求逐年上升。

2. 娱乐及运动场地车辆

作为该类车辆的典型应用，高尔夫球车用于高尔夫球场运送设备以及为球员服务，见图 1-10(a)。使用高尔夫球车的目的是加速娱乐和运动的进程，保护场地的安全，帮助残疾人以及老年人参与其中等。现阶段应用的高尔夫球车主要以铅酸电池为主，电池系统电压一般为 48V 或 72V，容量在 200A・h 左右。

由于电动车辆具有无污染、低噪声等优点，类似高尔夫球车的电动旅游景点用车在环境要求高的旅游景点被广泛用于游客运输，如图 1-10(b)所示。

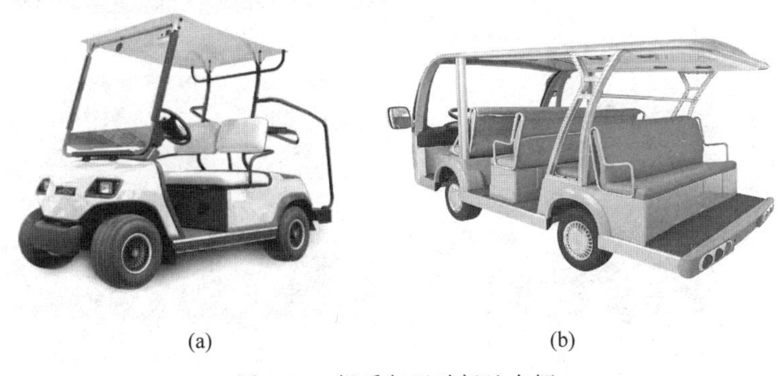

(a) (b)

图 1-10 娱乐与运动场地车辆

3. 残疾人或医疗服务用车

由于蓄电池驱动的车辆具有起步平缓、低噪声等优点，在医疗机构中应用电动车辆运输药品、作为重症监护车辆以及救护车。另外，电动轮椅也广泛应用，使许多残疾人能够行动自如。还有为行动不便的老人代步的电动代步车，近年来也在该领域蓬勃发展并广泛应用

(见图 1-11)。

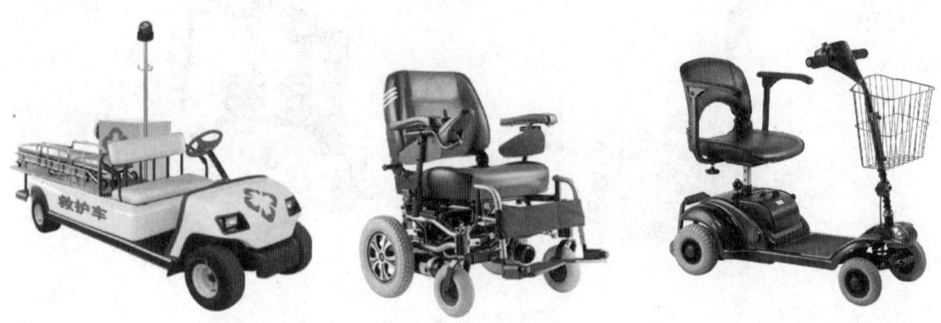

图 1-11　电动救护车、电动轮椅及电动代步车

4. 机场地面保障车辆

20 世纪 80 年代初，机场开始扩大电动车辆在机场货物运输及人员输送方面的应用，这个领域内电动车辆的类型主要包括：用于客舱服务的客梯车、摆渡车、空调车、食品车、上水车、厕所清洁车和垃圾清理车；用于货物和行李装运的货物升降平台车和行李牵引车；用于维护、补给和调度的加油车，管线加油车，润滑油加注车，除冰车，机身清洗车和牵引车等，无杆式飞机牵引车(见图 1-12)。

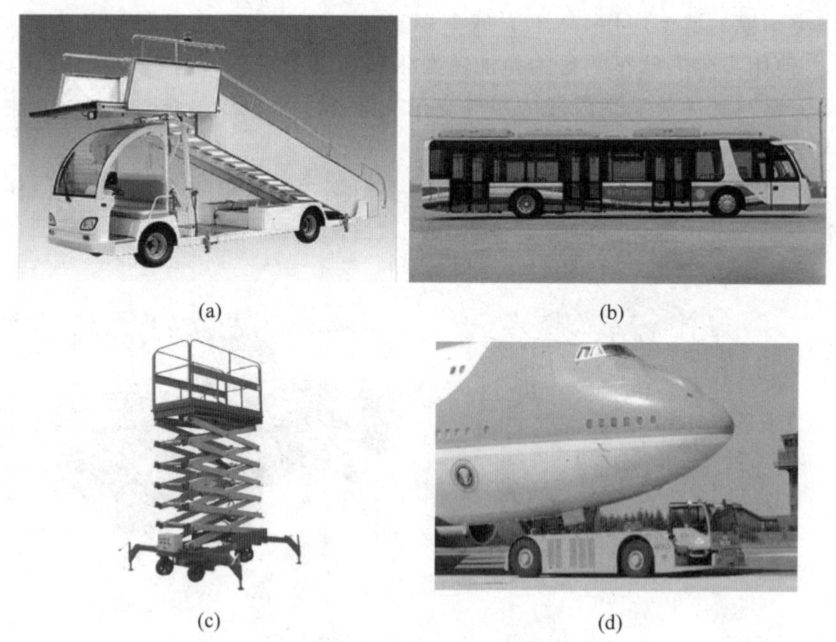

(a)　(b)　(c)　(d)

图 1-12　机场场地保障车辆

1.3.2　电动滑板车、摩托车和自行车

19 世纪 80 年代，英国人艾尔顿(Elton)、佩里(Perry)和法国人特鲁韦(TruWel)研究成功了电动三轮车，这是铅酸电池在私人道路车辆上的第一次应用。随后，大量以电池为动力

的滑板车、摩托车、自行车相继被推入市场。20 世纪 70 年代，SoloKleinmotoren CmbH 公司生产了上万辆以两块容量为 50A · h 的汽车用铅酸电池为动力的电动滑板车。20 世纪 80 年代，澳大利亚邮递公司成功地将电动滑板车应用于邮件的传递工作。

1983 年，英国通过一项法律，规定 14 岁以上的任何人都可以使用电动自行车，无须驾照、公路税或者保险费。随后，英国兴起了一阵电动自行车风。2000 年前后，以电动自行车为主的电动轻型车产业在中国蓬勃发展，到 2007 年，达到 2130 万辆。近年来，环境污染越来越严重，政府加大力度提高空气质量，各个相关单位相应推出电动摩托车等电动轻型车来响应政府的号召。现在电动自行车和电动轻型摩托车(见图 1-13)成为大家公认的便捷、快速、无污染、无噪声的交通工具。

图 1-13 电动自行车和电动轻型摩托车

1.3.3 电动汽车

随着节能环保日益受到社会各界的重视，交通领域节能减排、低碳出行的重任再次落到了电动汽车的身上。随着研发的逐步深入，各种形式的电动汽车示范运行和商业化推广已经在国际上广泛开展。德国政府预计，到 2020 年，可再生能源要占全部能源消耗的 47%，德国境内的新能源汽车要超过 100 万辆。以色列为保证新能源汽车在国内的广泛应用，已经制订了一项在 10 年内推广 100 万辆电动汽车的“宏伟”计划。日本主要汽车公司，如丰田、本田、日产及三菱等都已涉足电动汽车领域。近年来，位于加州硅谷的美国明星汽车公司特斯拉于 2012 年推出的四门纯电动豪华轿车 Model S，反响巨大，如图 1-14(a)所示，该公司更是提出要为每一个普通消费者提供其消费能力范围内的纯电动车辆。

(a)

(b)

图 1-14 电动汽车

我国国家科技部自“九五”开始支持电动汽车的研究、开发和产业化。“十五”期间,在电动汽车示范运行应用方面,国家科技部共支持北京、天津、武汉、威海、杭州、株洲6个示范运营城市对各种类型的电动汽车开展了对比试验和示范运行,累计投入运营车辆186辆,运营里程290余万千米,实现运送乘客430余万人。“十一五”期间,国家科技部牵头,相继推出“十城千辆”和“私人购买新能源汽车”计划,推进电动汽车在公共交通和私人应用领域的发展。2021年我国新能源汽车产销超过350万辆,连续7年位居全球第一位。

1.3.4 轻轨和单轨

超级电容轻轨列车是一种新型电力机车。2012年8月,世界第一列超级电容轻轨列车在湖南省株洲市下线。这种新型电力机车最多能运载320人,不再需要沿途架设高压线,停站30s就能快速充满电。列车充电后能高速驶向相距2km左右的另一个站点,再上下客并充电,周而复始。2014年12月31日,广州海珠有轨电车示范线正式开通(见图1-15(a)),该机车穿梭于城市间,运行在地面上,仿佛传统有轨电车,其速度却远非后者可比;拥有一个酷似“火车头”的驾驶舱,头顶却没有普通机车的接触网,而只有脚底两条细轨“镶嵌”在草皮上;采用100%低地板设计,上下车就像乘坐公交车一样方便。

(a)

(b)

图1-15 轻轨和云轨

单轨属于运能接近地铁系统的中运量城市轨道交通系统,而“云轨”是比亚迪跨座式单轨产品的特有名称,如图1-15(b)所示。它具有爬坡能力强、转弯半径小、适应多种地形、噪声小、综合建设技术要求低、总体造价成本低以及施工周期较短等优点。云轨搭载了动力电池系统,在紧急情况下即使车辆断电,也能通过启用储能电池继续行驶5km以上,确保乘客安全抵达车站。

1.4 动力电池产业市场概况

1.4.1 市场和产业规模

随着各国政府和各大车企禁售燃油车时间表相继出台,全球新能源汽车已进入产业化的快速推进阶段。2021年全球新能源车销量达675万辆,中国新能源汽车销量352.1万辆，同比增长 157.5%，占据全球新能源汽车市场的最大份额。同时带动全球动力电池市场规模高速增长（见图 1-16），2021 年全球新能源汽车动力电池总装机量约为 296.8GW·h，同比增长 102.2%。其中，我国新能源汽车动力电池总装机量为 154.5GW·h，占比达 52.1%，市场规模全球第一，同比增长 142.8%。

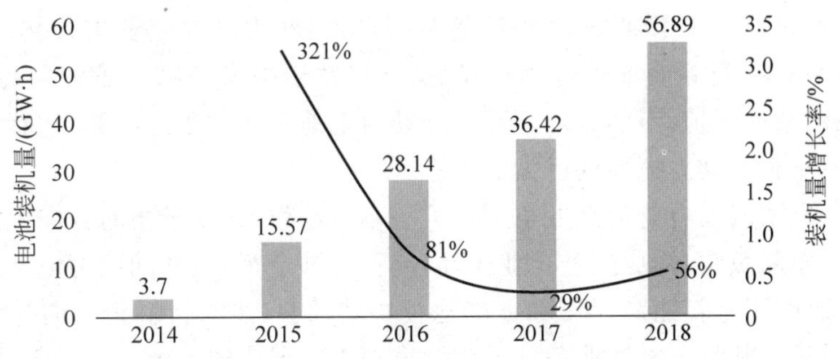

图 1-16 2014—2018 年中国动力电池装机量分析

预计 2022 年全球新能源汽车产量将达 1000 万辆，对动力电池需求规模将达 490GW·h，预计中国仍是全球最大的新能源汽车市场，新能源汽车产量将达 550 万辆，对应的电池需求量为 490GW·h。然而，动力电池行业自身也进入调整淘汰阶段，头部效应明显（见图 1-17）。国内动力电池企业从 2016 年顶峰的 150 家降低至 2021 年的 58 家。前十强企业市场份额由 2017 年的 73.4%上升至 2021 年 12 月的 92.2%。

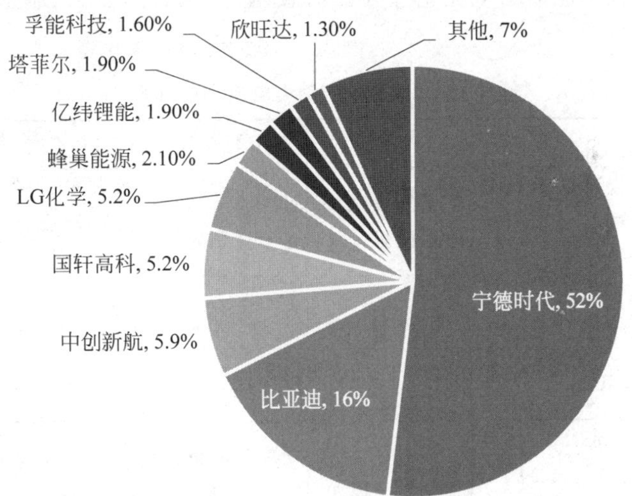

图 1-17 2021 年 1—12 月中国动力电池市场格局

中国市场不断开放，日韩企业加速进入国内市场。以松下电器、LG 化学、三星 SDI 为代表的日韩企业，产品已在全球高端乘用车领域实现了大规模应用，且在原材料开发、自动化生产、电池系统集成、BMS 控制和车企联合开发等方面均优于国内企业，综合竞争优势突出。随着新能源汽车补贴政策取消时间临近，日韩企业将加速进入国内市场。

全球动力电池十强企业

1.4.2 行业知名企业概况

全球动力电池市场,基本被中日韩三国瓜分,知名的动力电池企业有宁德时代、松下电器、比亚迪、LG化学、国轩高科、三星SDI、力神电池、孚能科技、比克电池、亿纬锂能、北京国能、中航锂电等。从2014年到2017年三年时间,中国动力电池企业的市场份额从11%跃升至65.4%,将日系、韩系企业远远抛在身后,这得益于国家补贴政策的强力刺激,以及对动力电池目录的精准保护,当然也离不开中国动力电池企业的迅速扩张,包括在新能源大环境下,迎合全球车企对动力电池的巨大需求。

而对于未来,中国动力电池企业也进行了一系列动作,比如宁德时代向上游原材料锂资源、三元材料等布局版图,构成完整产业闭环,向下游绑定车企,共同致力电动汽车领域的技术合作;比亚迪在原有新能源汽车和锂电池板块基础上,逐渐将触角伸向锂产业上游的碳酸锂领域,同时还将其汽车电池业务分拆为一家独立公司弗迪电池,并以"刀片电池"为其主流产品占有较大市场份额。

市场占有情况,国内2021年前两家动力电池生产企业宁德时代和比亚迪市场占有率达68%,相比2017年同期提升24个百分点,同时在研发实力、产品性能、产能规划等方面均领先于国内其他企业。与国际巨头松下电器、LG化学、三星SDI进行对比,宁德时代、中航锂电和比亚迪等国内领先企业在核心技术、研发实力、制造工艺、客户资源和供应体系等方面差距不断缩小,部分领域已超越日韩龙头。

表1-7列举部分主流动力电池企业在核心技术、研发实力、工艺制造、客户资源和供应体系上的对比。

表1-7 部分主流动力电池企业对比

对比项目		宁德时代	比亚迪	松下电器	LG化学	三星SDI
核心技术		快充技术独具特色,安全性媲美日韩	完整三电系统体系优势	NCA+硅碳技术全球领先	四大主材领域具有核心技术储备	方形电池针刺安全保护装置,过充安全保护装置
研发实力	2017电池研发投入/亿元	16	5.2	20	35	27
	研发人员数量/人	3700	2446	5400	4800	2215
	研发模式	校企合作,全球智库,完整的动力电池研发体系	垂直整合模式	研发智能化、数字化,缩短材料开发周期	布局上游材料研发,保证技术先进,降低成本	协同性的研发结构
	2018专利数量/项	1900	1874	5361	8134	8792
工艺制造		制造智能化,人机互动性强	以国产设备为主	可视化制造,全过程保证质量	采用叠片工艺,优化模组PACK热管理	100%自动化生产,质量管控严格

续表

对比项目	宁德时代	比亚迪	松下电器	LG化学	三星SDI
客户资源	国内首家国际化配套企业，深度绑定国内龙头	主要配套其自身车型	深度绑定特斯拉，同时寻求更多合作	客户遍布全球，客户资源优质	深度绑定宝马（BMW），客户偏向高端
供应体系	国产化率高，培育本土供应体系，具有成本优势	部分自有，主要为国内供应体系	供应体系封闭，但技术先进	深度绑定锂钴资源，正极自产为主，外部为辅	供应体系开放，国际化采购

复习思考题

1. 最早的电动汽车出现在什么时间，和内燃机汽车相比哪个更早出现？

2. 电动汽车发展经历了哪几个阶段？为何在20世纪20年代开始进入低潮，后来又是什么原因导致其发展复苏？

3. 目前商业化电动汽车用动力电池有哪些？

4. 电动汽车用动力电池有何发展趋势？

5. 电动汽车驱动的车辆类型有哪些？

6. 当前国内外知名的动力电池企业有哪些？其主要产品类型是什么？

第2章 动力电池基础知识

动力电池，比如早期的铅酸电池、镍氢电池以及最新的刀片电池，工作的一般过程是将输入的电能转换为化学能存储于电池中，再以电能形式转换输出。虽然不同的电池具有不同的电化学特性和应用特点，但基础是相通的。本章介绍动力电池的系统组成、原理结构、基本参数及充电方法等基础知识，注重学生分析和解决问题能力的培养。

2.1 电池工作原理及分类

2.1.1 动力电池系统组成

在介绍电池构成前，为避免相关概念的混淆，首先按照由小到大的顺序对几个常见的概念进行介绍。

电池电芯-模组-系统组成

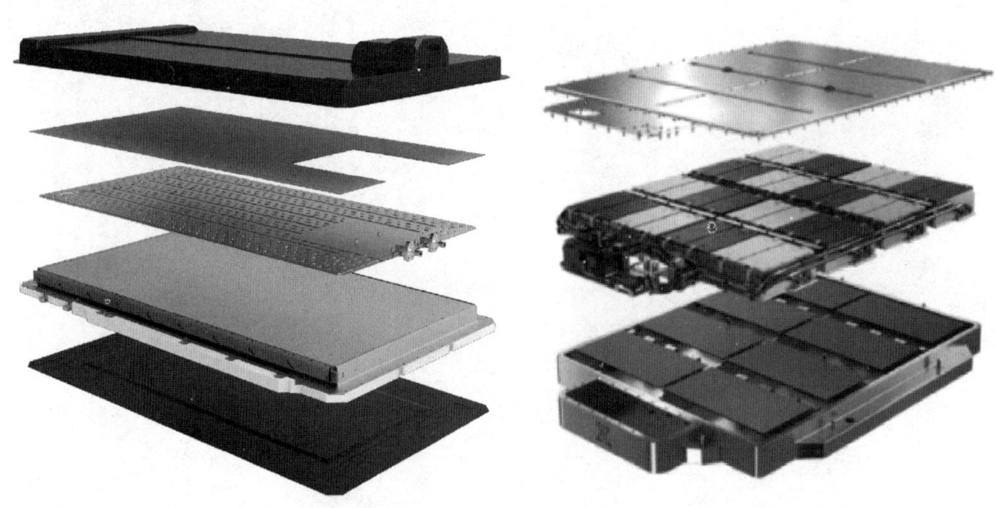

图 2-1 刀片电池系统与传统电池系统对比

1. 电池单体

电池单体(secondary cell)是将化学能与电能进行相互转换的基本单元装置，通常包括电极、隔膜、电解质、外壳和端子，并被设计成可充电。

2. 电池模块

电池模块(battery module)是将一个以上电池单体按照串联、并联或串并联方式组合，并作为电源使用的组合体。

3. 电池包

电池包(battery pack)具有从外部获得电能并可对外输出电能的单元，也常被称为电池组，通常包括电池单体、电池管理模块(不含 BCU)、电池箱及相应附件(冷却部件、连接线缆等)。

4. 电池系统

电池系统(battery system)一个或一个以上的电池包及相应附件(管理系统、高压电路、低压电路及机械总成等)构成的能量存储装置。

以上是 GB/T 19596—2017《电动汽车术语》中对电池相关概念的界定。新能源汽车动力电池系统一般是"电芯-模组-电池包"三级装配模式，而某些车型的电池系统去掉了模组及模组结构件，电池单体成为了结构件的一部分，既是供电部件，又是电池包的梁，如比亚迪知名的"刀片电池"，提升了电池包的成组效率，降低了零部件成本(图 2-1)。

2.1.2 电池的能量转换基本原理

了解了电池系统的组成后，为理解电池怎样把化学能转化为电能，下面以经典的丹尼尔电池单体化学反应为例进行介绍，将 Zn 置于 $ZnSO_4$ 溶液中，将 Cu 置于 $CuSO_4$ 溶液中，并用盐桥或离子膜等方法将两电解质溶液连接，如图 2-2 所示。

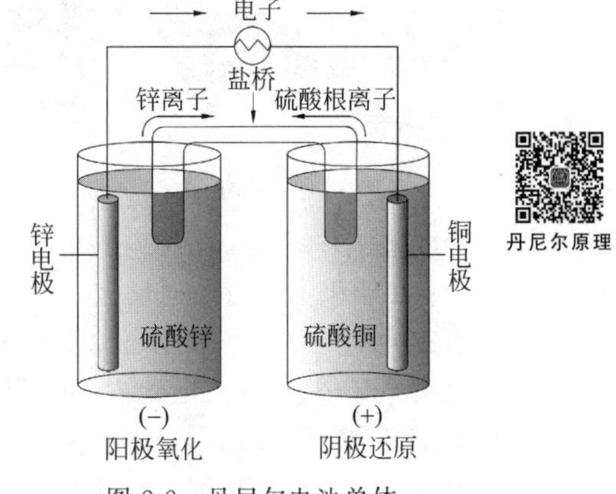

图 2-2 丹尼尔电池单体反应示意图

丹尼尔原理

$$Zn + Cu^{2+} \longrightarrow Cu + Zn^{2+} \tag{2-1}$$

在式(2-1)所示的化学反应中，Cu^{2+} 和 Zn^{2+} 在 25℃的标准自由能 ΔG 是 -212kJ/mol。根据热力学知识，化学反应总是沿着自发的方向进行，所以，如果把锌加入 Cu^{2+} 溶液中，铜就会沉淀出来。该化学反应就是从含锌的矿石中取出铜的常用方法。在金属冶炼应用中，化学反应包含的化学能是不可利用的，能量会以热能的形式被消耗掉。

反应式(2-1)可以分解为两个电化学反应步骤完成：

$$Cu^{2+} + 2e^- \longrightarrow Cu \tag{2-2}$$

$$Zn \longrightarrow Zn^{2+} + 2e^- \tag{2-3}$$

在式(2-1)所示的从电解液中提取铜的化学反应过程中，两个反应式在锌表面同时发生，然而，如果铜和锌处于两个独立的元件中，那么反应式(2-2)和反应式(2-3)就必须在两个不同的位置(电极)发生，而且只有在有电流连接两个电极的情况下反应才能继续进行。在这种情况下，电子的流动是可以利用的。这就是著名的丹尼尔电池单体反应，该反应可以通过控制正、负极的连接状态实现有效控制，使化学能按需转化为有用的电能。

2.1.3 电池基本构成

电池是一种把化学反应所释放的能量直接转换成直流电能的装置。要实现化学能转换成电能的过程，必须满足如下条件：

(1) 必须把化学反应中失去电子的氧化过程(在负极进行)和得到电子的还原过程(在正极进行)分别在两个区域进行，这与一般的氧化还原反应存在区别。

(2) 两电极必须是有离子导电性的物质。

(3) 化学变化过程中电子的传递必须经过外电路。

为满足构成电池的条件，电池需要包含以下基本组成部分：

(1) 正极活性物质。它具有较高的电极电位，电池工作即放电时进行还原反应或阴极过程。为了与电解槽的阳极、阴极区分开，在电池中将其称做正极。

(2) 负极活性物质。它具有较低的电极电位，电池工作时进行氧化反应或阳极过程。为了与电解槽的阳极、阴极区分开，在电池中将其称做负极。

(3) 电解质。它具有很高的、选择性的离子电导率，提供电池内部的离子导电的介质。大多数电解质为无机电解质水溶液，少部分也有固体电解质、熔融盐电解质、非水溶液电解质和有机电解质。有的电解质也参与电极反应而被消耗。

(4) 隔膜。为既要保证正负极活性物质不直接接触而短路，又要保证正负极之间尽可能小的距离，以使电池具有较小的内阻，在正负极之间必须设置隔膜。

(5) 外壳。作为电池的容器，外壳要有一定的机械强度，还要能够经受电解质的腐蚀。

除了以上主要组成部分外，电池可能还要有导电栅、汇流体、端子、安全阀等零件。电池本身可以做成各种形状和结构，如圆柱形、扣式、方形等，如图2-3所示。

图2-3　不同形状的电池

电池工作过程一般指电池的放电过程。电池放电时在阳极上进行氧化反应，向外提供电子；在阴极上进行还原反应，从外电路接受电子，电流经外电路从正极流向负极。但并不是所有的电池都是按氧化还原反应进行，有的电池是以“嵌入—脱嵌”的方式进行的。电解质是离子导体，离子在电池内部的阴阳极之间定向移动而导电，正离子(阳离子)流向阴极，负离子(阴离子)流向阳极。在阳极的导体界面发生氧化反应，在阴极的导体界面上发生还原反应。整个电池形成一个由外电路的电子体系和电解质(液)的离子体系构成的完整放电体系，从而产生电能供电。

2.1.4　电池分类

根据材料特性和工作特点，电池有三种常用分类方法。

1. 按电解液种类来分

(1) 碱性电池。碱性电池的电解质主要以氢氧化钾水溶液为主，如碱性锌锰电池(俗称碱锰电池或碱性电池)、镉镍电池、镍氢电池等。

(2) 酸性电池。酸性电池主要是以硫酸水溶液为介质，如铅酸蓄电池等。

(3) 中性电池。中性电池以盐溶液为介质，如锌锰干电池、海水电池等。

(4) 有机电解液电池。有机电解液电池主要是以有机溶液为介质，如锂离子电池等。

2. 按工作性质和储存方式来分

(1) 一次电池。一次电池又称原电池，即不可以充电再次使用的电池，如锌锰电池、锂原电池等。

(2) 二次电池。二次电池即可充电电池，如铅酸电池、镍氢电池、锂离子电池等。

(3) 燃料电池。燃料电池中，活性材料在电池工作时才连续不断地从外部加入电池，如氢氧燃料电池、金属燃料电池等。

(4) 储备电池。储备电池储存时电极板不直接接触电解液。直到电池使用时，才加入电解液，如镁-氯化银电池(海水激活电池)。

3. 按所用正负极材料来分

(1) 锌系列电池，如锌锰电池、锌银电池等。

(2) 镍系列电池，如镍镉电池、镍氢电池等。

(3) 铅系列电池，如铅酸电池。

(4) 锂系列电池，如锂离子电池、锂聚合物电池和锂硫电池等。

(5) 二氧化锰系列电池，如锌锰电池、碱锰电池等。

(6) 空气(氧气)系列电池，如锌空气电池、铅空气电池等。

2.2　电池基本参数

2.2.1　电压

电池参数-电压

1. 电动势

电动势是电池在理论上输出能量大小的度量之一。如果其他条件相同，那么电动势越高，理论上能输出的能量就越大。电池的电动势是热力学的两极平衡电极电位之差：

$$E=\psi_{+}-\psi_{-} \tag{2-4}$$

式中，E 为电池电动势；ψ_{+} 为正极平衡电位；ψ_{-} 为负极平衡电位。

实际上，电池中两个电极并非处于热力学的可逆状态，因此，电池在开路状态下的端电压理论上并不等于电池的电动势，但由于正极活性物质一般氧的过电位大，因此稳定电位接近正极活性物质的平衡电位。同理，负极材料氢的过电位大，因此稳定电位接近负极活性物质的平衡电位。结果在表征上电池的开路电压在数值上接近电池的电动势，所以在工程应用上，常常认为电池在开路条件下，正负极间的平衡电势之差即为电池电动势。

对于某些气体电极，电池的开路电压数值受催化剂的影响很大，与电动势在数值上不一定很接近。如燃料电池，其开路电压常常偏离电动势较大，而且随使用催化剂的品种和数量不同而变化。

2. 开路电压

电池的开路电压等于电池在开路状态(即没有电流通过两极)时电池的正极电势与负极电势之差,一般用$U_{开}$表示。电池的开路电压只取决于电池正负极材料的活性、电解质和温度条件,而与电池的几何尺寸无关。如磷酸铁锂电池单体无论尺寸大小如何其开路电压都是一致的。电池的开路电压一般均小于它的电动势。

3. 额定电压

额定电压也称公称电压或标称电压,指的是在规定条件下电池工作的标准电压。采用额定电压可以区分电池的化学体系,表 2-1 所示为常用不同电化学体系的单体额定电压值。

表 2-1 常用不同电化学体系的单体额定电压值

电 池 类 型	单体额定电压/V
铅酸电池(VRLA)	2
镍镉电池(Ni-Cd)	1.2
镍氢电池(Ni-MH)	1.2
锌空气电池(Zn-Air)	1.2
铝空气电池(Al-Air)	1.4
钠硫电池(Na-S)	2.0
锰酸锂电池($LiMn_2O_4$)	3.7
磷酸铁锂电池($LiFePO_4$)	3.2

4. 工作电压

工作电压是指电池接通负载后在放电过程中显示的电压,又称负荷(载)电压或放电电压。在电池放电初始时刻的(开始有工作电流)电压称为初始电压。

电池在接通负载后,由于欧姆内阻和极化内阻的存在,电池的工作电压低于开路电压,当然也必然低于电动势。有

$$V = E - IR_{内} = E - I(R_{\Omega} + R_{f}) \tag{2-5}$$

式中,I 为电池的工作电流; E 为电池的电动势; R_f 为极化内阻; R_{Ω} 为欧姆内阻。

5. 放电终止电压

对于所有二次电池,放电终止电压都是必须严格规定的重要指标。放电终止电压也被称为放电截止电压,是指电池放电时,电压下降到不宜再继续放电的最低工作电压值。根据电池的不同类型及不同的放电条件,对电池的容量和寿命的要求不同,由此所规定的放电终止电压也不同。一般而言,在低温或大电流放电时,终止电压规定得低些; 小电流长时间或间歇放电时,终止电压值规定得高些。

2.2.2 内阻

电流通过电池内部时受到阻力，使电池的工作电压降低，该阻力称为电池内阻，可通过蓄电池内阻测试仪(见图 2-4)测得其数值大小。由于电池内阻的作用，电池放电时端电压低于电动势和开路电压。充电时充电的端电压高于电动势和开路电压。电池内阻是化学电源的一个极为重要的参数。它直接影响电池的工作电压、工作电流、输出能力与功率等，对于一个实用的化学电源，其内阻越小越好。小内阻电池工作时内部的压降小，将输出较高的工作电压和较大的电流。

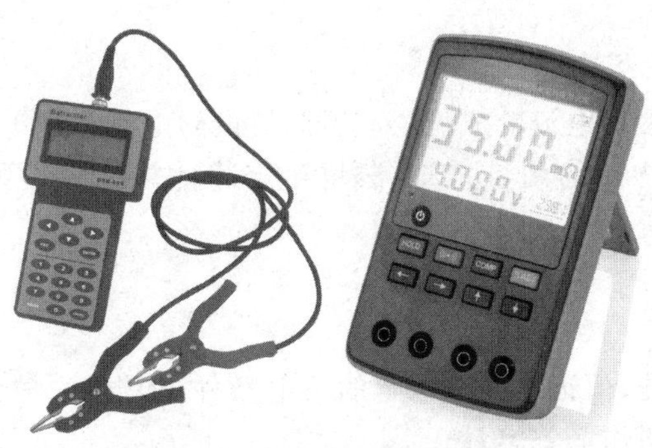

图 2-4 蓄电池内阻测试仪

电池内阻不是常数，它在放电过程中根据活性物质的组成、电解液浓度和电池温度以及放电时间而变化。电池内阻包括欧姆内阻(R_Ω)和电极在电化学反应时所表现出的极化内阻(R_f)，两者之和称为电池的全内阻(R_w)：

$$R_w = R_f + R_\Omega \tag{2-6}$$

欧姆内阻主要由电极材料、电解液、隔膜的内阻及各部分零件的接触电阻组成。它与电池的尺寸、结构、电极的成形方式(如铅酸蓄电池的涂膏式与管式电极，碱性电池的有极盒式电极和烧结式电极)以及装配的松紧度有关。欧姆内阻遵守欧姆定律。

极化内阻是指化学电源的正极和负极在电化学反应进行时由于极化所引起的内阻。它是电化学极化和浓度差极化所引起的电阻之和。极化内阻与活性物质的本性、电极的结构、电池的制造工艺有关，尤其是与电池的工作条件密切相关，放电电流和温度对其影响很大。在大电流密度放电时，电化学极化和浓度差极化均增加，甚至可能引起负极的极化的钝化，极化内阻增加。低温对电化学极化、离子的扩散均有不利影响，故在低温条件下电池的极化内阻也增加。因此，极化内阻并不是一个常数，而随着放电率、温度等条件的改变而改变。

日常用的电池内阻较小，其阻值常常忽略不计，但电动汽车用动力电池常常处于大电流、深放电工作状态，电池内阻引起的压降较大，此时电池内阻对整个电路的影响不能忽略。

对应于电池内阻构成，造成极化现象的原因有以下三个方面：

(1) 欧姆极化。充放电过程中，为了克服欧姆内阻，就必须额外施加一定的电压，以克服阻力，推动离子迁移。该电压以热的方式转化给环境，出现所谓的欧姆极化现象。随着充电电流的急剧增大，欧姆极化将造成蓄电池在充电过程中温度升高。

(2) 浓度极化。电流流过蓄电池时，为了维持正常的反应，最理想的情况是电极表面的反应物能及时得到补充，生成物能及时离去，实际上，生成物和反应物的扩散速度远远比不上化学反应速度,从而造成极板附近电解质浓度发生变化。也就是说,从电极表面到中部溶液,电解液浓度分布不均。这种现象称为浓度极化。

(3) 电化学极化。这种极化是由于电极进行的电化学反应的速度落后于电极上电子运动的速度造成的。

电池参数-容量

2.2.3 容量

电池在一定的放电条件下所能放出的电量称为电池容量,以符号 C 表示。单位常用 A·h 或 mA·h 表示。

1. 理论容量

假定活性物质全部参加电流的成流反应所能提供的电量叫理论容量。理论容量可以根据电池反应中电极活性物质的用量,按照法拉第定律计算的活性物质的电化学当量精确求出。

2. 额定容量

按照相关规定的标准,保证电池在一定的放电条件(如温度、放电率、终止电压)下应该放出的最低限度的容量叫作额定容量。

3. 实际容量

实际容量指在实际应用工作情况下放电,电池实际放出的电量,它等于放电电流与放电时间的积分。实际放电容量受到放电率的影响较大,所以常在字母 C 的右下方以阿拉伯数字表明放电率,如 $C_{20}=50\text{A}\cdot\text{h}$,表明 20h 放电率下的容量为 50A·h。实际容量的计算方法如下:

恒电流放电时,

$$C=IT \tag{2-7}$$

变电流放电时,

$$C=\int_0^T I(t)\mathrm{d}t \tag{2-8}$$

式中,I 为放电电流,是放电时间的函数;T 为放电至终止电压的时间。

由于存在内阻及其他各种原因,活性物质不可能完全被利用,即活性物质的利用率总是小于 1,因此化学电源的实际容量、额定容量总是低于理论容量。活性物质的利用率定义为

$$\eta=\frac{m_1}{m}\times 100\% \quad 或 \quad \eta=\frac{C}{C_0}\times 100\% \tag{2-9}$$

式中,m 为活性物质的质量;m_1 则是放出实际容量时所消耗的活性物质的质量。

电池的实际容量与放电电流密切相关,大电流放电时,电极的极化增强,内阻增大,放电电压下降很快,电池的能量效率降低,因此,实际放出的容量较低。相应地,在低倍率放电条件下,放电电压下降缓慢,电池实际放出的容量常常高于额定容量。

4. 剩余容量

剩余容量是指在一定放电倍率放电后,电池剩余的可用容量。剩余容量的估计和计算

受到电池前期应用的放电率、放电时间等因素以及电池老化程度、应用环境等多种因素影响,所以其准确估算存在一定的困难。

2.2.4 能量与能量密度

电池的能量是指电池在一定放电制度下所能释放出的能量,通常用W·h或kW·h表示。电池的能量分为理论能量和实际能量。

电池参数-能量密度

1. 理论能量

假设电池在放电过程中始终处于平衡状态,其放电电压保持电动势(E)的数值,而且活性物质的利用率为100%,即放电容量为理论容量,则在此条件下电池所输出的能量为理论能量W_0,即

$$W_0 = C_0 E \tag{2-10}$$

2. 实际能量

实际能量是指电池放电时实际输出的能量。它在数值上等于电池实际放电电压、放电电流与放电时间的积分,即

$$W = \int V(t) I(t) \mathrm{d}t \tag{2-11}$$

在实际工程应用中,作为实际能量的估算,也常采用电池组额定容量与电池放电平均电压乘积进行电池实际能量的计算:

$$W = CV_{平} \tag{2-12}$$

由于活性物质不可能完全被利用,电池的工作电压总是小于电动势,所以电池的实际能量总是小于理论能量。

电池的能量密度是指单位质量或单位体积的电池所能输出的能量,相应地称为质量能量密度(W·h/kg)或体积能量密度(W·h/L),也称质量比能量或体积比能量。在电动汽车应用方面,蓄电池质量能量密度影响电动汽车的整车质量和续航里程,而体积能量密度影响蓄电池的布置空间。因而能量密度是评价动力电池能否满足电动汽车应用需要的重要指标。同时,能量密度也是比较不同种类和类型电池性能的一项重要指标。能量密度也分为理论能量密度(W_0')和实际能量密度(W')。单位质量或单位体积电池容量称为容量密度(也称作比容量),由于对于特定电池其额定电压确定,因此容量密度和能量密度在此情况下等价。

3. 理论能量密度

理论能量密度对应于理论能量,是指单位质量或单位体积电池反应物质完全放电时理论上所输出的能量。

4. 实际能量密度

实际能量密度对应于实际能量,是单位质量或单位体积电池反应物质所能输出的实际能量,由电池实际输出能量与电池质量(或体积)之比来表征:

$$W' = \frac{W}{G} \tag{2-13}$$

或

$$W' = \frac{W}{V} \tag{2-14}$$

式中,G 为电池的质量;V 为电池的体积。

由于各种因素的影响,电池的实际能量密度远小于理论能量密度。实际能量密度与理论能量密度的关系可以表示为

$$W' = W'_0 K_E K_R K_M \tag{2-15}$$

式中,K_E 为电压效率;K_R 为反应效率;K_M 为质量效率。

动力电池在电动汽车的应用过程中,由于电池组安装需要相应的电池箱、连接线、电流电压保护装置等元器件,因此,实际的电池组能量密度小于电池能量密度。电池组能量密度是在电动汽车应用中比较重要的参数之一。电池能量密度与电池组能量密度之间的差距越小,电池的成组设计水平越高,电池组的集成度越高。因此,电池组的质量能量密度常常成为电池组性能的重要衡量指标。一般而言,电池组的质量能量密度比电池的质量能量密度低 20%以上。

例如,某款锂离子电池的体积能量密度大约是镍镉电池的 2.5 倍,是镍氢电池的 1.8 倍,因此在电池容量相等的情况下,锂离子电池就会比镍镉、镍氢电池的体积更小(质量更小)。不同的锂电池技术,其能量密度也有比较大的不同。某款电动汽车使用的 18650 钴酸锂电池,能量密度大约为 150W · h/kg,磷酸铁锂电池的能量密度大约为 100W · h/kg。这意味着在同样的电池质量和成组设计水平情况下,钴酸锂电池可比磷酸铁锂电池多储存一半的电量。但总体来说,目前的锂电池能量密度仍然有限,使得电动车比同样配置的燃油车要重很多。

电池参数-功率密度

2.2.5 功率与功率密度

1. 功率

电池的功率是指电池在一定的放电制度下,单位时间内电池输出的能量,单位为 W(瓦)或 kW(千瓦)。理论上电池的功率可以表示为

$$P_0 = \frac{W_0}{t} = \frac{C_0 E}{t} = IE \tag{2-16}$$

式中,t 为放电时间;C_0 为电池的理论容量;I 为恒定的放电电流。

此时,电池的实际功率应当为

$$P = IV = I(E - IR_w) = IE - I^2 R_w \tag{2-17}$$

式中,$I^2 R_w$ 是消耗于电池内阻上的功率,这部分功率对负载是无用的。

2. 功率密度

单位质量或单位体积电池输出的功率称为功率密度,又称比功率,单位为 W/kg 或 W/L。功率密度的大小,表征电池所能承受的工作电流大小。电池功率密度大,表示它可以承受大

电流放电。功率密度是评价电池及电池组是否满足电动汽车加速和爬坡能力的重要指标。

对电化学蓄电池,功率和功率密度与蓄电池的荷电状态(SOC)密切相关。因此,在表示蓄电池功率和功率密度时还应指出蓄电池的放电深度。

2.2.6 荷电状态与健康状态

电池参数-SOC

1. 荷电状态

电池荷电状态(state of charge,SOC)描述了电池的剩余电量,是电池使用过程中的最重要参数之一,此参数与电池的充放电历史和充放电电流大小有关。和内燃机汽车相比,SOC 的数值可类比燃油车油量表的指针读数。图 2-5 给出某混合动力汽车仪表盘局部,右侧位置即油量表及 SOC 显示。

图 2-5　某混合动力汽车仪表盘局部

荷电状态值是个相对量,一般用百分比的形式表示,SOC 的取值范围为:0≤SOC≤100%。目前较统一的是从容量角度定义 SOC,如美国先进电池联合会(USABC)在其《电动汽车电池实验手册》中定义 SOC 为:电池在一定放电倍率下,剩余容量与相同条件下额定容量的比值,即

$$\mathrm{SOC}=\frac{C_{\mu}}{C_{\text{额}}} \tag{2-18}$$

式中,C_{μ} 为电池剩余的按额定电流放电的可用容量;$C_{\text{额}}$ 为额定容量。

由于 SOC 受到充放电倍率、温度、自放电、老化等因素影响,实际应用中要对 SOC 的定义进行调整。

例如,日本本田公司电动汽车 EV Plus 定义 SOC 为

$$\mathrm{SOC}=\frac{\text{剩余容量}}{\text{额定容量}\times\text{容量衰减因子}} \tag{2-19}$$

式中,剩余容量等于额定容量减去净放电量、自放电量、温度补偿容量后的差值。

动力电池的充放电过程是个复杂的电化学变化过程,从式(2-18)也可以看出电池剩余电量受到动力电池的基本特征参数(端电压、工作电流、温度、容量、内部压强、内阻和充放电循环次数)和动力电池使用特性因素的影响,使得对电池组的荷电状态 SOC 的测定很困难。目前关于电池组电量的研究,较简单的方法是将电池组等效为一个电池单体,通过测量电池组的电流、电压、内阻等外界因素,找出 SOC 与这些参数的关系,可间接地测试电池的 SOC 值。应用过程中,为确保电池组的使用安全和使用寿命,也常使用电池组中性能最差电池单

体的 SOC 来定义电池组的 SOC。目前常用的 SOC 估算法有开路电压法、安时累积法、电化学测试法、电池模型法、神经网络法、阻抗频谱法以及卡尔曼滤波法等。关于 SOC 的估计方法将在后续章节中介绍。

2. 放电深度

放电深度(depth of discharge,DOD)是放电容量与额定容量之比的百分数,与 SOC 之间存在如下数学计算关系:

$$\mathrm{DOD}=1-\mathrm{SOC} \tag{2-20}$$

放电深度高低对于二次电池的使用寿命有很大的影响,一般情况下,二次电池常用的放电深度越深,其使用寿命越短,因此在电池使用过程中应尽量避免二次电池深度放电。

3. 健康状态

1) 定义

电池参数-SOH

电池健康(state of health,SOH)描述了电池的健康度和性能状态,是电池的一个重要参数。SOH 标准定义是一定条件下动力电池从充满状态以一定倍率放电至截止电压所放出的容量与其所对应的标称容量(实际初始容量)的比值,此参数与电池的充放电历史和充放电电流大小有关。简单来说,也就是电池使用一段时间后某些直接可测或间接计算得到的性能参数的实际值与标称值的比值,用来判断电池健康状况下降后的状态,衡量电池的健康程度,其实际表现在电池内部某些参数(如内阻、容量等)的变化上。

因此,根据电池特征量定义电池健康状态 SOH 具体有以下几种方法:

(1) 从电池剩余电量的角度定义 SOH:

$$\mathrm{SOH}=Q_{\mathrm{aged}}/Q_{\mathrm{new}} \tag{2-21}$$

式中,Q_{aged} 为电池当前可用的最大电量;Q_{new} 为电池未使用时的最大电量。

(2) 从电池容量的角度定义 SOH:

$$\mathrm{SOH}=C_{\mathrm{M}}/C_{\mathrm{N}} \tag{2-22}$$

式中,C_{M} 为电池当前测量容量;C_{N} 为电池标称容量。

(3) 从电池内阻的角度定义 SOH:

$$\mathrm{SOH}=(R_{\mathrm{EOL}}-R)/(R_{\mathrm{EOL}}-R_{\mathrm{new}}) \tag{2-23}$$

式中,R_{EOL} 为电池寿命终结时的电池内阻;R_{new} 为电池出厂时的电池内阻;R 为电池当前状态下的电池内阻。

需要注意的是,上面从电池剩余电量或电池容量来定义 SOH 的公式并不是 SOH 的实际计算公式,这只是一种定义的方法,即这种定义的方法有唯一的对应函数与实际的 SOH 对应。比如,基于单体电池的容量,SOH 实际可用下面公式计算:

$$\mathrm{SOH}=(C_{\mathrm{M}}-C_{\mathrm{EOL}})/(C_{\mathrm{N}}-C_{\mathrm{EOL}}) \tag{2-24}$$

式中,C_{EOL} 为电池寿命终止(报废)时的容量,是一个常数。上面 SOH 的计算公式其实与式(2-22)中的定义是等效的。

简单推导如下:设定义中 $\mathrm{SOH}=C_{\mathrm{M}}/C_{\mathrm{N}}=X$,计算公式中 $\mathrm{SOH}=(C_{\mathrm{M}}-C_{\mathrm{EOL}})/(C_{\mathrm{N}}-C_{\mathrm{EOL}})=Y$,假设 $C_{\mathrm{EOL}}=pC_{\mathrm{N}}$,则 $Y=(XC_{\mathrm{N}}-pC_{\mathrm{N}})/(C_{\mathrm{N}}-pC_{\mathrm{N}})=(X-p)/(1-p)$,即 Y 是关于 X 的一个函数(线性关系),其中 p 为常数。

2）估算方法

(1) 完全放电法。完全放电测试需要对电池进行一个完全的放电循环，然后测试出放电容量与新电池的标称容量进行比较。这个方法是目前公认最可靠的方法。但是这种方法的缺点也很明显，需要电池离线测试和较长的测试时间，测试完之后需要对电池重新充电。

(2) 内阻法。通过建立内阻与SOH之间的关系来进行SOH估算，大量研究表明电池内阻和SOH之间存在一定的对应关系。随着电池使用时间增长，电池内阻会随之增加，电池可用电量同时会不断减少，通过此规律可进行SOH估算。

(3) 电化学阻抗法。这是一种较复杂的方法，通过对电池施加多个不同频率的正弦信号，然后根据模糊理论对已经采集的数据进行分析，从而获得此电池的特性，预测当前电池的性能。使用这种方法需要大量阻抗及阻抗谱相关理论，对相关知识要求较高。

2.2.7 放电制度与自放电率

1. 放电制度

放电制度就是电池放电时所规定的各种条件，主要包括放电电流（速率）、放电终止电压和放电温度。

1）放电电流（放电倍率）

放电电流是指电池放电时的电流大小。放电电流的大小直接影响电池的各项性能指标，因此，介绍电池的容量或能量时，必须说明放电电流的大小，指出放电的条件。放电电流通常用放电率表示。放电率是指电池放电时的速率，有时率和倍率两种表示形式。

时率是以放电时间(h)表示的放电速率，即以一定的放电电流放完额定容量所需的时间(h)，通常用C/n表示。其中，C为额定容量，n为一定的放电电流。时率也叫作小时率。例如，电池的额定容量为50A·h，以5A电流放电，则时率为50A·h/5A=10h，称电池以10小时率放电。从计算方法可见，放电率所表示的时间越短，所用的放电电流越大；放电率所表示的时间越长，所用的放电电流越小。

倍率实际上是指电池在规定的时间内放出其额定容量所输出的电流值，它在数值上等于额定容量的倍数。例如，3倍率(3C)放电，其表示放电电流的数值是额定容量数值的3倍，若电池的容量为15A·h，那么放电电流应为3×15=45(A)。

习惯上称$\frac{1}{3}C$以下为低倍率，$\frac{1}{3}C\sim3C$为中倍率，3C以上则为高倍率。

2）放电终止电压

终止电压值与电池材料直接相关，并受到电池结构、放电率、环境温度等多种因素影响。

一般来说，由于低温大电流放电时电极的极化大，活性物质不能充分利用，电池的电压下降较快，因此在低温或大电流（高倍率）放电时，终止电压可以规定的低一些。

小电流放电时，电池的极化小，活性物质能够得到充分利用，终止电压可规定的高一些。

3）放电温度

电池放电容量与温度有关，规定蓄电池额定容量的基准温度有25℃、20℃两种。电池的容量和周围的温度有密切联系，也就是存在大致成反比函数的关系（实际情况较为复杂）。电池上表明的容量是按照标准温度（气温）25℃计算的。

当使用环境温度不同时,蓄电池的放电容量(蓄电池内部活性物质的化学反应效率)会有所不同。一般而言,在40℃以下温度范围内,温度越低,蓄电池的容量也越小;在大于40℃的温度范围内,蓄电池的放电容量会有一个峰值,温度高于该峰值时蓄电池的放电容量同样趋于降低。锂电池包工作温度为-20~60℃,不过一般低于0℃后锂电池包性能就会下降,放电能力就会相应降低,所以锂电池包性能完全的工作温度,常见是0~40℃。

2. 自放电率

自放电率是电池在存放时间内,在没有负荷的条件下自身放电,使得电池的容量损失的速度。自放电率采用单位时间(月或年)内电池容量下降的百分数表示。

$$自放电率=\frac{Ah_a-Ah_b}{Ah_a\cdot t}\times 100\% \tag{2-25}$$

式中,Ah_a 为电池储存时的容量(A·h);Ah_b 为电池储存以后的容量;t 为电池储存的时间(天或者月)。

自放电率通常与时间和环境温度有关,环境温度越高自放电现象越明显,所以电池久置时要定期补电,并在适宜的温度和湿度下储存。

2.2.8 寿命与成本

1. 循环寿命

循环寿命是评价蓄电池使用技术经济性的重要参数。蓄电池经历一次充电和放电,称为一次循环,或者一个周期。在一定放电制度下,二次电池的容量降至某一规定值之前,电池所能耐受的循环次数,称为蓄电池的循环寿命或使用周期。动力电池单体在充放电循环使用过程中,性能逐渐退化。其退化程度随着充放电循环次数的增加而加剧,其退化速度与动力电池单体充放电的工作状态和环境有直接的关系。

各类二次电池的循环寿命都有差异,即使同一系列、同一规格的产品,循环寿命也可能有很大差异。目前常用的蓄电池中,锌银蓄电池的循环寿命最短,一般只有30~100次;铅酸蓄电池的循环寿命为300~500次;锂离子电池的寿命较长,循环寿命可达1000次以上。

随着充放电循环次数的增加,二次电池容量衰减是一个必然的过程。这是因为在充放电循环过程中,电池内部会发生一些不可逆的过程,引起电池放电容量的衰减,这些不可逆的因素主要包括电极活性物质脱落转移及活性降低、电极材料腐蚀、隔膜老化和损耗等。蓄电池的循环周期与蓄电池的充电和放电形式、电池温度和放电深度有关,放电深度"浅"时,有利于延长电池的寿命。特别是电池在电动汽车上的使用环境,包括电池组中各个电池的均衡性、安装方式、所受的振动和线路的安装方式等,都会影响电池的工作循环次数。

影响动力电池寿命的因素主要包括充放电速率、充放电深度、环境温度、存储条件、电池维护过程、电流波纹以及过充电量和过充频度等。电池成组应用中,动力电池单体不一致性、单体所处温区不同、车辆的振动环境等都会对电池寿命产生影响。

(1) 充电截止电压。动力电池在充电过程中一般都伴随有副反应,提高充电截止电压,甚至超过电池电化学电位后进行充电一般会加剧副反应的发生,并导致电池使用寿命缩短,甚至可能导致内部短路、电池损坏、着火、爆炸等危险工况的出现。

(2) 放电深度(DOD)。深度放电会加剧动力电池的衰退。循环寿命受蓄电池 DOD 影响,因此,循环寿命的表示还要同时指出放电深度。比如蓄电池循环寿命 400 次/100%DOD 或 1000 次/50%DOD。

(3) 充放电倍率。动力电池单体的充放电倍率是其在使用工况下最直接的外界环境特征参数,其大小直接影响动力电池单体的衰减速度。充放电倍率越高,动力电池单体的容量衰减得越快。动力电池单体大倍率的充放电都会加快其容量的退化速度,如果充放电倍率过大,动力电池单体还可能会出现直接损坏,甚至过热、短路起火等极端现象。

(4) 环境温度。不同的动力电池都有最佳的工作温度范围,过高或过低的温度都会对电池的寿命产生影响。

(5) 存储条件。在存储过程中,由于电池的自放电、正负极材料钝化、电解液分解蒸发、电化学副反应等因素,将导致电池产生不可逆的容量损失。

(6) 容量不一致性。即使电动汽车行驶距离相同,因容量不同,电池的放电深度也不同。在大多数电池还属于浅放电情况下,容量不足的电池已经进入深放电阶段,并且在其他电池深放电时,低容量电池可能已经没有电量可以放出,成为电路中的负载,从而影响整体使用寿命。

(7) 放电率差异。同一种电池都有相同的最佳放电率,容量不同,最佳放电电流就不同。在串联组中电流相同,所以有的电池在最佳放电电流工作,而有的电池则达不到或超过了最佳放电电流。

(8) 局部过充。在充电过程中,小容量电池将提前充满,为使电池组中其他电池充满,小容量电池将过充电,充电后期充电电压偏高,甚至超出电池电压最高限,形成安全隐患,影响整个电池组的充电过程,并且过充电将严重影响电池的使用寿命。即容量不一致会导致安全隐患和影响电池的使用寿命。

由于各电池单体间的不一致性和串联动力电池组的短板效应,在动力电池组的使用过程中,电池组的最大可用容量与单体的可用容量下降速度不同步,也将导致各单体 SOC 状态各不相同,使得电池组寿命与电池单体相比明显降低。过充电或过放电都会对电池造成额外的损伤,致使动力电池的容量衰减加剧,此时的动力电池组寿命降低更加明显。

2. 成本

电池的成本与电池的技术含量、材料、制作方法和生产规模有关,目前新开发的高能量密度、功率密度的电池(如锂离子电池)成本较高,使得电动汽车的造价也较高。开发和研制高效、低成本的电池是电动汽车发展的关键。

电池的成本分为制造成本、使用维护成本、废电池处理成本等不同方面。显然,相同制造成本的电池使用寿命越长,其平均使用成本自然就越低。同样道理,废弃处理成本相对更低的“绿色”电池更受欢迎。

电池成本一般以电池单位容量或能量的成本进行表示,单位为元/(A·h)或元/(kW·h),以方便对不同厂家、不同型号的电池进行对比。电动汽车通常要比类似性能的燃油汽车价格昂贵,很重要的原因正是因为电池的成本较高,而通常为人们所诟病的电动汽车续航里程不够长的重要原因也是成本问题。根据相关调查,电动汽车续航增加 100km 需要增加 20kW·h 的电池储备。而对 1kW·h 的锂电池近 1000 元人民币的成本而言,增加 100km

续航里程而产生的电池成本增加大约2万元。因此,消费者在考虑增加续航的时候不得不面对的是电池成本的增加。不过从使用成本来看,电能消耗的成本比燃油消耗成本还是具有明显的价格优势。

2.2.9 不一致性

1. 概念

电池的不一致性对于成组应用的动力电池才有意义。它是电池组的重要参数指标之一,是指同一规格和同一型号电池在电压、内阻、容量、充电接受能力、循环寿命等参数方面存在的差别。电池的不一致性一般用电压差、容量差、内阻差的统计规律表示。

在现有电池技术水平下,电动汽车必须使用多块电池构成电池组,甚至电池组构成电池系统来满足使用要求。由于不一致性影响,电池系统性能往往达不到单体原有水平,系统使用寿命可能缩短到原来的几分之一或十几分之一,严重影响电动汽车整车性能。

2. 不一致性的产生原因

(1) 在制造过程中,由于工艺上的问题和材质的不均匀,使得电池极板活性物质的活化程度和厚度、微孔率、连条、隔板等存在很微小差别,这种电池内部结构和材质上的不完全一致性,就会使同一批次出产的同一型号电池的容量、内阻等参数不可能完全一致。

(2) 在装车使用时,由于电池组中各个电池的温度、通风条件、自放电程度、电解液密度等差别的影响,在一定程度上增加了电池电压、内阻及容量等参数的不一致性。

3. 不一致性的分类

根据使用中电池组的不一致性扩大的原因和对电池组性能的影响方式,可以把电池的不一致性分为容量不一致性、电压不一致性和内阻不一致性。

1) 容量不一致性

容量不一致性主要包含起始容量不一致性和实际容量不一致性两个方面。起始容量不一致性是指电池组在出厂前的分选试验后单体初始容量不一致性;实际容量不一致性是指电池在放电过程中所剩余的电量不相等。起始容量不一致性可以在使用过程中通过电池单体单独充放电来调整单体起始容量,使之差异性减小;而实际容量不一致性则有可能与电池单体内阻等参数有关。

电池起始容量受电池循环工作次数影响显著,越接近电池寿命周期后期,实际容量不一致性就越明显。同时,电池起始容量还与电池容量衰减特性有关,受到电池储存温度、电池荷电状态(SOC)等因素影响。电池组实际容量不一致性还与电池放电电流有关。所以,在电池组实际使用过程中,容量不一致性主要是电池起始容量不一致性和放电电流不一致性综合影响的结果。

2) 电压不一致性

电压不一致性的主要影响因素在于并联组中电池的相互充电。当并联组中一节电池电压低时,其他电池将给此电池充电。这种联结方式,低压电池容量小幅增加的同时高压电池容量急剧降低,能量将消耗在互充电过程中而达不到预期的对外能量输出。

若低压电池和正常电池一起使用，将成为电池组的负载，影响其他电池工作，进而影响整个电池组的寿命。所以，在电池组不一致明显增加的深放电阶段，不能再继续放电，否则会造成低容量电池过放电，影响电池组使用寿命。

3）内阻不一致性

电池内阻不一致使得电池组中每个单体在放电过程中热损失的能量各不一样，最终会影响电池单体能量状态。

串联中电流相同，内阻大的电池，能量损失大，产生热量多，温度升高快，若电池组的散热条件不好，热量不能及时散失，电池温度将持续升高，可能导致电池变形甚至爆炸的严重后果。在充电过程中，由于内阻不同，分配到串联组每个电池的充电电压不同，将使电池充电电压不一致。随充电过程的进行，内阻大的电池电压可能提前到达充电的最高电压极限，因此，为了防止内阻大的电池过充电和保证充电安全，不得不在大多数电池还未充满的情况下停止充电。

在并联放电过程中，内阻大的电池，电流小；反之，内阻小的电池，电流大。从而使电池在不同的放电倍率下工作，影响电池组的寿命。与此同时，在电流不等的情况下，电池放出的能量不同，致使在相同条件下，电池放电深度不同。

充电过程中，由于内阻的不同，分配到并联组的充电电流不同，所以在相同时间内充电量不同，即电池的充电速度不同，从而影响整个充电过程。在实际充电过程中，只能在防止充电快的电池过充和防止充电慢的电池不满之间采取折中的措施。

4. 提高电池一致性的措施

电池组的一致性是相对的，不一致性是绝对的。电池的不一致性在生产阶段就已经产生，在应用过程中，需要采取一定的措施减缓电池的不一致性扩大的趋势或速度。根据动力电池的应用经验和试验研究，常采取如下 8 项措施，以保证电池组寿命逐步趋于单体电池的使用寿命。

(1) 提高电池制造工艺水平，保证电池出厂质量，尤其是起始电压的一致性。同一批次电池出产前，以电池、内阻及电池化成数据为标准进行参数相关性分析，筛选相关性良好的电池，以此保证同批电池的性能尽可能一致。

(2) 在动力电池成组时，务必保证电池组采用同一类型、同一规格、同一型号的电池。

(3) 在电池组使用过程中检测单电池参数，尤其是在动、静态情况下(电动汽车行驶或停驶过程中)的电压分布情况，掌握电池组中单电池不一致性发展规律，对极端参数电池及时进行调整或更换，以保证电池组参数不一致性不随使用时间增加而增大。

(4) 对使用中发现的容量偏低的电池进行单独维护性充电，使其性能恢复。

(5) 间隔一定时间对电池组进行小电流维护性充电，促进电池组自身的均衡和性能恢复。

(6) 尽量避免电池过充电，尽量防止电池深度放电。

(7) 保证电池组良好的使用环境，尽量保证电池组温度场均匀，减小振动，避免水、尘土等污染电池极柱。

(8) 采用电池组均衡系统，对电池组充放电进行智能管理。

除上述主要性能指标外，还有实用性、环境、安全等方面的指标。诸如电池毒性、充电方便性、可维护性、耐振动、记忆性、温度敏感性、对周围环境的污染或腐蚀程度等也是电池的重要指标。

2.3 电池典型充电方法

2.3.1 电池充电规律

电池充电通常应当完成以下功能：尽快使电池恢复额定容量，即在恢复电池容量的前提下，充电时间越短越好；消除电池放电过程中引起的不良反应，即修复由于电池极化导致的性能破坏；对电池补充充电，克服电池自放电引起的不良后果。

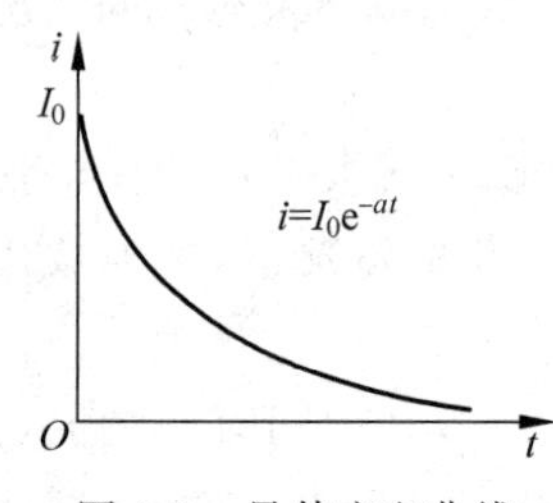

图 2-6 最佳充电曲线

20 世纪 60 年代中期，美国科学家马斯对开口蓄电池的充电过程进行了大量实验研究，并提出以最低出气率为前提的蓄电池可接受的充电曲线，如图 2-6 所示。(注：本书电压和电流使用大写字母表示它们的静态值或有效值，小写字母表示变化过程的瞬时值。)实验表明，如果充电电流按照这条曲线变化，就可以大大缩短充电时间，并且不影响电池的容量和寿命。原则上把这条曲线称为铅酸电池最佳充电曲线。此后，以此为基础，众多学者开展了各种电池的最佳充电曲线和方法的研究。

由图 2-7 可以看出：在马斯最佳充电曲线中，初始充电电流很大，但是衰减很快。其主要原因是充电过程中产生了极化现象。蓄电池接受充电能力随其原先的放电过程而不同，马斯根据实验提出和论证了充电三定律来定量说明这种关系，其具体内容在此不赘述。

2.3.2 常规充电方法

1. 恒流充电法

恒流充电方法是通过调整充电装置输出电压或改变与蓄电池串联电阻的方式使充电电流保持不变的充电方法。该方法控制简单，但由于电池的可接受电流能力是随着充电过程的进行而逐渐下降的，到充电后期，充电电流多用于电解水(铅酸电池)，产生气体，此时电能不能有效转化为化学能，多变为热能消耗掉了。恒流充电曲线如图 2-7 所示。

2. 恒压充电法

在蓄电池充电过程中，充电电源电压始终保持一定，叫作恒压充电。表示为

$$I=(U-E)/R \tag{2-26}$$

式中，U 为电池的端电压；E 为电池电动势；I 为充电电流；R 为充电电路中内阻。

由式(2-26)可知，充电开始时电池电动势小，所以充电电流很大，对蓄电池的寿命造成很大的影响，且容易使蓄电池的极板弯曲，造成电池报废；充电中期和后期，由于电池极化作用的影响，正极电位变得更高，负极电位变得更低，所以电动势增大，充电电流过小，形成长期充电不足，影响电池的使用寿命。鉴于这种缺点，很少使用恒压充电，只有在充电电源

电压低、工作电流大时才采用。

恒压充电曲线如图2-8所示。

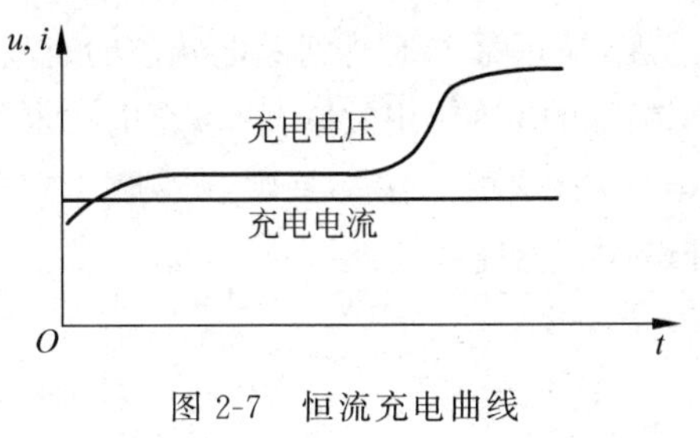

图2-7　恒流充电曲线

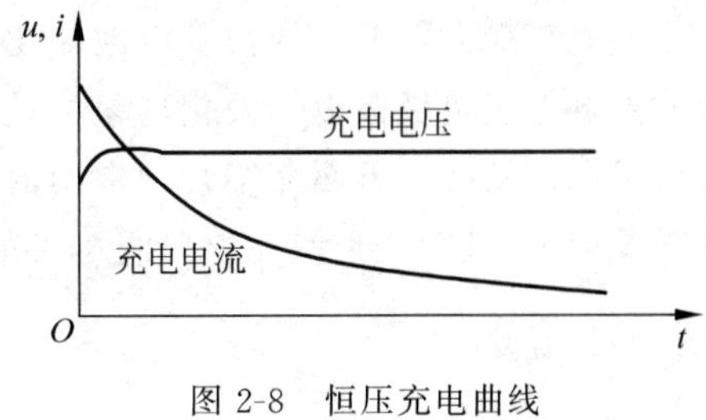

图2-8　恒压充电曲线

3. 阶段充电法

阶段充电法包含多种充电方法的组合，如先恒流后恒压充电法、多段恒流充电法、先恒流再恒压最后恒流充电法等。常用的为先恒流再恒压的充电方式，如铅酸电池、锂离子电池常采用这种方式充电。下面举例对这种充电方法进行介绍。

某额定容量150A·h铅酸电池，其参数见表2-2。

表2-2　铅酸电池参数表

额定电压/V	12	额定容量/(A·h)	150
最大放大电流/A	4C	最佳充电电流/A	0.4C
外形尺寸/(mm×mm×mm)	503×180×257	质量/kg	49.0±1.0

此电池组充电采取两阶段恒流。第一阶段恒流60A，第二阶段恒流14A。第一阶段充电结束，充电终止电压随温度调整按下式进行：

$$U = 14.7 - 0.03(T - T_r) \tag{2-27}$$

式中，U为单电池电压；T为环境温度；T_r为室温，一般采用20℃。

第二阶段终止采用的时间和电池电压两方面独立控制：①单电池电压超过17.0V；②此阶段充电时间超过6h。从图2-9所示电池组中单体电池充电曲线可以看出，在第一阶段，电池电压逐步升高，在充电转入第二阶段时，电池电压有所下降，但之后随充电过程的进行，电池电压再次开始上升，并在充电后期升高到15.5V以上。

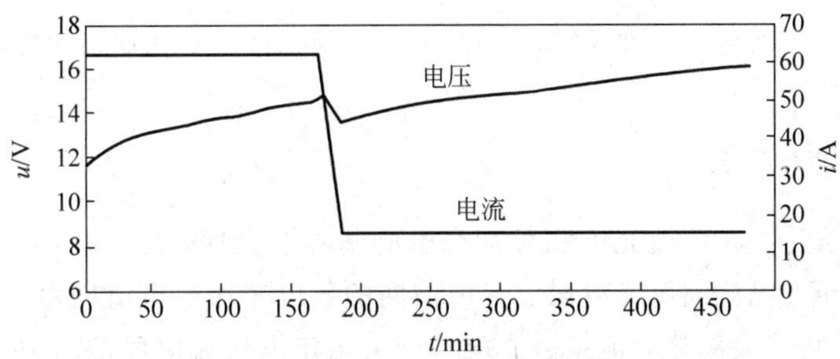

图2-9　单体铅酸电池阶段充电曲线

2.3.3 快速充电方法

为了能够最大限度地加快蓄电池的化学反应速度,缩短蓄电池达到满电状态的时间,同时保证蓄电池正负极极板的极化现象尽量少或轻,提高蓄电池使用效率,快速充电技术近年来得到了迅速发展。下面介绍几种常用的快速充电方法,这些方法都是围绕着最佳充电曲线进行设计的,目的就是使充电曲线尽可能地逼近最佳充电曲线。

1. 脉冲充电法

脉冲充电法是首先用脉冲电流对电池充电,然后停充一段时间,再用脉冲电流对电池充电,如此循环,如图 2-10 所示。充电脉冲使蓄电池充满电量,而间歇期使蓄电池经化学反应产生的氧气和氢气有时间重新化合而被吸收掉,使浓差极化和欧姆极化自然而然地得到消除,从而减轻了蓄电池的内压,使下一轮的恒流充电能够更加顺利地进行,使蓄电池可以吸收更多的电量。间歇脉冲使蓄电池有较充分的反应时间,减少了析气量,提高了蓄电池的充电电流接受率。

2. ReflexTM 快速充电法

这种技术是美国的一项专利技术,最早主要面对的充电对象是镍镉电池。这种充电方法缓解了镍镉电池的记忆效应问题,并大大降低了蓄电池快速充电的时间。如图 2-11 所示,ReflexTM 充电法的一个周期包括正向充电脉冲、反向瞬间放电脉冲和停充维持 3 个阶段。与脉冲式充电相比,加入了负脉冲的思想。这种充电方法在其他类型电池上的应用近年也大量开展,用于提高充电速度并降低充电过程中的极化。

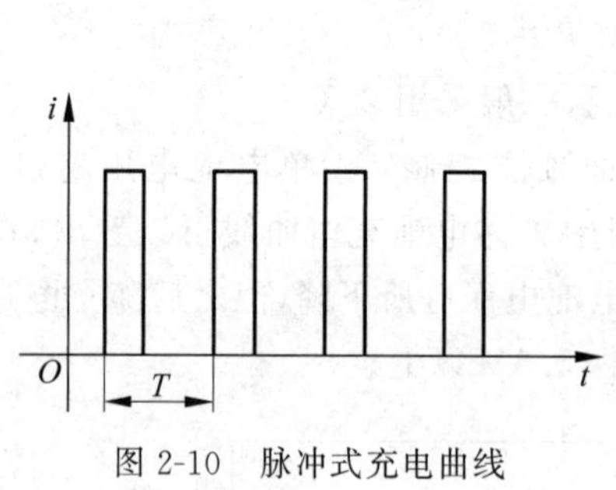

图 2-10 脉冲式充电曲线

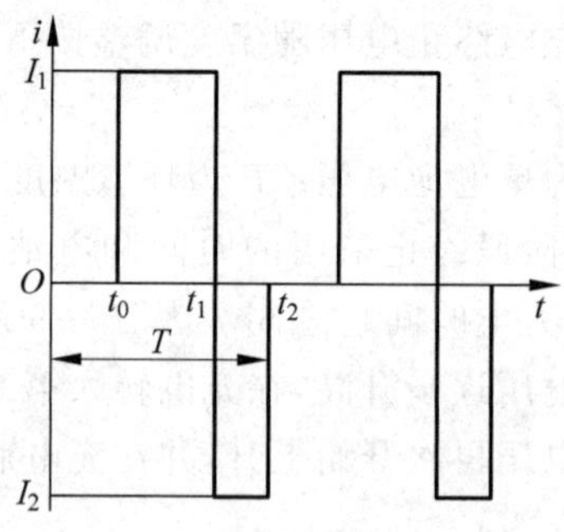

图 2-11 ReflexTM 快速充电曲线

3. 变电流间歇充电法

这种充电方法建立在恒流充电和脉冲充电的基础上,如图 2-12 所示,其特点是将恒流充电阶段改为限压变电流间歇充电段。充电前期的各段采用变电流间歇充电的方法,保证加大充电电流,获得绝大部分充电量。充电后期采用定电压充电段,获得过充电量,将电池恢复至完全充电状态。通过间歇停充,使蓄电池经化学反应产生的氧气和氢气有时间重新化合而被吸收掉,使浓度差极化和欧姆极化自然而然地得到消除,从而减轻了蓄电池的内

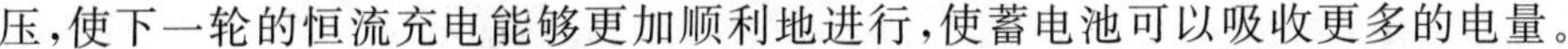

压，使下一轮的恒流充电能够更加顺利地进行，使蓄电池可以吸收更多的电量。

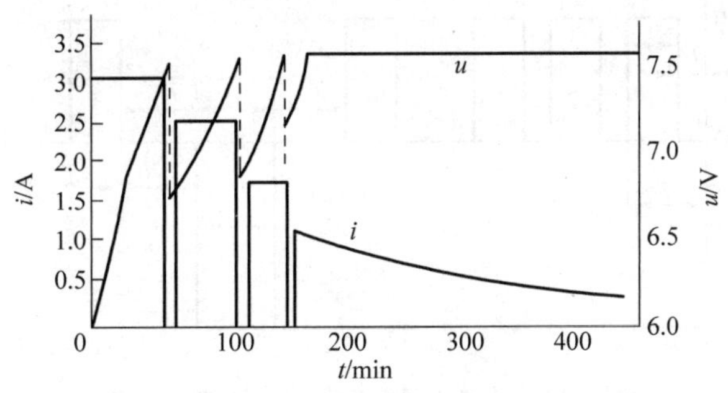

图 2-12　变电流间歇充电曲线

4. 变电压间歇充电法

在变电流间歇充电法的基础上又有人提出了变电压间歇充电法，如图 2-13 所示。变电压间歇充电法与变电流间歇充电法的不同之处在于第一阶段不是间歇恒流，而是间歇恒压。

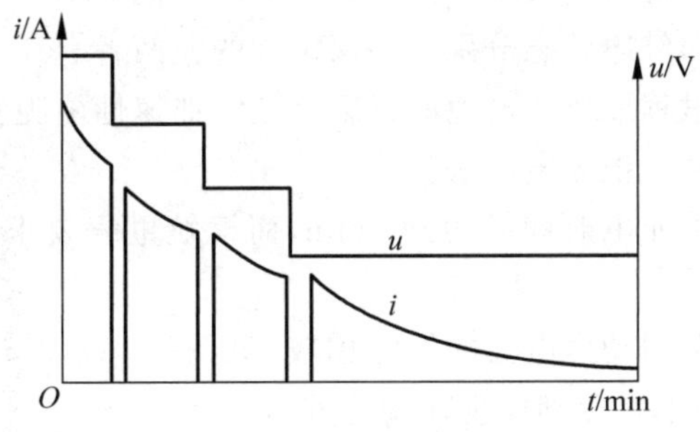

图 2-13　变电压间歇充电曲线

比较图 2-12 和图 2-13 可以看出，图 2-13 更加符合最佳充电的充电曲线；在每个恒电压充电阶段，由于是恒压充电，充电电流自然按照指数规律下降，符合电池电流可接受率随着充电过程逐渐下降的特点。

5. 变电压、变电流波浪式间歇正负零脉冲快速充电法

综合脉冲充电法、ReflexTM 快速充电法、变电流间歇充电法及变电压间歇充电法的优点，变电压、变电流波浪式间歇正负零脉冲快速充电法得到发展应用。脉冲充电法充电电路的控制一般有两种：

(1) 脉冲电流的幅值可变，而驱动充放电开关管(PWM)信号的频率是固定的；

(2) 脉冲电流幅值固定不变，PWM 信号的频率可调。

图 2-14 采用一种不同于这两者的控制模式，脉冲电流幅值和 PWM 信号的频率均固定，PWM 占空比可调，在此基础上加入间歇停充阶段，能够在较短的时间内充进更多的电量，提高蓄电池的充电接受能力。

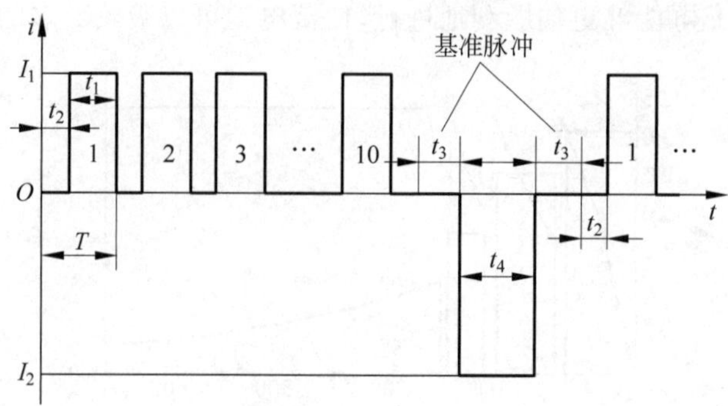

图 2-14 波浪式间歇正负零脉冲快速充电

复习思考题

1. 电池电芯(单体)和电池系统有何关系?

2. 电池容量和电池能量有何关系?是否容量大的电池能量一定会大?

3. 电池的荷电状态和健康状态分别是如何定义的?两者有什么关系?

4. 电动汽车的续航里程取决于电池的什么参数?加速性能呢?

5. 有哪些典型的动力电池充电方法?

6. 假如要求电动汽车充电时间缩短到 5min,而续航里程要求达到 1000km,对电池系统会有哪些挑战?

7. 观察常用电动汽车用动力电池的性能比较(见图 2-15),对比说明铅酸电池、镍氢电池和锂离子电池的优势和不足分别体现在哪些方面?

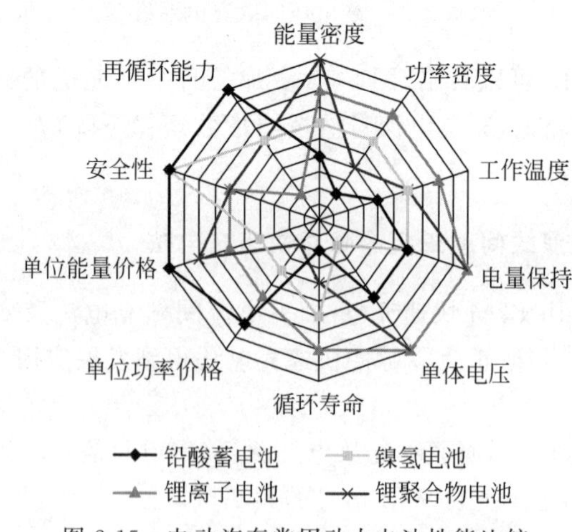

图 2-15 电动汽车常用动力电池性能比较

第3章 车用动力电池的特征及测试

动力电池是与启动电池、储能电池等并列属于从用途上分类的二次电池中的一类电池，其主要区别于用于汽车发动机起动的启动电池。该类电池具有高功率、高能量、高能量密度、高倍率循环使用、工作温度范围宽、使用寿命长、安全可靠等特点，主要应用于电动车辆、电动工具等需要大电流、深放电的领域。电动车辆是动力电池的典型应用领域，从保证电动汽车性能和生产生活安全角度出发，必须对动力电池测试制定规程和检验标准。本章重点介绍作为交通工具的电动车辆对动力电池的要求及其检测方法和设备。本章将注重贯彻锂电测试“中国标准”。

3.1 车辆对动力电池的要求

3.1.1 电动车辆驱动分析

1. 驱动力分析

电动汽车由动力电池组输出电能给驱动电机，驱动电机输出功率，用于克服电动汽车本身的机械装置的内阻力及由行驶条件决定的外阻力消耗的功率，实现能量的转换和车辆驱动。

电动汽车的驱动电机输出轴输出转矩 M，经过减速齿轮传动，传到驱动轴上的转矩为 M_t，使驱动力与地面之间产生相互作用，车轮与地面间作用一圆周力 F_0，同时，地面对驱动轮产生反作用力 F_t。F_t 和 F_0 大小相等、方向相反，F_t 与驱动轮的前进方向一致，是推动汽车前进的外力，定义为电动汽车的驱动力。公式为

$$M_t = Mi_g i_0 \eta \tag{3-1}$$

$$F_t = M_t/r = Mi_g i_0 \eta/r \tag{3-2}$$

式中，F_t 为驱动力(N)；M 为电动机输出转矩(N·m)；i_g 为减速器或者变速器传动比；i_0 为主减速器传动比；η 为电动汽车的机械传动效率；R 为驱动轮半径(m)。

电动汽车机械传动装置是指与驱动电机输出轴有运动学联系的减速齿轮传动箱或者变速器、传动轴以及主减速器等机械装置。机械传动链中的功率损失有齿轮啮合处的摩擦损失、轴承中的摩擦损失、旋转零件与密封装置之间的摩擦损失以及搅动润滑油的损失等。

然而,根据式(3-3)所示的汽车行驶方程式可知,车辆的驱动力应与汽车的行驶阻力平衡:

$$F_t = F_f + F_w + F_i + F_j \tag{3-3}$$

式中,F_f 为滚动阻力;F_w 为空气阻力;F_i 为坡度阻力;F_j 为加速阻力。

汽车的滚动阻力

$$F_f = mf \tag{3-4}$$

式中,m 为汽车质量;f 为滚动阻力系数。

汽车的空气阻力

$$F_w = C_D A v_a^2 / 21.15 \tag{3-5}$$

式中,C_D 为空气阻力系数;A 为迎面面积;v_a 为汽车行驶速度。

汽车的坡度阻力

$$F_i = \delta m \mathrm{d}u / \mathrm{d}t \tag{3-6}$$

式中,δ 为汽车旋转质量换算系数;M 为汽车质量;$\mathrm{d}u/\mathrm{d}t$ 为行驶速度。

2. 能量与功率分析

驱动车辆所需要的功率为

$$P_v = v_a(F_f + F_w + F_i + F_j) \tag{3-7}$$

动力电池组所需要提供的功率

$$P_B = P_V / \varepsilon_M \varepsilon_E \tag{3-8}$$

式中,ε_M 为电动汽车传动系统的机械效率;ε_E 为电动汽车电气部件的效率。

电动车辆行驶所需的能量是功率与行驶时间的积分,即

$$E_r = \int P_B(t) \mathrm{d}t \tag{3-9}$$

式中,E_r 为电动车辆一定工况下应用对电池的能量需求。

动力电池组的储能量是有限的,为了满足车辆行驶的需要,高的能量存储量对于各种电动车辆都是需要的。电动车辆的应用主要分为两类:场地车辆和道路车辆。下面分别进行说明。

3.1.2 车用动力电池的特征

1. 纯电动场地车辆

纯电动场地车辆的道路运行工况通常是事先确定的。例如,用于搬运货物的电动叉车在工作时间之内,自身移动和搬运货物的路程是特定的。因此,在这种应用条件下,可以精确地计算出执行具体任务时车辆所需的能量。

客户为车辆制造商提供了数据,这些数据可以确定车辆完成具体搬运货物等任务时电池所需的能量。这些数据包括:①在平路上行驶的里程;②任何斜坡的坡道;③货物的重量以及提升的高度。在功率需求方面,项①包括阻力 F_f 和 F_j,而项②考虑了阻力 F_i,由于场地车辆运行的速度较低,剩余的一个阻力 F_w 则可以忽略不计。在进行起重作业时,需要

额外的功率。这是与举起物体的总质量成正比的。在一个具体的工作周期内，每一次车辆运行的需求能量总和与运行的次数相乘可求出满足要求的电池所需的总能量。为了确保动力电池组在应用中不发生过放电，并考虑电池组在正常使用过程中的电池性能下降的补偿，动力电池组的设计容量比计算容量一般要大些。现有的动力铅酸电池能满足正常工况下电动叉车的能量功率需求。在起重工况下，大质量的铅酸电池组还可以起到平衡有效载荷的作用，因而电池质量大在电动叉车上有时也是一个优点。

在变牵引条件的复杂道路工况下，计算牵引车所需动力电池性能难度较大。一般以综合的常用工况为计算依据进行纯电动场地车辆所需的动力电池功率和能量计算。

2. 纯电动道路车辆

纯电动道路车辆行驶完全依赖动力电池组(见图 3-1)的能量，动力电池能量越大，可以实现的续航里程就越长，然而此时动力电池组的体积和质量都会增大。纯电动道路车辆要根据设计目标、道路情况和运行工况的不同来选配动力电池。具体要求归纳如下。

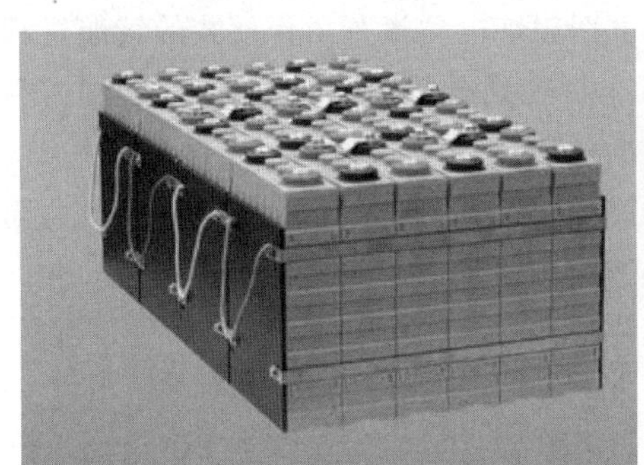
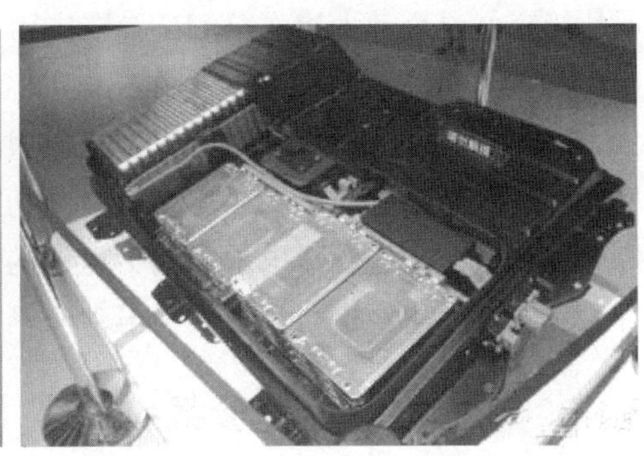

图 3-1 动力电池组

(1) 动力电池组要有足够的能量和容量，以保证典型的连续放电不超过 1C，典型峰值放电一般不超过 3C；如果电动汽车上安装了回馈制动，动力电池组必须能够接受高达 5C 以上的脉冲电流充电。

(2) 动力电池要能够实现深度放电(如 80%DOD)而不影响其使用寿命，在必要时能实现满负荷功率和全放电。

(3) 需要安装电池管理系统和热管理系统，显示动力电池组的剩余容量和实现温度控制。

(4) 由于动力电池组的体积和质量大，电池箱的设计、动力电池的空间布置和安装问题都需要根据整车的空间、前后轴的配比进行具体的设计。

3. 混合动力电动车辆

与纯电动车辆相比，混合动力电动汽车对动力电池的能量要求有所降低，但是要能够根据整车要求实时提供更大的瞬时功率，即要实现“小电池提供大电流”。

由于混合动力汽车构型的不同，串联式和并联式混合动力汽车对电池的要求又有差别。

(1) 串联式混合动力汽车完全由电动机驱动，内燃机-发电机与电池组一起提供电动机需要的能量的电能,电池 SOC 处于较高的水平,对电池的要求与纯电动汽车相似,但容量要求较小,功率特性要求根据整车需求与电池容量确定。总体而言,动力电池容量越小,对其大倍率放电的要求越高。

(2) 并联式混合动力汽车内燃机和电动机可直接对车轮提供驱动力,整车的驾驶需求可以通过不同的动力电池组来满足。动力电池的容量可以更小,但是电池组瞬时提供的功率要满足汽车加速或爬坡要求,电池的最大放电电流可能高达 20C 以上。

在不同构型的混合动力汽车上,由于工作环境、汽车构型、工作模式的复杂性,对混合动力汽车用动力电池提出统一的要求是比较困难的。但一些典型、共性的要求可以归纳如下。

(1) 动力电池的峰值功率要求大,能短时、大功率充放电。

(2) 循环寿命要长,至少要满足 5 年以上的电池使用寿命,最佳设计是与电动汽车整车同寿命。

(3) 电池的 SOC 应尽可能保持在 50%～85%的范围内工作。

(4) 需要配备电池管理系统,包括热管理系统。

可外接充电混合动力汽车(PHEV)在应用上期望纯电动汽车工作模式的续航里程达到 40km 以上,并且由于在应用模式上在纯电动汽车行驶到电量不足时,启动混合动力驱动工况,因此需要动力电池组在 SOC 时也能提供很高的功率。

现有的燃料电池电动车辆由于燃料电池功率密度较低,一般采用与动力电池共同驱动的方式对外输出电能。燃料电池与动力电池的连接方式有并联和串联两种形式,在该类车型上对动力电池性能要求与混合动力电动车辆相似。

3.1.3 动力电池评价参数

动力电池最重要的特点就是高功率和高能量。高功率意味着更大的充放电电流,高能量表示更高的质量能量密度和体积能量密度。这两个指标的要求其实是矛盾的,为了提高功率也就要求提高充放电电流,电池结构要求设计为增大等效的反应面积和减少接触阻抗,要求增大体积和质量,从而降低了能量密度。动力电池系统设计需要按照最优化的整车设计应用指标设计电池系统。

从使用角度而言,动力电池的应用可以总结为以下 7 个特点。

1. 高能量

对于电动车辆而言,高能量意味着更长的纯电动续航里程。作为交通工具,续航里程的延长可有效提升车辆应用的方便性和适用范围,因此,电动汽车对动力电池的高能量密度的需求是永不会停止的。锂离子动力电池能够在电动车辆上广泛推广和应用,主要原因就是能量密度是铅酸动力电池的 3 倍,并且还有继续提高的可能性。在技术发展上,现在的锂离子电池、镁电池也主要是其在能量密度方面的优势,成为研究人员开发的新热点。

2. 高功率

车辆作为交通工具,追求高速化,也就是对车辆动力性提出了高的要求。实现良好的动力性能要求驱动电机有较大的功率，进而要求动力电池组能够提供给驱动电动机高功率输出，满足车辆驱动的要求。长期大电流、高功率放电对于电池的使用寿命和充放电效率会产生负面影响，甚至影响电池使用的安全性，因此在功率方面还需要一定的功率储备，避免让动力电池在全功率工况下工作。

3. 长寿命

现有的铅酸动力电池的使用寿命在深充深放工况下可以达到400次，锂离子动力电池可以达到1000次以上，根据日本丰田公司的报告，混合动力用镍氢电池现在的使用寿命已经可以达到10年以上。动力电池的寿命直接关系到它的成本。车辆应用过程中电池更换的费用，是电动汽车使用成本的重要组成部分。现有电池电化学体系研究是提高动力电池使用寿命的一个关键问题，在动力电池成组集成应用方面，考虑动力电池单体寿命的一致性，以保证电池组的使用寿命与单体电池组接近，这也是研究的重要内容。

4. 低成本

动力电池的成本与电池的新技术含量、材料、制作方法和生产规模有关，目前新开发的高能量密度的电池成本较高，使得电动汽车的造价也较高，因此开发和研制高效、低成本的动力电池是电动汽车发展的关键。

5. 安全性好

动力电池为电动汽车提供了高达300V以上的驱动供电电压，可能危及人身安全和车载电器的使用安全。电安全是电动汽车区别于传统内燃机汽车的重要特点之一。除此之外，动力电池作为高能量密度的储能载体，自身也存在一定的安全隐患。下面以锂离子电池为例进行说明。

(1) 充放电过程中如果发生热失控反应，可能导致电池短路起火，甚至产生爆炸现象。

(2) 锂离子电池采用的有机电解质，在4.6V左右易发生氧化，并且溶剂易燃，若出现泄漏等情况，也会引起电池着火燃烧甚至爆炸。

(3) 发生碰撞、挤压、跌落等极端的状况，导致电池内部短路，也会引起危险状况的出现。

基于上述原因，对于车动力电池的检验标准非常严格，我国已经制定了动力电池及电池模块进行安全性检验的标准。对动力电池在高温、高湿、穿刺、挤压、跌落等极端状况进行检验，要求在这些状况下不发生动力电池的燃烧、起火现象。

6. 工作温度适应性强

车辆应用一般不应受地域的限制，不同空间和时间应用，需要车辆适应不同的温度。仅以北京地区的车辆应用为例，北京夏季地表温度可达50℃以上，冬季可低至−15℃以下，在该温度变化范围内，动力电池应可以正常工作。因此，需要动力电池具有良好的温度适应性。现在的动力电池系统设计，考虑到电池的温度适应性问题，一般都需要设计相应的冷却系统或加热系统来达到动力电池的最佳工作温度。

7. 可回收性好

按照动力电池使用寿命的标准定义，电池在其容量衰减到额定容量的80%时，确定为动力电池寿命终结。随着电动汽车的大量应用,必然出现大量废旧动力电池的回收问题。对于动力电池的可回收性,在化学性能方面,首先要求做到电池正负极及电解质液等材料无毒,对环境无污染;其次是研究电池内部各种材料的回收再利用。对于动力电池的再利用,还存在梯次利用问题,即按照动力电池寿命标准,将达到额定容量80%以下淘汰的电池转移到对电池容量和功率要求相对较低的领域继续应用。

3.2 动力电池基本测试方法

动力电池测试是电池研制、出厂检测、产品评估等的必要手段。作为电动汽车的能量源,从保证交通工具必要的性能和安全性角度出发,汽车行业管理部门也对动力电池、动力电池组甚至动力电池系统的测试制定了详细的测试规程和检验标准。虽然电动汽车产业尚处于初级阶段,标准也会随着应用及对动力电池的认识逐步完善,但对于性能和安全性测试的基本方法和要求应该相对稳定。

3.2.1 测试项目

化学电源的电化学基本性能包括容量、电压、内阻、自放电、存储性能、高低温性能等,动力电池作为典型的二次化学电源,其性能还包括充放电性能、循环性能、内压等。因此。对于动力电池单体而言,主要性能测试内容包括充电性能测试、放电性能测试、放电容量及倍率测试、寿命测试、内阻测试、内压测试和安全性测试等。

从车辆实际应用角度出发,应用于电动汽车的动力电池需要以动力电池组作为测试对象进行适合于车用的一系列测试,如静态容量检测、峰值功率检测、动态容量检测、部分放电检测、静置试验、持续爬坡功率测试、热性能、起动功率测试、电池振动测试、充电优化和快速充电能力测试、循环寿命测试以及安全性测试等。

GB 31484 电动汽车用动力蓄电池循环寿命要求及试验方法

1. 静态容量检测

该测试的主要目的是确定车辆在实际使用时,动力电池组是否具有充足的电量和能量,是否能够满足各种预定放电倍率和温度下的正常工作。主要的试验方法为恒温条件下恒流放电测试,放电终止以动力电池组电压降低到设定值或动力电池组内的单位一致性(电压差)达到设定的数值为准。

2. 动态容量检测

电动汽车行驶过程中,动力电池的使用温度、放电倍率都是动态变化的。该测试主要检测动力电池组在动态放电条件下的能力。其主要表现为不同温度和不同放电倍率下的能量和容量。其主要测试方法为采用设定的变电流工况或实际采集的车辆应用电流变化曲线,进行动力电池组的放电性能测试,试验终止条件根据试验工况以及动力电池的特性有所调整,基本也是遵循电压降低到一定的数值为标准。该方法可以更加直接和准确地反映电动汽车的实际应用需求。

3. 静置试验

该测试的目的是检测动力电池组在一段时间未使用时的容量损失，用来模拟电动汽车一段时间没有行驶而电池开路静置时的情况。静置试验也称自放电及存储性能测试，它是指在开路状态下，电池存储的电量在一定环境条件下的保存能力。

4. 起动功率测试

由于汽车起动功率较大，为了适应不同温度条件下的汽车起动需要，对动力电池组进行低温(−18℃)起动功率和高温(50℃)起动功率测试。该项测试除了在设定温度下进行以外，为了能够确定电池在不同荷电状态的放电能力，一般还设定 SOC 值。常见的测试为 SOC 分别在 90%、50%和 20%时进行功率测试。

5. 快速充电能力测试

GB 31486 电动汽车用动力蓄电池电性能要求及试验方法

该测试的目的是通过对动力电池组进行高倍率充电来检测电池的快速充电能力，并考察其效率、发热及其他性能的影响。对于快速充电，USABC 的目标是 15min 内电池容量从 10%恢复到 80%。目前，日本的 CHADeMO 协会制定的标准要求达到电动汽车动力电池充电 10min 左右可以保证车辆行驶 50km，充电时间超过 30min 可以保证车辆行驶 100km。

6. 循环寿命测试

电池的循环寿命直接影响电池的使用经济性。当电池的实际容量低于初始容量的 80%时，即视为动力电池寿命终止。该测试采用的主要测试方法是在一定条件下进行充放电循环，以循环的次数作为其寿命的指标。由于动力电池的寿命测试周期比较长，一般试验下来需要数月甚至一年的时间，因此，在实际操作中，经常采用确定测试循环数量，测定容量衰减情况，并据此数据进行线性外推的方法进行测试。在研究领域，为了缩短动力电池的寿命测试时间，也在研究通过增加测试的温度、充放电倍率等加速电池老化的方式进行动力电池及动力电池组寿命测试。

7. 安全性测试

GB 38031 电动汽车用动力蓄电池安全要求

电池的安全性能是指电池在使用及搁置期间对人和装备可能造成伤害的评估。尤其是电池在滥用时，由于特定的能量输入，导致电池内部组成物质发生物理或化学反应而产生大量的热量，如热量不能及时散逸，可能导致电池热失控。热失控会使电池发生毁坏，如猛烈的泄气、破裂，并伴随起火，造成安全事故。在众多化学电源中，锂电子电池的安全性尤为重要。通用的动力电池安全测试项目见表 3-1。

表 3-1　通用动力电池安全测试项目

类　　别	主要测试方法
电性能测试	过充电、过放电、外部短路、过流保护
机械测试	挤压、振动、机械冲击、模拟碰撞
热测试	加热、温度循环、外部火烧、热扩散、温度冲击、过温保护
环境测试	高海拔、浸水、盐雾、湿热循环

8. 电池振动测试

该测试的目的是检测由于道路引起的频繁振动和撞击对动力电池及动力电池组性能和寿命的影响。电池振动测试主要考察动力电池(组)对振动的耐久性,并以此作为指导改进动力电池结构设计的依据。振动试验中的振动模式一般使用正弦振动或随机振动两种。由于动力电池主要装载于车辆使用,为更好地模拟电池使用工况,一般采用随机振动。

上面是对动力电池进行测试的一些通用要求,根据动力电池的不同类型,测试的具体参数与要求会有所差异,目前对应的国家标准主要有《电动汽车用动力蓄电池电性能要求及试验方法》《电动汽车用动力蓄电池循环寿命要求及试验方法》《电动汽车用动力蓄电池安全要求》。表 3-2 列举了其中的主要测试项目、试验方法及指标要求,具体测试规范可参考相关标准原文。

表 3-2 电动汽车动力电池主要测试项目

项目		检测方法	指标要求
电池电性能	外观	在良好的光线条件下,用目测法检查蓄电池模块的外观	不得有变形及裂纹,表面干燥、无外伤,且排列整齐、连接可靠、标志清晰
	极性	用电压表检测蓄电池模块的极性	端子极性标识应正确、清晰
	外形尺寸和质量	用量具和衡器测量蓄电池模块的外形尺寸及质量	应符合企业提供的产品技术条件
	室温放电容量	25℃±2℃,以 $1I_1$(A)电流放电至任一单体蓄电池达到终止电压,计量放电容量(A·h 计)和放电比能量(W·h/kg),重复 5 次,取试验结果平均值	不低于额定容量,且不超过额定容量的 110%,同时测试对象初始容量极差不大于初始容量平均值的 7%
	低温放电容量	按标准充电,在 −20℃±2℃下搁置 24h,以 $1I_1$(A)电流放电至任一单体蓄电池电压达到企业提供的放电终止电压(不低于室温放电终止电压的 80%),计算放电容量(以 A·h 计)	锂离子蓄电池模块不低于初始容量的 70%;金属氢化物蓄电池模块不低于初始容量的 80%
	高温放电容量	按标准充电,在 55℃±2℃下搁置 5h,以 $1I_1$(A)电流放电至任一单体蓄电池电压达到室温放电终止电压,计算放电容量(以 A·h 计)	不低于初始容量的 90%
	荷电保持及容量恢复能力	按标准充电后,在 25℃±2℃搁置 28d,以 $1I_1$(A)电流放电至任一单体蓄电池放电终止电压,计量荷电保持容量(以 A·h 计),再按标准充电,25℃±2℃下以 $1I_1$(A)电流放电至任一单体蓄电池放电终止电压,计量恢复容量(以 A·h 计)	锂离子蓄电池模块荷电保持率不低于初始容量的 85%,容量恢复率不低于初始容量的 90%
	耐振动	按标准充电,将蓄电池紧固到振动试验台上,进行线性扫频振动试验:放电电流 $1/3I_1$(A),振动方向为上下单振动,振动频率为 10~55Hz,最大加速度为 $30m/s^2$,扫频循环 10 次,振动时间 3h,观察有无异常现象出现	不允许出现放电电流锐变、电压异常、蓄电池壳变形、电解液溢出等现象,并保持连接可靠、结构完好
	储存	蓄电池模块按标准充电,25℃±2℃下以 $1I_1$(A)电流放电 30min,在 45℃±2℃下储存 28d,25℃±2℃下搁置 5h,按标准充电,25℃±2℃下以 $1I_1$(A)电流放电至任一单体蓄电池电压达到放电终止电压,计量放电容量(以 A·h 计)	容量恢复应不低于初始容量的 90%

续表

项目		检测方法	指标要求
电池循环寿命	标准循环寿命	以 $1I_1$(A)电流放电至企业规定的放电终止条件，搁置不低于30min或企业规定的搁置条件，按标准充电，搁置不低于30min或企业规定的搁置条件，以 $1I_1$(A)电流放电至企业规定的放电终止条件，记录放电容量，以上步骤连续循环500次，若放电容量高于初始容量的90%，则终止试验；若放电容量低于初始容量的90%，则继续循环500次，计量室温放电容量和放电能量	循环次数达到500次时放电容量应不低于初始容量的90%，或者循环次数达到1000次时放电容量应不低于初始容量的80%
	工况循环寿命（混合动力乘用车）	按标准方法调整SOC至80%(或企业规定的最高SOC)，搁置30min，运行“主放电工况”直到30%SOC(或企业规定的最低SOC)或者企业规定的放电终止条件，运行“主充电工况”直到80%SOC(或企业规定的最高SOC)或者企业规定的充电终止条件，重复以上两个工况共 x h(x 约为22且循环次数满足标准)，搁置2h，重复以上步骤6次，按标准测试容量、能量和功率，重复以上步骤直到放电能量与蓄电池初始能量的比值达500，按标准测试容量和功率	总放电能量与电池初始能量比值达500时，计算放电容量和5s放电功率
	工况循环寿命（纯电动乘用车）	按标准方法充电，搁置30min，运行“主放电工况”直到20%SOC(或企业规定的最低SOC)或者企业规定的放电终止条件，搁置30min，重复以上4个步骤共 x h(x 约为20且循环次数满足标准)，搁置2h，重复以上步骤6次，按标准测试容量和能量，重复以上步骤直到总放电能量与电池初始能量的比值达500，按标准测试容量和能量	总放电能量与电池初始能量比值达500时，计算放电容量
电池单体安全性	过放电	按标准方法充电，以 $1I_1$(A)电流放电90min，完成后在试验环境温度下观察1h	不起火、不爆炸
	过充电	按标准方法充电，以制造商规定且不小于 $1I_3$(A)的电流恒流充电至制造商规定的充电终止电压的1.1倍或115%SOC后停止充电，在试验环境温度下观察1h	不起火、不爆炸
	外部短路	按标准方法充电，将试验对象正极端子和负极端子经外部短路10min，外部线路电阻应小于5mΩ，完成以上步骤后在试验环境温度下观察1h	不起火、不爆炸
	加热	按标准方法充电，将试验对象放入温度箱，锂电池按照5℃/min的速率由试验环境温度升温至130℃±2℃，并保持此温度30min后停止加热(镍氢电池则升温至85℃±2℃，保温2h)，完成以上步骤后，在试验环境温度下观察1h	不起火、不爆炸
	温度循环	按标准方法充电，放入温度箱(温度调节详见国标)，循环5次，完成试验步骤后，在试验环境温度下观察1h	不起火、不爆炸
	挤压	按标准方法充电，按下列条件试验：挤压方向为垂直于电池单体极板方向，或者与电池单体在整车布局上最容易受到挤压的方向相同，挤压板形式为半径75mm的半圆柱体，挤压速度不大于2mm/s，挤压程度为电压达到0V或变形量达到15%或挤压力达到100kN或1000倍试验对象重量后停止挤压并保持10min，完成以上试验步骤后，在试验环境温度下观察1h	不起火、不爆炸

续表

项　目		检 测 方 法	指 标 要 求
电池包或系统安全性	振动	试验开始前，将试验对象的 SOC 调整至不低于制造商规定的正常 SOC 工作范围的 50%，按照试验对象车辆安装位置和 GB/T 2423.43 的要求，将试验对象安装在试验台，每个方向分别施加随机和定频振动载荷，试验过程监控试验对象内部最小监控单位的状态(如电压和温度)，完成以上试验步骤后，在试验环境温度下观察 2h	无泄漏、外壳破裂、起火或爆炸现象，且不触发异常终止条件，试验后的绝缘电阻应不小于 100Ω/V
	机械冲击	对施加对象施加半正弦冲击波，±z 方向各 6 次，共计 12 次，冲击波最大、最小容差允许范围详见国标，相邻两次冲击的间隔时间以两次冲击在试验样品上造成的响应不发生相互影响为准，一般应不小于 5 倍冲击脉冲持续时间，完成以上试验步骤后，在试验环境温度下观察 2h	无泄漏、外壳破裂、起火或爆炸现象，试验后的绝缘电阻应不小于 100Ω/V
	模拟碰撞	按照试验对象车辆安装位置和 GB/T 2423.43 要求，将试验对象水平安装在带有支架的台车上，根据试验对象的使用环境给台车施加规定的脉冲，对于试验对象存在多个安装方向时，按照加速度大的安装方向进行试验，完成以上试验步骤后，在试验环境温度下观察 2h	无泄漏、外壳破裂、起火或爆炸现象，试验后的绝缘电阻应不小于 100Ω/V
	挤压	选择规定的两种挤压板中的一种，挤压方向为汽车行驶及垂直方向，挤压速度不大于 2mm/s，挤压力达到 100kN 或挤压变形量达到挤压方向整体尺寸的 30% 时停止挤压并保持 10min，完成以上试验步骤后，在试验环境温度下观察 2h	不起火、不爆炸
	湿热循环	按照 GB/T 2423.43 执行试验 Db，变量按规定执行，其中最高温度 60℃或更高温度(如制造商要求)，循环 5 次，完成以上试验步骤后，在试验环境温度下观察 2h	无泄漏、外壳破裂、起火或爆炸现象，试验后 30min 内的绝缘电阻应不小于 100Ω/V
	浸水	试验对象按照整车连接方式连接好线束、接插件等零部件，开展试验，以实车装配方向置于 3.5%质量分数的氯化钠溶液中 2h，水深要足以淹没试验对象(或者试验对象按照 GB/T 4208—2017 中 14.2.7 所述方法和流程进行试验)，将电池包取出水面，在试验环境温度下观察 2h	按方式一进行，应不起火、不爆炸，按方式二进行，试验后需满足 IPX7 要求，应无泄漏、外壳破裂、起火或爆炸现象，试验后的绝缘电阻应不小于 100Ω/V
	热稳定性(外部火烧)	对电池包或系统起到保护作用的车身结构，可参与火烧试验，试验环境温度为 0℃以上，风速不大于 2.5km/h，测试中盛放汽油的平盘尺寸超过试验对象水平投影尺寸 20cm，不超过 50cm，平盘高度不高于汽油表面 8cm，试验对象居中放置，汽油液面与试验对象底部的距离设定为 50cm，或者为车辆空载状态下试验对象底面的离地高度，平盘底层注入水，外部火烧试验分预热、直接燃烧、间接燃烧、离开火源 4 个阶段。	不爆炸
	热稳定性(热扩散)	按 GB 38031—2020 附录 C 进行热扩散乘员保护分析和验证	在由于单个电池热失控引起热扩散、进而导致乘员舱发生危险之前 5min，应提供一个热事件报警信号

续表

项目		检测方法	指标要求
电池包或系统安全性	温度冲击	试验对象置于(－40℃±2℃)～(60℃±2℃)(如果制造商要求,可采用更严苛的试验温度)的交变温度环境中,两种极端温度的转换时间在30min以内,试验对象在每个极端温度环境中保持8h,循环5次,完成以上试验步骤后,在试验环境温度下观察2h	无泄漏、外壳破裂、起火或爆炸现象,试验后的绝缘电阻应不小于100Ω/V
	盐雾	按照GB/T 28046.4—2011中5.5.2的测试方法和GB/T 2423.17的测试条件进行试验,盐溶液采用氯化钠和蒸馏水或去离子水配制,其浓度为5%±1%(质量分数),35℃±2℃下测量pH在6.5～7.2之间,将试验对象放入盐雾箱进行循环试验,一个循环持续24h,在35℃±2℃下对试验对象喷雾8h,然后静置16h,在一个循环的第4小时和第5小时之间进行低压上电监控,以上循环进行6次(对于完全放置在乘员舱、行李舱或货舱的试验对象,可不进行盐雾试验)	无泄漏、外壳破裂、起火或爆炸现象,试验后的绝缘电阻应不小于100Ω/V
	高海拔	为保护试验操作人员和实验室安全,制造商应提供电流锐变限值、电压异常限值作为异常终止条件,测试环境为61.2kPa(模拟海拔高度为4000m的气候条件),温度为试验环境温度,保持此测试环境搁置5h,搁置结束后保持测试环境并对试验对象按制造商规定的且不小于$1I_3$(A)的电流放电至制造商规定的放电截止条件,完成以上试验步骤后,在试验环境温度下观察2h	无泄漏、外壳破裂、起火或爆炸现象,且不触发异常终止条件,试验后的绝缘电阻应不小于100Ω/V

注：1. 表3-2主要参考GB/T 31484—2015、GB/T 31486—2015和GB 38031—2020。

2. I_1为1h率放电电流,I_3为3h率放电电流(即1C和1/3C放电倍率)。

3.2.2 安全测试举例

1. 耐过充、过放能力的测试

在过充、过放的情况下,密闭性蓄电池的密闭容器内会引起气体的迅速积累,从而导致内压迅速上升。若安全阀不能及时开启,则可能会使电池密闭容器内压力过高,发生爆裂。正常情况下,安全阀在一定压力作用下会自动开启释放掉多余气体,但气体泄出后会导致电解液量减少,严重时会使得电解液干涸,电池性能恶化,甚至失效。对采用浓酸或浓碱电解液的电池,随泄出气体带出的电解液将会对用电器产生腐蚀。因此,一般要求电池应具有良好的耐过充电能力,绝对不能出现爆裂的现象。在一定的过充、过放程度下不出现泄漏现象,电池也不应发生变形。在电池设计中,一般采用负极过量的方式来避免气体在电池内部的过度积累。为避免过放电时反极现象的出现,一般是在正极中加入反极物质,实行反极保护。

在进行过充电测试时(见图3-2),应根据具体的电池种类及型号选用适当的条件。例如,对Ni-MH电池,可根据恒流源的输出功率选择确定过充电流。对于容量相对较小的电池,则可选用较大的电流倍率。对大容量的电池,恒流源一般都不能输出1C的大电流,若用大电流充电时,应考虑采取足够安全的防护措施。

GB/Z 18333.1—2001《电动道路车辆用锂离子蓄电池》推荐的安全性试验方法有两种。第

图 3-2　电池过充、过放和短路试验

一种是连续充电试验，即在(20±5)℃下，采用恒流恒压充电法充电，控制起始电流小于或等于I_1，当某一电池最早到达充电终止电压(最高为4.20V)时，电池组应能自动停止充电。连续操作5次，充电保护装置均应动作。第二种是过放电和过充电蓄电池法，共分两步，第一步，在(20±5)℃下，先以I_3电流放电，当某一电池达到放电终止电压(2.52V)，然后使用生产厂提供的或推荐的专用充电器，在(20±5)℃下充电到充电终止电压(当某一电池到达充电终止电压4.20V)；第二步，在(20±5)℃下，以I_3电流放电(应暂时除去放电电子保护线路)，直至某个电池电压为0，然后，蓄电池在(20±5)℃下，以I_3电流充电直至某个电池电压达0.5V。标准规定，经过以上两种试验后电池不得出现漏液、放气、爆炸、起火和产生明显的形变等异常现象。

2. 短路测试

在短路情况下，电池会产生很大的电流，瞬间就可以使电池温度升高，甚至可使电解液沸腾或使密封圈熔化。在短路测试中(见图3-2)，电池可能会出现喷碱、泄漏等情况。通常应有较好的防护措施。常见的测试条件为：将电池充足电，在室温下将电池两极短接1h，允许有泄漏发生，但电池不得起火或爆炸。

3. 耐高温测试

在较高温度下，电池会发生一定变化，并可能出现爆炸等情况。因此，一般电池都禁止投入火中，并对电池在适当温度下的安全性能有要求。一般的测试温度区间分为高温区与低温区，高温区测试即投入火中进行测试(见图3-3)，低温区为100～200℃。常见的低温区测试条件有两种，一是将满充态的电池投入沸水中(100℃)并保持2h，电池应无爆炸、泄漏；二是将满充态的电池放入150℃的恒温箱中并保持10min，电池应无爆炸、泄漏。

图 3-3　电池加热、挤压和钻孔试验

通过低温区测试后的电池内阻及开路电压均会发生一定的变化，但电池应仍能继续使用。电池在高温区的测试是具有破坏性的，测试后的电池将不能继续使用。电池投入火中后，温度可达800℃，密封圈及电池内的其他塑料都会全部熔化，并且会着火，允许有气体析出，但不得发生爆炸。

4. 钻孔试验

在受到外界尖锐物体的冲击时，电池可能会被刺破外壳，若刺入物为导电性的，则正负极片之间会发生短路，带来一定的危险。因此，对在一些特殊场合使用的电池还应进行钻孔试验(见图 3-3)，电池在进行钻孔测试前应处于满充状态。钻孔可采用钻床，钻头应为导电性的。测试条件为：钻头直径为 1.0mm，将一电池从直径方向钻穿，钻穿后允许电池有漏液和发热，但不允许电池爆炸。

5. 机械性能

机械性能测试包括耐碰撞、耐冲击和耐振试验等，常用的机械性能测试方法有碰撞试验和振动试验(见图 3-4)等。GB/Z 18333.1—2001《电动道路车辆用锂离子蓄电池》规定：在(20±5)℃下，使蓄电池从 1.0m 高度跌落到硬木地板上，一个方向进行两次跌落试验，试验后电池不得出现漏液、放气、爆炸、起火和产生明显的形变等异常现象。

我国电动道路车辆用蓄电池规定的耐振动性能试验方法分为四步。第一步，使用生产厂家提供的或推荐的专用充电器，并按照规定的充电方法使其完全充电；第二步，紧固到振动试验台上，使蓄电池用电流 I_3 放电；第三步，使蓄电池以 30～35Hz 的频率上下方向振动，振动的最大加速度为 $30m/s^2$，时间为 2h，同时观察蓄电池放电电压有无异常；第四步，检查试验后的蓄电池有无机械损伤，电解液有无渗漏等。如果试验中出现放电电压异常，出现机械损伤、电解液有渗漏等情况，则视为不合格。

图 3-4 振动和盐雾试验

6. 抗腐蚀性能测试

常用的腐蚀测试方法有电化学测试方法、盐雾试验法等(见图 3-4)。试验时，将电池暴露于测试箱中，并向测试箱中喷入经雾化的试验溶液，细雾在自重作用下均匀地沉降在试样表面，试验溶液为 5%(质量分数)NaCl 溶液，其中总固体含量不超过 20μg/g，pH 值为 6.5～7.2。试验时盐雾箱内温度应保持恒定。电池在盐雾箱内保持的时间为 48h。试验后电池的容量应无明显差别，在电池的顶部(封口处)和底部允许有少量锈迹，但应无穿孔或非常明显的点蚀。电池不得泄漏、爆炸。

3.3 动力电池的典型测试设备

3.3.1 硬件测试设备

电池检测仪器主要包括电池充放电性能试验台(充放电设备、温度测量设备、内阻检测设备)、环境模拟(温度、湿度、振动、温度冲击)试验系统、电池滥用试验设备(挤压试验机、钻孔试验机、冲击试验机、跌落试验机)等。

1. 充放电性能试验台

1) 充放电性能检测设备

电池充放电性能检测是最基本的性能检测，一般由充放电单元和控制程序单元组成，可以通过计算机远程控制动力电池恒压、恒流或设定功率曲线进行充放电。通过电压、电流、温度传感器可以进行相应的参数测量,以及实现动力电池容量、能量、电池组一致性等参数的评价。

一般试验设备按照功率和电压等级分类,来适应不同电压等级和功率等级的动力电池及电池组性能测试需要。例如,通常电池单体测试设备,一般选择工作电压为 0~5V,工作电流为 0~100A,可满足多数车辆用动力电池基本性能测试的基本要求。对大功率电池组的基本性能测试,其电压范围需要根据电池组的电压范围进行选择,常用的通用测试设备要求在 0~500V,功率上限为 150~200kW。

图 3-5 所示为某公司研制的大型动力电池组充放电测试设备。

2) 内阻测试设备

电池内阻作为二次测试参数,测试方法包括方波电流法、交流电桥法、交流阻抗法、直流伏安法、短路电流法和脉冲电流法等。直流放电法比较简单,并且在工程实践中比较常用。该方法是通过对电池进行瞬间大电流(一般为几十安到上百安)放电,测量电池上的瞬间电压降,通过欧姆定律计算出电池内阻。交流法通过对电池注入一个低频交流信号,测出蓄电池两端的低频电压和低频电流以及两者的相位差,从而计算出电池的内阻。现在设备厂家研制生产的电池内阻测试设备多数是采用交流法为基础进行的测试。图 3-6 所示为典型的内阻测试仪,表 3-3 给出了其参数。

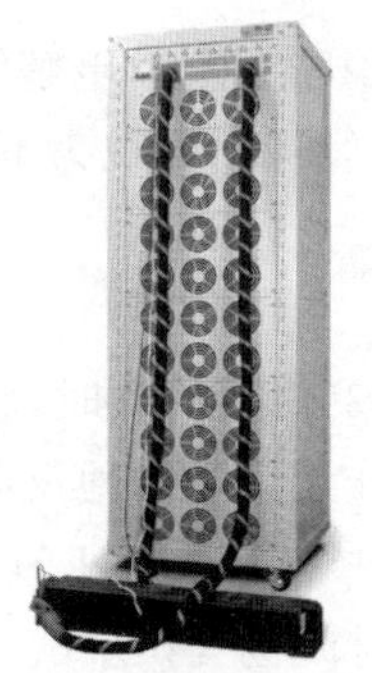

图 3-5 动力电池组充放电测试设备

图 3-6 内阻测试仪

表 3-3 内阻测试仪参数

参 数 名 称	内 阻	电 池 电 压
测量范围	0~999.99mΩ	0~9.99V
最小测量分辨率	0.001mΩ	0.01V
测量精度	±1.5%±5dgt①	±1.0%±5dgt

① dgt 是最小分辨率的衡量,比如最小电流 0.01A,那么 2dgt 就是 0.02A。

3) 温度测量设备

电池在充放电过程中的温升是最重要的参数之一,但一般的测试只能测量电池壳体的典型位置参数,一般在充放电的设备上带有相应的温度采集系统,具有进行充放电过程温度数据同步采集的功能。除此之外,专业的温度测试设备还包括非接触式测温仪以及热点成像仪,可以采集电池一个或多个表面温度的变化过程,并可以提取典型的测量点的温度变化数据,是进行电池温度场分析的专业测量设备。非接触式测温仪以及热成像仪如图 3-7 所示。

2. 环境模拟试验系统

动力电池常用的应用环境模拟包括温度、湿度以及在车辆上应用时随道路情况变化而出现的振动环境。因此，在进行环境试验时主要考虑三个方面。可采用独立的温度试验箱、湿度调节试验箱、振动试验台进行相关的单一因素影响的动力电池环境模拟试验。但实际的动力电池的应用工况，往往是三种环境参数的耦合，因此，在环境模拟方面有温、湿度综合试验箱以及温、湿度和振动三综合试验台。为考核电池对温度变化的适合性，还需要设计温度冲击试验台，进行快速变温情况下电池的适应性试验。电池三综合试验台及温度冲击试验箱如图 3-8 所示。

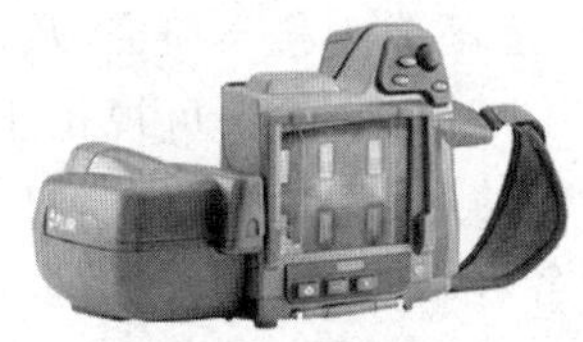

图 3-7 非接触式测温仪和热成像仪

图 3-8 电池三综合试验台及温度冲击试验箱

3. 电池滥用试验设备

电池滥用试验设备是模拟电池车辆碰撞、正负极短路、限压限流失效等条件下，是否会出现着火、爆炸等危险状况的试验设备。钻孔试验机、冲击试验机、跌落试验机、挤压试验机等可以模拟车辆发生碰撞事故时，电池可能出现的损伤形式；短路试验机、被动燃烧试验平台等可以模拟电池极端滥用情况下可能出现的损伤形式；采用充放电试验平台可以进行电池过充或过放等滥用测试。电池滥用试验设备如图 3-9 所示。

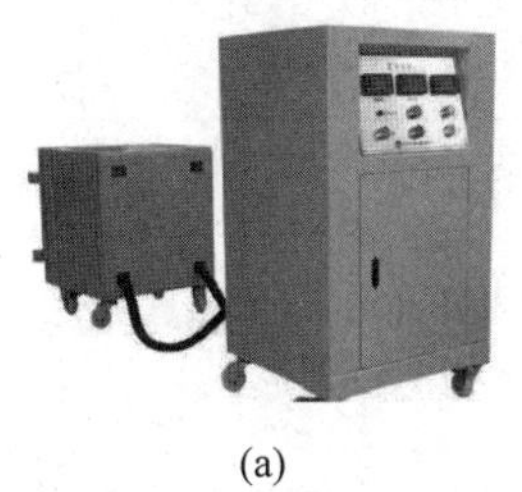

(a)

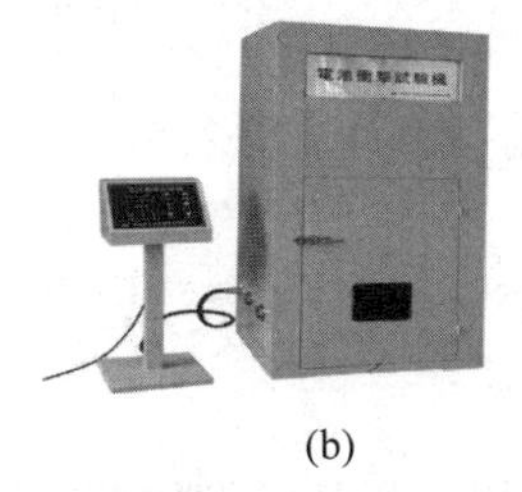

(b)

(c)

图 3-9 电池滥用试验设备

(a) 电池短路试验机；(b) 电池冲击试验机；(c) 电池被动燃烧试验平台

3.3.2 软件仿真工具

仿真测试，即模拟实际的运行工况而进行的试验。根据仿真测试所采取的手段，可以分为硬件仿真和软件仿真。硬件仿真是根据实际运行工况设定一定的测试要求，并通过上述的测试设备进行模拟试验来达到仿真测试的目的。软件仿真时对研究对象进行数学建模，根据实际工况设定模拟参数，并通过仿真软件达到分析的目的。两者经常混合使用，来实现复杂的仿真测试。

针对不同的实验要求有不同的仿真软件。对于动力电池的性能仿真,常用的仿真软件有LabVIEW、MATLAB/Simulink等;对于动力电池系统与电动汽车的匹配与运行仿真,常用的软件有ADVISOR、MATLAB/Simulink等;对于动力电池的被动安全性仿真,常用的仿真软件有ANSYS等有限元分析软件。

1. MATLAB/Simulink 仿真平台

MATLAB是当今最流行的通用计算软件之一,Simulink是基于MATLAB的图形化仿真平台,是MATLAB提供的进行动态系统建模、仿真和综合分析的集成软件包,Simulink和MATLAB之间可以灵活进行交互操作。

由于MATLAB语言具有语法简洁,代码接近于自然数学描述方式,以及具有丰富的专业函数库等诸多优点,吸引众多科学研究着工作,逐渐成为科学研究、数值计算、建模仿真,以及学术交流的事实标准。Simulink作为MATLAB语言的一可视化建模仿真平台,起源于对自动控制系统的仿真需求,它采用方框图建模的形态,更加贴近于工程习惯。Simulink是基于MATLAB的框图设计环境,可以用来对各种动态系统进行建模、分析和仿真,它的建模范围广泛,可以针对任何能够用数学来描述的系统进行建模,如航空动力学系统、卫星控制制导系统、通信系统、船舶及汽车,其中包括了连续、离散、条件执行、事件驱动、单速率、多速率和混杂系统等。Simulink提供了利用鼠标拖动的方法建立系统框图模型的图形界面,还提供了丰富的功能块以及不同的专业模块集合,利用Simulink几乎可以做到不用写一行代码就完成整个动态系统的建模工作。

目前,MATLAB/Simulink的应用已经远远超越了数值计算和控制系统仿真等传统领域,在几乎所有理工学科中形成了为数众多的专业工具库和函数库,已成为科学研究和工程设计中日常计算和仿真实验的工具(见图3-10)。电池模型可以在MATLAB/Simulink的环境下编程,以此作为电动汽车的电源进行仿真。

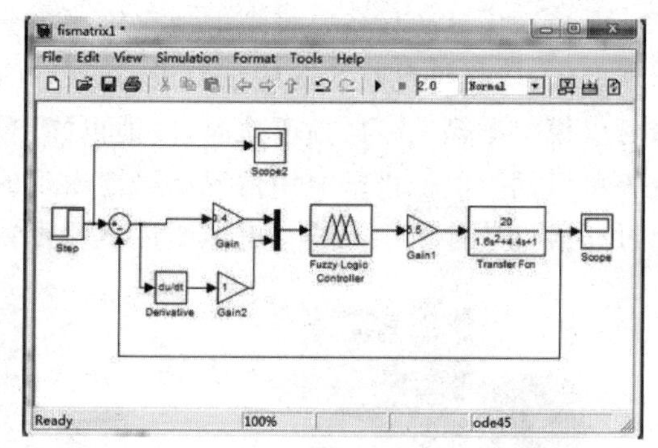

图3-10 MATLAB/Simulink仿真平台

2. LabVIEW 测试仿真平台

LabVIEW(Laboratory Virtual Instrument Engineering Workbench)由美国国家仪器(NI)公司研制开发,是一种图形化的编程语言的开发环境,它广泛地被工业界、学术界和研究实验室所接受,被视为一个标准的数据采集和仪器控制软件。LabVIEW集成了与满足GPIB、VXI、RS-232和RS-485协议的硬件及数据采集卡通信的全部功能,它还内置了便于应用TCP/IP、ActiveX等软件标准的库函数。利用它可以方便地建立自己的虚拟仪器,其图形化的界面使得编程及使用过程变得生动有趣(见图3-11)。

3. ADVISOR 和 CRUISE 软件仿真平台

1) ADVISOR 软件

ADVISOR是由美国可再生能源实验室在MATLAB和Simulink软件环境下开发的

电动汽车仿真软件(见图 3-12)。该软件从 1994 年开始开发与使用,它也是目前世界上能在网站免费下载和用户数量最多的电动汽车仿真软件。该软件被其竞争对手奥地利李斯特内燃机及测试设备公司 AVL 收购了版权,此后 AVL 公司停止了对 ADVISOR 的研发更新,全心研发和销售其 CRUISE 软件。

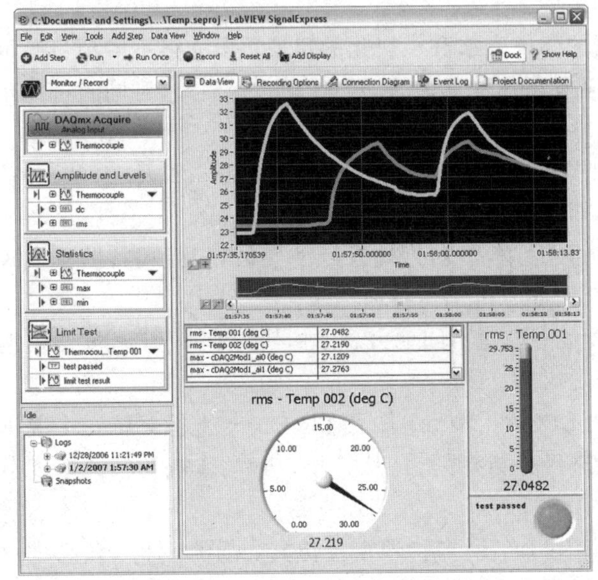

图 3-11 LabVIEW 测试仿真平台

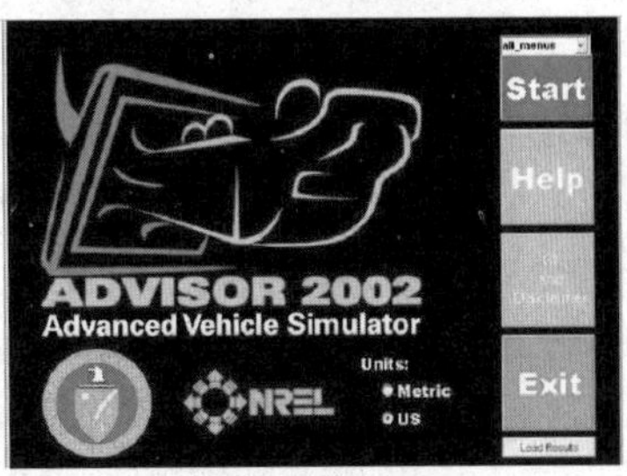

图 3-12 ADVISOR 软件仿真平台

ADVISOR 主要是在给定的驾驶循环下利用车辆各个部分性能,能快速地分析汽车燃油经济性、动力性以及排放特性等。它也能为用户自定义的驱动系统组成以及整车控制策略进行详细的建模和仿真。具体功能如下:

(1) 模拟整车在一个或者多个循环工况下的经济性能和排放性能。根据输入零部件参数和控制参数的不同,可以得到不同的仿真结果,还可以动态比较各种参数的变化对经济性能和排放性能的影响。

(2) 模拟整车的动力性能(加速性能、爬坡性能),并研究不同的零部件参数及控制参数的变化对汽车动力性能的影响。

(3) 模拟各零部件的输入变量、输出变量(转矩、功率、速度等)对另一变量(循环时间、车速等)的变化过程。

(4) 根据要求汽车达到的加速性能及坡度性能,自动调整车辆的零部件参数。该功能可用于车辆设计过程的初步设计阶段,用于初步检查车辆零部件的匹配情况。

(5) 评价混合动力汽车的能量管理策略(整车控制策略),即以汽车所要求的加速性能及坡度性能为约束条件,评价并优化汽车整车的控制策略。

ADVISOR 采用的是后向仿真和前向仿真相结合的建模方法,以后向仿真为主,附加了一些简单的前向仿真计算。在仿真过程中,按照计算步骤,先计算后向模型的结果,即各个仿真变量的需求值,然后计算前向模型的结果,即各个仿真变量的可能值。其最大优点就是各总成模块易与扩充和改进。ADVISOR 模型库里包含几十种汽车 Simulink 模型,用户可以根据自己的需要,通过修改已有的模型或建立新模型来建立自己所需要的汽车模型。

2) CRUISE 软件

AVL CRUISE 软件是用于车辆系统动力学仿真分析的高级软件，可以轻松实现对复杂车辆动力传动系统的仿真分析，通过其便捷通用的模型元件，直观易懂的数据管理系统以及基于工程应用开发设计的建模流程和软件接口，AVL CRUISE 软件已经成功地在整车生产商和零部件供应商之间搭建起了沟通的桥梁。

AVL CRUISE 软件界面友好，便捷的建模方法和模块化的建模手段使得不同项目组可以对模型进行方便快捷的整合，可以快速搭建各种复杂的动力传动系统模型，可同时进行正向或逆向仿真分析。主要特点包括：

(1) 丰富的零部件库，包括 Vehicle，Engine，Clutch，Gearbox，Electric，Hybrid，Control，Brake，Auxiliary，Special，Interface，Wheel Macro 等零部件数据库。

(2) 车辆基本性能研究，快速、精确地进行车辆动力性及经济性仿真及预测，提供多种自定义计算结果后处理图表，便于用户全面地分析车辆各项性能。

(3) 分层建模理念，支持在同一个模型中搭建不同动力总成构架的整车模型，方便模型的管理和调用，模型可重复利用，缩短开发周期。

(4) 整车能量分析，通过软件自带的 EFG 图、Sanky 图及 Pie Chart 支持对特定工况下车辆传动系各部件能量流向及动力分配进行分析，并支持从能量、功率、转矩及转速角度分析整车能力流向及动力分配。

AVL CRUISE M 仿真平台专门设计用于车辆多物理系统仿真(见图 3-13)，和高度灵活、多层次的建模方法相结合，同时集成了第三方工具的标准接口 FMI，无缝地将发动机热力循环、尾气净化装置系统、冷却和润滑系统、车辆传动系统以及控制系统集成到统一的仿真平台上。目前 CRUISE M 较多地应用于车辆能量管理(热管理)系统仿真、发动机动态特性对车辆性能的影响仿真研究，以及集成于硬件在环进行 xCU 的标定。

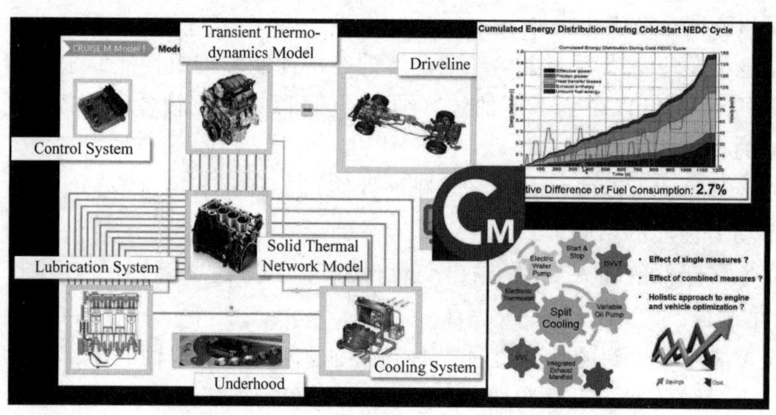

图 3-13 AVL CRUISE M 软件仿真平台

AVL FIRE 是一款专门针对发动机和动力总成相关流动现象进行模拟的仿真软件，可进行多物理场、多学科的仿真分析工作，可以对电气化元件(动力电池、燃料电池、电机等)进行仿真，可以考虑到多物理场间复杂的相互作用，能够对电场、磁场以及转子的机械运动进行实时的耦合模拟仿真。AVL FIRE 可以对锂离子电池单元、模组以及整个电池包瞬态的充放电过程特性进行精确模拟。从而能够辨别关键的运行条件并据此对电池的电化学过程、电池性能和热管理进行优化分析。AVL FIRE 提供了两种模型模拟充放电过程，一种是详细的电化学模型,一种是经验模型。电化学模型能够模拟电解液中发生的化学反应以及阴阳两极之间电子的运动,因此可以精确预测电池的充放电性能;经验模型采用参数标定的方法模拟电池的充放电过程,并考虑所有电池组件的热物性,主要应用于电池包的热管理计算。

4. ANSYS 有限元仿真平台

有限元分析是对应用与结构力学进行分析而迅速发展起来的一种现代计算方法。它是20世纪50年代首先在连续体力学领域——飞机结构静、动态特性分析中应用的一种有效数值分析方法,随后被广泛地应用于求解热传导、电磁场、流体力学等连续性问题。

ANSYS软件是融结构、流体、电场、磁场、声场分析于一体的大型通用有限元分析软件,由世界上最大的有限元分析软件公司之一的美国ANSYS开发。它能与多数CAD软件接口,实现数据的共享和交换,如Pro/Engineer、NASTRAN、Alogor、I-DEAS、AutoCAD等,是现代产品设计中的高级CAD工具之一。该软件功能强大,可以提供的分析类型多,如结构静力分析、结构动力学分析、结构非线性分析、动力学分析、热分析、电磁场分析、流体动力学分析、声场分析和压电分析等。

对于动力电池的性能分析而言,主要有碰撞安全分析、电池热特性分析(热分析)等,主要应用以下分析类型。

(1) 结构静力学分析。用来求解外载荷引起的位移、应力和力。静力学分析很适合求解惯性和阻尼对结构的影响并不显著的问题。ANSYS程序中的静力学分析不仅可以进行线性分析,而且可以进行非线性分析,如塑性、蠕变、膨胀、大变形、大应变及接触分析。

(2) 结构动力学分析。结构动力学分析用来求解随时间变化的载荷对结构或部件的影响。与静力学分析不同,动力学分析要考虑随时间变化的力载荷以及它对阻尼和惯性的影响。ANSYS可进行的结构动力学分析类型包括瞬态动力学分析、模态分析、谐波响应分析及随机振动响应分析。

(3) 动力学分析。ANSYS程序可以分析大型三维柔体运动。当运动的积累影响起主要作用时,可利用这些功能分析复杂结构在空间的运动特性,并确定结构中由此产生的应力、应变和变形。

(4) 热分析。ANSYS程序可处理热传递的三种基本类型:传导、对流和辐射。热传递的三种类型均可进行稳态和瞬态、线性和非线性分析。热分析还具有可以模拟材料固化和熔炼过程的相变分析能力以及模拟热与结构应力之间的热-结构耦合分析能力。

复习思考题

1. 分析电动汽车电池能量转换为汽车动能的过程,加速时间短对于电池有何要求?
2. 纯电动场地车辆和道路车辆对于电池系统的要求有何不同?
3. 电动车辆动力电池性能好坏的评价标准有哪些?在相关汽车网站找到三款不同价位的纯电动汽车,对比分析其电池参数的差异。
4. 动力电池有哪些测试方法?为何要进行这些测试?
5. 进行电池内阻测试、温度试验、挤压试验分别使用什么设备?这些试验有何必要性?

第 4 章 锂离子动力电池

锂离子电池自 20 世纪 90 年代商用以来，以其能量密度高、循环寿命长、无记忆效应、环境友好等优点成为动力电池应用领域研究和应用的热点。近年来，锂离子电池已经成为电动车辆用动力电池的主体。本章将重点介绍锂离子电池的工作原理、充放电特性及应用情况。本章将注重绿色、环保意识的培养。

4.1 锂离子动力电池概述

4.1.1 锂离子电池的发展

锂电池发展历程

20 世纪 70 年代，埃克森公司的 M. S. Whittingham 采用硫化钛作为正极材料，金属锂作为负极材料，制成首个锂电池。1982 年伊利诺伊理工学院(Illinois Institute of Technology)的 R. R. Agarwal 和 J. R. Selman 发现锂离子具有嵌入石墨的特性，此过程是快速的，并且可逆。与此同时，采用金属锂制成的锂电池，其安全隐患备受关注，因此人们尝试利用锂离子嵌入石墨的特性制作充电电池。首个可用的锂离子石墨电极由贝尔实验室试制成功。1983 年，M. Thackeray、J. Goodenough 等人发现锰尖晶石是优良的正极材料，具有低价、稳定和优良的导电、导锂性能。其分解温度高，且氧化性远低于钴酸锂，即使出现短路、过充电，也能够避免发生燃烧、爆炸的危险。1989 年，A. Manthiram 和 J. Goodenough 发现采用聚合阴离子的正极将产生更高的电压。

1991 年索尼公司发布首个商用锂离子电池。随后，锂离子电池革新了消费电子产品的面貌，如图 4-1 所示。此类以钴酸锂作为正极材料的电池，至今仍是便携电子器件的主要电源。随着数码产品如手机、笔记本计算机等广泛使用，锂离子电池以优异的性能在这类产品中得到广泛应用，并在近年逐步向其他产品应用领域发展。1996 年 Padhi 和 Goodenough 发现具有橄榄石结构的磷酸盐，如磷酸铁锂($LiFePO_4$)，比传统的正极材料更具安全性，尤其耐高温、耐过充电性能远超过传统锂离子电池材料。目前已成为当前主流的大电流放电的动力锂电池的正极材料。

国内，天津电源研究所在 1998 年开始商业化生产锂离子电池。习惯上，人们把锂离子电池也称为锂电池，但这两种电池是不一样的。现在锂离子电池已经成为主流，人们更是习惯上把锂离子电池也称为锂电池。2004 年，石墨烯成功分离之后，石墨烯基锂离子电池的研究成为一个热点，国内外不断出现相关研究成果。如 2016 年 9 月

图 4-1 小型锂离子电池

推出全球首款石墨烯基锂离子电池产品充电宝，完成充电只需 15min，仅为普通充电产品的 1/24。2016 年 12 月，另一款耐高温、耐暴晒的石墨烯基锂离子电池研制成功。

根据新能源汽车发展趋势的相关报告，预计三元锂电池未来将向高镍化方向发展，到 2025 年富锂锰基电池将占据一定市场规模，固态电池在未来 10 年逐渐扩展市场，并成为电池行业的主流。锂电池虽不是中国首创，但我国锂电产业链齐备，大量出口海外，更值得一提的是，我国拥有以比亚迪、宁德时代为代表的具有国际影响力的锂电龙头企业。

4.1.2 锂离子电池的优点及分类

1. 锂离子电池的优点

相对于其他类型电池，锂离子电池具有以下显著优点。

(1) 工作电压高。钴酸锂锂离子电池的额定电压为 3.6V，锰酸锂锂离子电池的额定电压为 3.7V，磷酸铁锂锂离子电池的额定电压为 3.2V，而镍氢、镍镉电池的额定电压仅为 1.2V。

(2) 能量密度高。锂离子电池正极材料的理论能量密度可达 200W・h/kg 以上，实际应用中由于不可逆容量损失，能量密度通常低于这个数值，但也可达 140W・h/kg，该数值仍为镍镉电池的 3 倍，镍氢电池的 1.5 倍。

(3) 循环寿命长。目前，锂离子电池在深度放电情况下，循环次数可达 1000 次以上；在低放电深度条件下，循环次数可达上万次，其性能远远优于其他同类电池。

(4) 自放电小。锂离子电池月自放电率仅为总容量的 5%～9%，大大缓解了传统的二次电池放置时由于自放电引起的电能损失问题。

(5) 无记忆效应。锂离子电池不像镍镉、镍氢电池那样存在记忆性，电池无论处于什么状态，可随充随用，无须先放完电再充电。

(6) 环保性高。相对于传统的铅酸电池、镍镉电池废弃可能造成的环境污染问题，锂离子电池中不含汞、铅、镉等有害重金属元素，是真正意义上的绿色电池。

(7) 维护简单。铅酸电池有酸腐蚀连接零件和导线，需要定期擦拭，维护较烦琐；镍氢电池工作时有碱雾和怕碱腐蚀零部件，还要定期添加蒸馏水和更换电解液，维护烦琐，劳动强度大，工作环境差；锂电池完全密封，维护较为简单。

2. 锂离子电池的分类

按照电池的外形，可把锂离子电池分为方形、圆柱和软包电池三种(图 4-2)。其中方形电池一般采用钢壳或者铝壳包装,作为动力电池时,其具有单体容量大、形状规则、空间利用率高、成组效率高等特点,是目前主流的动力电池技术路线;圆柱电池多采用钢壳包装,其具有标准化程度高、一致性高、成本低等优势,在各领域的应用较为灵活;软包电池采用铝塑膜包装,具有能量密度高、安全性高的优势,是目前数码电池领域的主流技术路线,在动力电池领域其份额也在不断提升。

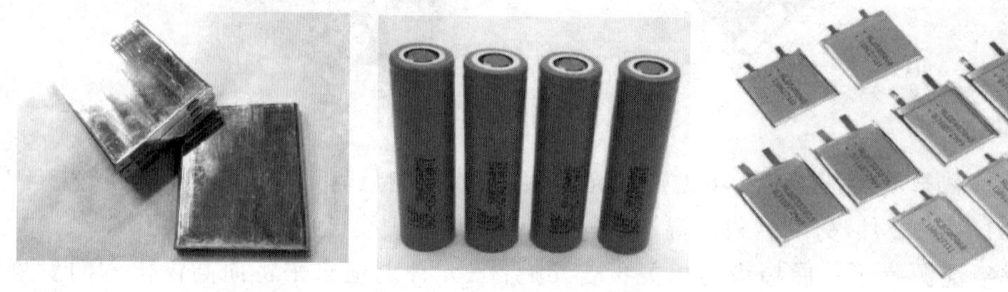

图 4-2　方形、圆柱、软包锂电池

按照极片结构,分层叠式和卷绕式两种(见图 4-3),容量较小(一般小于 2A·h)的电芯,因为其工作中产热量相对较小,同时从批量操作可行性考虑,基本上采用卷绕方式的更多,而大容量电芯,则以层叠式为主。

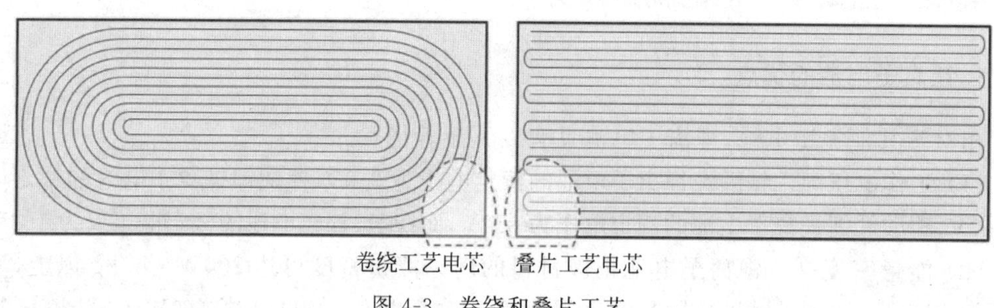

图 4-3　卷绕和叠片工艺

根据锂离子电池所用电解质材料不同,锂离子电池可分为液态锂离子电池(liquified lithium-ion battery,LIB)和聚合物锂离子电池(polymer lithium-ion battery,PLB)两大类。它们的主要区别在于电解质不同,液态锂离子电池使用的是液体电解质,而聚合物锂离子电池则以聚合物电解质来替代。无论是液态锂离子电池还是聚合物锂离子电池,它们所用的正负极材料都是相同的,正极材料分别为钴酸锂($LiCoO_2$)、锰酸锂($LiMn_2O_4$)、镍酸锂($LiNiO_2$)、三元材料和磷酸铁锂($LiFePO_4$)材料等,负极为石墨,原理基本一致。

4.1.3　锂离子电池的工作原理

锂离子电池在原理上实际是一种锂离子浓差电池,正、负电极由两种不同的锂离子嵌入化合物组成,正极采用锂化合物 $LiCoO_2$、$LiMn_2O_4$、$LiNiO_2$,负极采用锂碳层间化合物 LiC_6,电解质为 $LiPF_6$ 等有机溶液,隔膜为由聚烯烃材料制备而成的微孔薄膜。经过锂离子在正负极的往返嵌入和脱嵌,形成电池的充电和放电过程。充电时,Li^+ 从正极脱嵌经过电解质嵌入负极,负极处于富锂态,正极处于贫锂态,同时,电子的补偿电荷从外电路供给到碳负极,保持负极的电平衡。放电时则相反,Li^+ 从负极脱嵌,经过电解质嵌入到正极,正极处于富锂态，负极处于贫锂态。正常充放电情况下，锂离子在层状结构的碳材料和层状结构氧化物的层间嵌入和脱出，一般只会引起层面间距的变化，不破坏晶体结构；在放电过程中，负极材料的化学结构基本不变。因此，从充放电的可逆性看，锂离子电池反应是一种理想的可逆反应。锂离子电池的工作原理如图 4-4 所示，电极反应表达式如下。

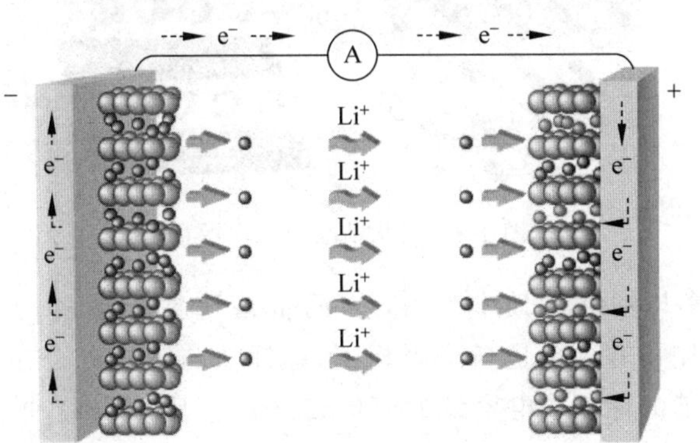

图 4-4　锂离子电池的工作原理

正极反应式：

$$LiMO_2 \longrightarrow Li_{1-x}MO_2 + xLi^+ + xe^- \tag{4-1}$$

负极反应式：

$$nC + xLi^+ + xe^- \longrightarrow Li_xC_n \tag{4-2}$$

电池反应式：

$$LiMO_2 + nC \longrightarrow Li_{1-x}MO_2 + Li_xC_n \tag{4-3}$$

式中，M 代表 Co、Mn、Ni 等金属元素。

4.1.4　锂离子电池的材料

1. 正极材料

锂离子二次电池的正极材料是具有能使锂离子较为容易的嵌入和脱出，并能同时保持结构稳定的一类化合物——嵌入式化合物。目前，被用来作为电极材料的嵌入式化合物均为过渡金属氧化物。充放电循环过程中，锂离子会在金色氧化物的电极上进行反复的嵌入和脱出反应，因此，金属氧化物结构内氧的排列和其稳定性是电极材料的一个重要指标。

作为嵌入式电极材料的金属氧化物，依其空间结构的不同主要可分为以下 3 种类型。

1）层状岩盐型结构

层状正极材料中研究比较成熟的是钴酸锂（$LiCoO_2$）和镍酸锂（$LiNiO_2$）。层状钴酸锂的结构示意图如图 4-5 所示。

（1）钴酸锂。$LiCoO_2$ 是最早用于商品化的二次锂离子电池的材料，在充放电过程中，$LiCoO_2$ 发生从三方晶系到单斜晶系的可逆相变，但这种变化只能伴随很少的晶胞参数变化，因此，$LiCoO_2$ 具有良好的可逆性和循环充放性能。尽管钴酸锂具有放电电压高、性能稳定、易于合成的优点，但钴酸锂稀少，价格较高，并且有毒，会污染环境。目前主要应用于手机、笔记本计算机等中小容量消费类电子产品中。

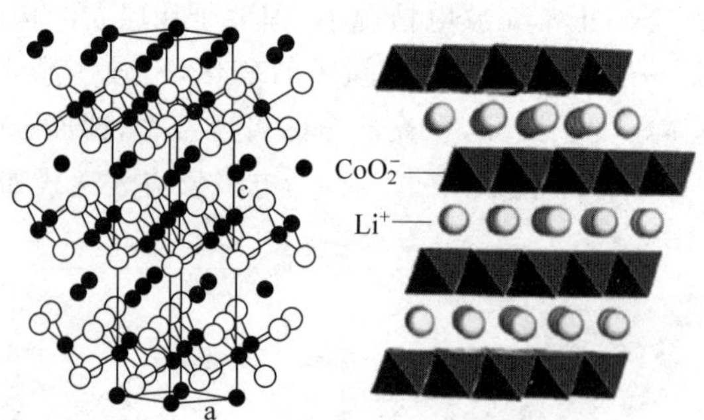

图 4-5　层状钴酸锂结构示意图

(2) 镍酸锂。镍与钴的性质非常相近,而价格比钴低很多,并且对环境污染较小。$LiNiO_2$ 比较常用的制备方法也是高温固相法,即锂盐与镍盐混合在 700～850℃经固相反应而成。$LiNiO_2$ 目前的最大放电容量为 150mA · h/g,比 $LiCoO_2$ 的最大放电容量稍大,工作电压范围为 2.5～4.1V,因此,$LiNiO_2$ 被视为锂离子电池中最有前途的正极材料之一。尽管 $LiNiO_2$ 作为锂离子电池的正极材料有较多优点,但是仍有不足之处,主要是由于在制备三方晶系 $LiNiO_2$ 时容易产生立方晶系的 $LiNiO_2$,特别是反应温度大于 900℃时,$LiNiO_2$ 由三方晶系全部转化为立方晶系,而在非水电解质溶液中,立方晶系的 $LiNiO_2$ 没有电化学活性。此缺点可以通过 $LiNiO_2$ 的制备方法来解决,如通过软化学合成方法来降低反应温度,以抑制立方 $LiNiO_2$ 的形成。同时,可采用掺杂的方法(常用掺杂元素有 Ti、Al、Co、Ca 等)进行改性,抑制在充放电过程中发生的相变,以进一步提高 $LiNiO_2$ 的热稳定性和电化学性能。

2) 尖晶石型结构

锰酸锂($LiMn_2O_4$)是尖晶型嵌锂化合物的代表。锰元素在自然界中含量丰富,价格便宜,且毒性远小于钴和镍。$LiMn_2O_4$ 主要包括尖晶石型 $LiMn_2O_4$ 和层状结构 $LiMn_2O_4$,其中尖晶石型锰酸锂结构稳定,易于实现工业化生产,如今市场产品均为此种结构(见图 4-6)。尖晶石型 $LiMn_2O_4$ 是在 1981 年首先制得的具有三维锂离子通道的正极材料(空的四面体和八面体通过共面和共边相互联结,形成三维的锂离子扩散通道),至今一直受到国内外很多学者及研究人员的极大关注,它作为电极材料具有价格低、电位高、环境友好、安全性能高等优点,最有希望取代钴酸锂成为新一代锂离子电池的正极材料。但其电极循环容量容易迅速衰减,较差的循环性能及电化学稳定性大大限制了其产业化。

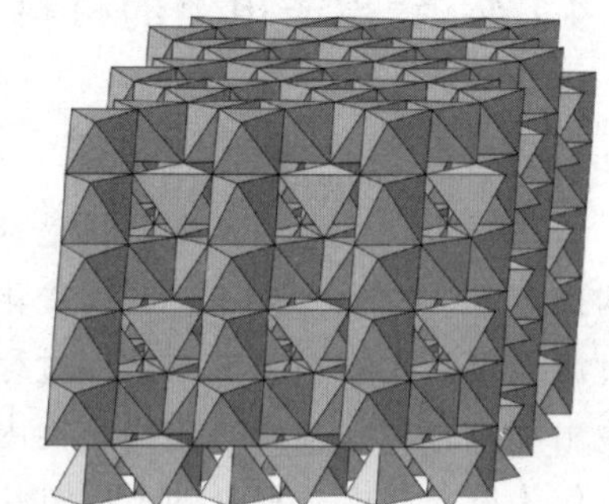

图 4-6　尖晶石型 $LiMn_2O_4$ 结构示意图

尖晶石型 $LiMn_2O_4$ 动力电池循环寿命较短和储藏性能差的主要原因之一是 $LiMn_2O_4$ 的锰易溶解于电解液中,特别在高温下(60℃)锰的溶解尤为严重。传统认为锰酸锂能量密度低、循环性能差、结构不稳定,理论容量密度为 148mA · h/g,由于具有三维隧道结构,锂离子可以可逆地从尖晶石晶格中脱嵌,而不会引起结构的塌陷,因而具有优异的倍率性能和稳定性。如今，容量密度低、循环性能差的缺点已经有了很大改观（典型值：123mA·h/g，400次；高循环型典型值：107mA·h/g，2000次）。表面修饰和掺杂能有效改善其电化学性能，表面修饰可有效地抑制锰的溶解和电解液分解。

3）橄榄石型结构

磷酸铁锂（$LiFePO_4$）在自然界中以磷铁矿的形式存在，属于橄榄石型结构，如图4-7所示。$LiFePO_4$ 实际最大放电容量可高达165mA·h/g，非常接近其理论容量，工作电压在3.2V左右。并且 $LiFePO_4$ 中的强共价键作用使其在充放电过程中保持晶体结构的高度稳定性，因此具有比其他正极材料更高的安全性能和更长的循环寿命。另外，$LiFePO_4$ 有原材料来源广泛、价格低廉、无环境污染、比容量高等特点，使其成为现阶段各国竞相研究的热点之一。

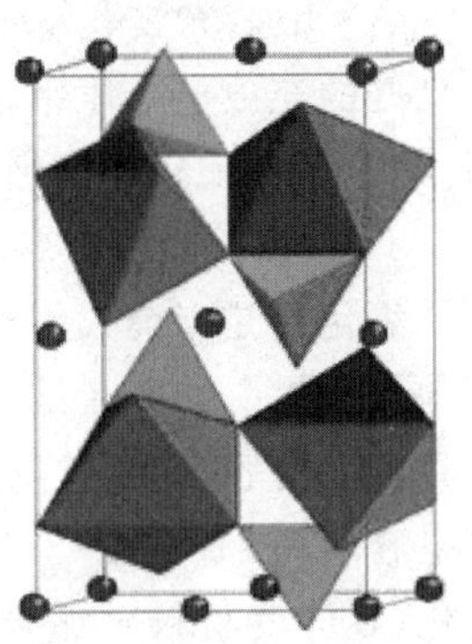

图4-7 橄榄石型 $LiFePO_4$ 结构示意图

$LiFePO_4$ 正极材料常用的合成方法有高温固相法和水热法等。高温固相法工艺简单，易实现产业化，但产物粒径不易控制，形貌也不规则，并且在合成过程中需要惰性气体保护。水热法可以在水热条件下直接合成 $LiFePO_4$，由于氧气在水热体系中的溶解度很小，所以水热合成不需要惰性气体保护，而且产物的粒径和形貌易于控制。目前 $LiFePO_4$ 正极材料的缺点主要是低电导率问题，有效的方法有表面包覆碳膜法和掺杂法。

现在，中国国内建设的大型锂离子动力电池生产厂，如杭州万向、天津力神等，均以该类型电池的产业化为主要目标。在国内装车示范的电动汽车中，该类型电池也已经成为主流产品之一。

2. 负极材料

负极材料是决定锂离子电池综合性能的关键因素之一，容量密度高、容量衰减率小、安全性能好是对负极材料的基本要求。目前应用的负极材料如图4-8所示。

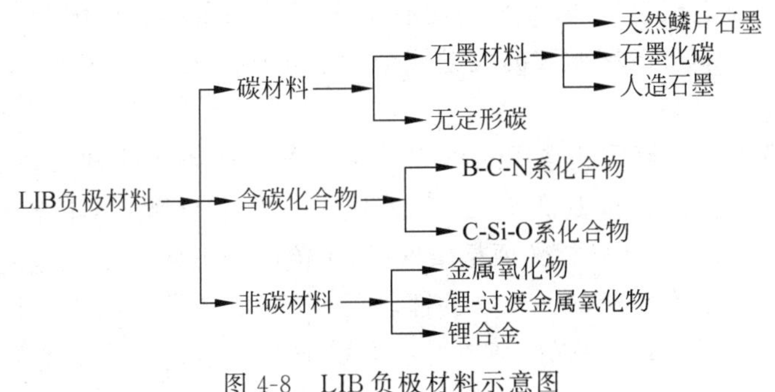

图4-8 LIB负极材料示意图

1）碳材料

碳材料是目前商品化的锂离子电池应用最为广泛的负极材料之一。碳负极材料包括石墨、无定型碳，其中石墨又分为天然石墨、人造石墨和石墨化碳；无定型碳分为硬碳和软碳。石墨是锂离子电池碳材料应用最早、研究最多的一种，其具有完整的层状晶体构造。石墨的层状结构有利于锂离子的脱嵌，能与锂形成锂-石墨层间化合物，其理论最大放电容量为

372mA·h/g,充放电效率通常为90%以上。锂在石墨中的脱嵌反应主要发生在0~0.25V,具有良好的充放电电压平台,与提供锂源的正极材料匹配性较好,所组成的电池平均输出电压高,是一种性能较好的锂离子电池负极材料。

2) 氧化物负极材料

氧化物是当前人们研究的另一种负极材料体系,包括金属化合物、金属基复合氧化物和其他氧化物。前两者虽具有较高的理论比容量,但因从氧化物中置换单质消耗了大量锂而导致巨大的容量损失,抵消了高容量的优点;$Li_4Ti_5O_{12}$ 具有尖晶石结构,充放电曲线平坦,放电容量为150mA·h/g,具有非常好的耐过充、过放特征,充放电过程中晶体结构几乎无变化(零应变材料),循环寿命长,充放电效率近100%,目前在储能型锂离子电池中有所应用。

3) 金属及合金类负极材料

金属锂是最先采用的负极材料,理论比容量为3860mA·h/g。20世纪70年代中期,金属锂在商业电池中得到应用。但因充电时,负极表面会形成枝晶,导致电池短路,于是人们开始寻找一种能替代金属锂的负极材料。合金负极材料是研究的较多的新型负极材料体系,有关锂合金的研究工作最早开始于1985年。据报道,锂能与许多金属在室温情况下形成金属化合物,由于锂合金形成反应通常为可逆反应,因此能够与锂形成合金的金属理论上能作为锂离子电池的负极材料。金属合金最大的优势就是能够形成含锂很高的锂合金,具有很高的容量密度,相比碳材料,合金较大的密度使得其理论体积容量密度也比较大。同时,合金材料由于具有加工性能好、导电性好等优点,被认为是极有发展潜力的一种负极材料。目前研究表明,锂合金负极材料的充放电机理实质上就是合金化与脱合金化反应,该过程导致的巨大体积变化是目前最大的问题。

3. 电解质材料

锂离子电池电解质材料是电池的重要组成部分,在电池中承担着正负极之间传输电荷的作用,对于电池的比容量、工作温度范围、循环效率及安全性能至关重要。目前使用和研究的电解质包括液态有机电解质、凝胶型聚合物电解质和全固态电解质。而商品化的锂离子电池多数使用液态有机电解质和凝胶型聚合物电解质。

1) 电解质材料分类

(1) 液体电解质。电解质的选用对锂离子电池的性能影响非常大,它必须化学稳定性好尤其是在较高的电位下和较高温度环境中不易发生分解,具有较高的离子导电率($>10^{-3}$S/cm),而且正、负极材料必须是惰性的,不能腐蚀电极。由于锂离子电池充放电电位较高而且阳极材料嵌有化学活性较大的锂,所以电解质必须采用有机化合物而不能含有水。但有机物离子的导电率都不好,所以要在有机溶剂中加入可溶解的导电盐以提高离子导电率。目前锂离子电池主要是用液态电解质,其溶剂为无水有机物,如EC(ethylcarbonate)、PC(propylenecarbonate)、DMC(dimethylcarbonate)、DEC(diethylcarbonate),多数采用混合溶剂。

(2) 凝胶型电解质。凝胶型聚合物电解质的主要成分与液态有机电解质基本相同,只是将液态有机电解质吸附在凝胶状的聚合物基质上,因此除了需具备以上条件外,还应具备与电极活性物质之间的黏结性好(所有的溶剂均固定在聚合物基体中,不存在自由有机溶剂，以保证不发生漏液）、弯曲性能好、力学强度大等特点。而全固态电解质包括无机固体电解质和有机固体（聚合物）电解质，因其离子电导率比有机电解质低 1～5 个数量级，大大降低了电池大电流放电的能力，所以限制了全固态锂离子电池的应用。

（3）固体电解质。使用固体电解质可避免液态电解质漏液的缺点，还可把电池做成更薄（厚度仅为 0.1mm）、能量密度更高、体积更小的高能电池。破坏性实验表明，固态锂离子电池使用安全性能很高，经钉穿、加热（200℃）、短路和过充（600％）等破坏性实验，液态电解质锂离子电池会发生漏液、爆炸等安全性问题，而固态电解质锂离子电池除内温略有升高外（＜20℃）并无任何其他安全性问题出现。固体聚合物电解质具有良好的柔韧性、成膜性、稳定性以及成本低等特点，既可作为正负电极间隔膜，又可作为传递离子的电解质。

2）电解质组成

以液态有机电解质为例，它是由高纯有机溶剂、电解质和必要的添加剂组成的非水液体电解质。

（1）有机溶剂。它是电解液的主体部分，电解液的性能与溶剂的性能密切相关。目前研究的有机溶剂种类很多，广泛应用的有碳酸酯类、醚类和羧酸酯类等。碳酸酯类溶剂因为具有较好的化学、电化学稳定性及较宽的电化学窗口，因而在锂离子电池中得到了广泛应用。单一溶剂不能使电池体系有尽可能宽的工作温度范围和良好的安全性能，也没有熔点低、沸点高、蒸气压低等性能，所以锂离子电池的电解液必须由多种溶剂复合而成。国内常用的电解液体系有 EC＋DMC、EC＋DEC、EC＋DMC＋EMC、EC＋DMC＋DEC 等。不同的电解液使用条件不同，与电池正负极和相容性不同，分解压也不同。

（2）电解质。它作为锂离子电池的基础原料之一，直接影响着锂离子电池的工作性能。电解质锂盐不仅是电解质中锂离子的提供者，其阴离子也是决定电解质物理和化学性能的主要因素。目前报道的锂盐主要有高氯酸锂（$LiClO_4$）、六氟砷酸锂（$LiAsF_6$）、四氟硼酸锂（$LiBF_4$）、三氟甲基磺酸锂（$LiCF_3SO_3$）和六氟磷酸锂（$LiPF_6$）。目前商用锂离子电池所用的电解液大部分采用 $LiPF_6$ 的 EC＋DMC，它具有较高的离子导电率与较好的电化学稳定性。

（3）功能添加剂。有机电解液中添加少量的某些物质，能显著改善电池的某些性能，这些少量物质称为功能添加剂。电解液功能添加剂已成为当今锂离子电池研究的一个焦点。目前，锂离子电池电解液功能添加剂的研究主要集中在以下 6 个方面：改善电极 SEI 膜性能，提高电解液低温性能，提高电解液电导率，改善电解质热稳定性，改善电池安全性能和电解液的循环稳定性。

4. 隔膜材料

锂电池的结构中，隔膜是关键的内层组件之一。隔膜的主要作用是使电池的正、负极分隔开，防止两极接触而短路，此外还具有能使电解质离子通过的功能。隔膜材质是不导电的，其物理化学性质决定了电池的界面结构、内阻等，直接影响电池的容量、循环以及安全性能等特性，性能优异的隔膜对提高电池的综合性能具有重要的作用。电池的种类不同，采用的隔膜也不同。对于锂电池系列，由于电解液为有机溶剂体系，因而需要有耐有机溶剂的隔膜材料，一般采用高强度薄膜化的聚烯烃多孔膜。根据隔膜制备工艺的不同，可以把隔膜分为干法隔膜和湿法隔膜。

1）干法隔膜

干法生产工艺可细分为单向拉伸工艺和双向拉伸工艺。干法单向拉伸工艺是通过生产硬弹性纤维的方法，制备出低结晶度的高取向聚丙烯或聚乙烯薄膜，在高温退火过程中，获得高结晶度的薄膜。这种薄膜先在低温下进行拉伸形成微缺陷，然后高温下使缺陷拉开，形成微孔。干法双向拉伸工艺是中国科学院化学研究所在20世纪90年代初开发出的具有自主知识产权的工艺。干法双向拉伸工艺，是通过在聚丙烯中加入具有成核作用的β晶型改进剂，利用聚丙烯不同相态间密度的差异，在拉伸过程中，使聚丙烯从晶型转变形成微孔。

目前我国三分之一以上产能使用干法双向拉伸工艺，产品在中低端市场占据较大比例。应用范围主要在大型锂离子动力电池，包括电动汽车、电动摩托车、电动工具、大型储能设备、军工用大型电池。

2）湿法隔膜

湿法生产工艺又称相分离法或热致相分离法，湿法生产工艺将液态烃或一些小分子物质与聚烯烃树脂混合，加热熔融后，形成均匀的混合物，然后降温进行相分离，压制得膜片，再将膜片加热至接近熔点温度，进行双向拉伸使分子链取向，最后保温一定时间，用易挥发物质洗脱残留的溶剂，可制备出相互贯通的微孔膜材料。湿法生产工艺，不仅可制备出相互贯通的微孔膜材料，而且生产出来的锂电池隔膜具有较高的纵向和横向强度。目前，湿法生产工艺主要用于生产单层的锂电池隔膜。日本旭化成、日本东燃、韩国SK、中国星源材质等均掌握了此工艺。应用范围为高性能锂离子电池等。

4.2 三元和固态电池

4.2.1 三元锂离子电池

三元电池原理

三元材料是与钴酸锂结构极为相似的锂镍钴锰氧化物（$LiNi_xCo_yMn_{1-x-y}O_2$）的俗称，这种材料在能量密度、循环性、安全性和成本方面可以进行均衡和调控。三元电池全称为“三元聚合物锂电池”，由于其优异的电化学性能、较高的能量密度、较低的生产成本正受到研究人员和锂电行业的广泛关注，已经成为我国纯电动乘用车市场的主流电池。

1. 三元材料结构特征及作用机理

采用$LiCoO_2$作为正极材料时，钴属于稀有资源，价格昂贵，且金属钴容易对环境造成污染；金属镍价格相对便宜且污染小，但$LiNiO_2$的稳定性差，容易引起安全问题；锰系正极材料价格低廉，资源丰富，但层状$LiMnO_2$是一种热力学不稳定材料，容量衰减快，电化学性能不稳定。$LiFePO_4$属于较新的正极材料，其安全性高、成本较低，但存在放电电压低、能量密度不高等不足。上述几种正极材料的缺点制约了自身的进一步应用，因此寻找新的正极材料成为锂电池研究的重点。

三元电池结构如图4-9所示，由于$LiCoO_2$、$LiNiO_2$同为α-$NaFeO_2$结构，且Ni、Co、Mn为同周期相邻元素，因此它们能以任意比例混合形成固溶体并且保持层状结构不变，具有很好的结构互补性，存在明显的协同效应。同时，它们在电化学性能上互补性也很好。综合 $LiCoO_2$、$LiNiO_2$、$LiMnO_2$ 三种锂离子电池正极材料的优点，三元材料的性能好于以上任一单一组分正极材料，被认为是最有应用前景的新型正极材料，正极材料由三种组分构成的这种锂离子电池称为三元锂离子电池，简称"三元电池"。三元电池通过引入 Co 能够减少阳离子混合占位，有效稳定材料的层状结构，降低阻抗值，提高电导率。引入 Ni 可提高材料的容量。引入 Mn 不仅可以降低材料成本，还可以提高材料的安全性和稳定性。三元材料可以按照不同比例，由镍、钴、锰三种金属元素组成复合型过渡金属氧化物，用通式 $LiNi_{1-x-y}Co_xMn_yO_2$ 表示，通常使用 NCM 作为这种材料的简称。目前三元材料常见配比有 NCM333、NCM523、NCM622、NCM811 等，数字代表三种元素在正极材料中所占比例，比如 NCM811 代表的就是镍、钴、锰三种元素所占比例为 8∶1∶1。NCA($LiNi_{0.8}Co_{0.15}Al_{0.05}O_2$)则是将其中的锰元素用铝元素来替代，一定程度上改善材料的结构稳定性，也是一种三元材料。

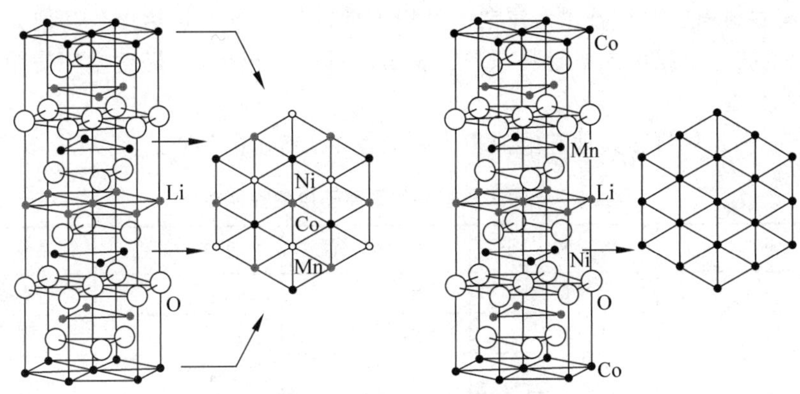

图 4-9 三元电池结构模型

三元材料常用正负极活性物质及容量密度统计如表 4-1 所示。

表 4-1 三元材料常用正负极活性物质及容量密度统计

活性物质分子式	缩 写	容量密度/(mA·h/g)
$LiFePO_4$	LFP	160
$LiNi_{0.33}Mn_{0.33}Co_{0.33}O_2$	NCM333	160
$LiNi_{0.5}Mn_{0.2}Co_{0.3}O_2$	NCM523	180
$LiNi_{0.8}Mn_{0.1}Co_{0.1}O_2$	NCM811	220
$LiNi_{0.8}Co_{0.15}Al_{0.05}O_2$	NCA220	220

通常说法中的"三元"电池，指的是正极是三元，负极是石墨的"三元动力电池"。而在实际研发应用中，还有一种正极是三元，负极是钛酸锂的，通常称为"钛酸锂"电池，其性能比较安全，寿命比较长，不属于普通所说的"三元锂电池"。

2. 高镍含量对三元材料的性能影响

综合上节所述，不同比例 NCM 材料的优势不同，Ni 表现高的容量、低的安全性；Co 表现高成本、高稳定性；Mn 表现高安全性、低成本。目前关于提高动力电池能量密度的重点主要在于提高正极材料容量密度,其中最主流的观点就是提高三元材料的镍含量。镍在三元正极材料中充当活性成分,镍含量越高,可参与电化学反应的电子数越多,材料放电容量密度越高,但镍含量的提高也将对材料的性能造成一系列影响,具体如下。

(1) 镍含量越高,材料容量密度越高。NCM811 材料容量密度可达 210mA·h/g,比 NCM111 材料增加近 25%。

(2) 镍含量越高,材料储存和开发难度越大。高镍三元材料极易吸水变质,降低容量和循环寿命。而且一部分水还会保存在晶体中,使得电池在高温环境中产生气体,造成电池胀气,带来安全隐患。

(3) 镍含量越高,三元材料热稳定性越差。如 NCM111 材料在 300℃左右发生分解,而 NCM811 在 220℃左右即分解。

(4) 镍含量升高会带来电解液匹配问题。高镍材料表面由于吸水变质产生的 LiOH 等物质会与电解液反应,造成容量衰减和安全问题。

因此对高镍材料的改性技术是重要的发展方向。改性技术包括掺杂其他元素、表面包覆等,如用导电高分子或者无机材料在颗粒表面进行纳米包覆,可提高循环使用寿命,提高高温性能和安全性。

总体来看,三元材料和其他锂电池相比有如表 4-2 所示的特点。

表 4-2　不同正极材料的锂离子电池性能对比

类　　别	钴酸锂	锰酸锂	磷酸铁锂	镍钴锰(三元材料)
耐过充性	不耐	耐	耐	不耐
氧化性	很强	一般	弱	强
过充极限	0.5C/6V	3C/10V	3C/10V	0.5C/6V
用作动力电池的安全性	很不安全	安全性能好	安全性能好	不安全
安全容量	1A·h	10～30A·h	可达 100A·h	—
大功率能力	好	很好	一般	—
价格	昂贵	低廉	低廉	一般

目前,随着配方的不断改进和结构完善,电池的标称电压已达 3.7V,在容量上已经达到或超过钴酸锂电池水平,镍钴锰酸锂(NCM)及镍钴铝酸锂(NCA)两种三元材料在能量密度方面具有绝对优势。三元电池工业合成工艺较为繁复,昂贵的 Ni、Co 元素比例较高,且安全性不及 $LiFePO_4$。同时,三元电池高温结构不稳定,导致高温安全性较差,且 pH 值过高易使单体胀气,进而引发危险,目前造价较高。当前研究的最终目的在于降低产业化成本,改善高低温和高截止电压下的循环稳定性能和倍率性能。

当前三元材料锂电池的安全问题得到改善,通过电解液以及特殊的陶瓷隔膜技术制作电池,陶瓷隔膜可以在电池内部短路时隔开短路源,从而提高三元锂电池的安全性能。2018 年全年动力电池装机总量约为 56.46GW·h,其中三元电池占比约近 60%,较 2017 年提高约 15 个百分点。虽然 2019 年补贴新政策对于高能量密度动力电池的应用速度要求有所缓解,但政策主要是基于应用的安全性考虑,实际上从需求端来说,消费者对于高能量密度、高续驶里程车型的态度仍未转变,高镍 NCM 和 NCA 长期趋势不变。

1）镍钴锰酸锂（NCM）

我国的三元锂电池主要是NCM电池。目前NCM811电池的能量密度水平达到单体最高250W·h/kg、系统最高200W·h/kg的水平。以目前市场销售的某纯电动汽车为例，标称$LiFePO_4$电池能量密度157W·h/kg，其实只是单体电池的能量密度，其单体电池成组后能量密度则降为100W·h/kg，最后再将电池组应用到汽车上，实际电池系统能量密度大约为90W·h/kg左右。意味着搭载同样重量的电池，采用三元锂电池后，汽车可以多行驶一倍的路程。

2）镍钴铝酸锂（NCA）

NCM811和NCA二者均为高镍三元材料，性能比较接近，但存在以下几点不同：

（1）NCM811中钴含量为0.1，NCA中钴含量为0.15，这使得受钴高昂价格的影响，NCA原料成本稍高；

（2）以铝代替锰，可以增强材料的稳定性，提高材料的循环性能，但是在制作过程中，由于铝为两性金属，不易沉淀，因此NCA材料制作工艺上存在比NCM811更高的壁垒；

（3）电池制造上，NCA对湿度等条件要求更加苛刻，电池生产存在技术门槛。

目前看来，两种思路都是可行的，未来两种材料的技术难关率先被克服而实现大规模量产，便能率先占领市场。

由于NCA材料的技术壁垒高，目前产能主要集中在日本、韩国，我国量产较少。松下等国外镍钴铝三元电池工艺成熟，能量密度高的特性使其可以给电动汽车提供充沛的动力，目前备受关注的特斯拉新款电动车以及宝马i3采用的也是这种三元材料电池。松下与特斯拉联合推出的NCA电池，单体的能量密度接近300W·h/kg。

4.2.2 固态电池

固态电池原理

1. 固态锂电池概述

锂电池的分类方法比较多，可以按照正极材料类型划分，负极材料类型划分，电解液类型划分等，4.2.1节的三元材料、磷酸铁锂和锰酸锂等材料就是按照正极材料划分，钛酸锂电池则是按照负极材料划分。如果按照电解液形态的方式命名，固态电池、半固态电解液锂电池和液态电解液锂电池，三元材料、磷酸铁锂和锰酸锂都属于液态电解液锂电池范围。与半固态电解液锂电池和液态电解液锂电池不同的是，固态电池是一种使用固体电极和固体电解质的电池，如图4-10所示。

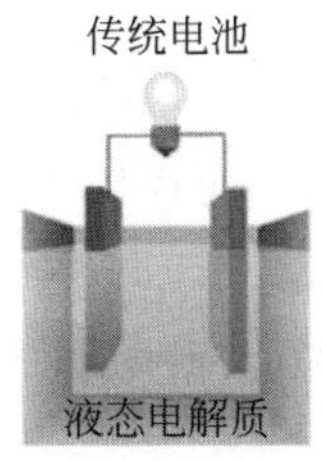

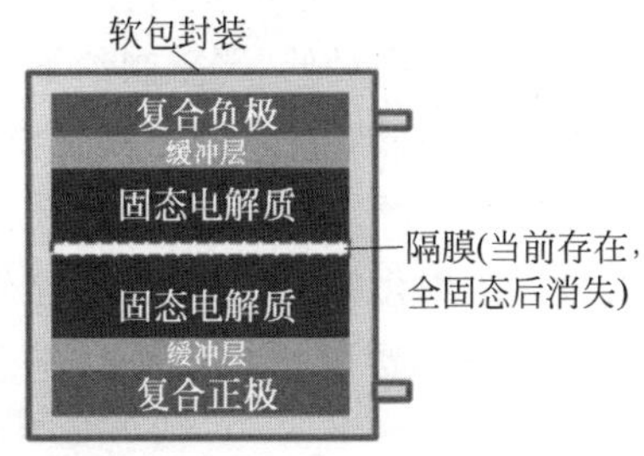

图4-10　固态电池结构特征

全固态锂电池是一种使用固体电极材料和固体电解质材料,不含有任何液体的锂电池,主要包括全固态锂离子电池和全固态金属锂电池,差别在于前者负极不含金属锂,后者负极为金属锂。在目前各种新型电池体系中,固态电池采用全新固态电解质取代当前有机电解液和隔膜,具有高安全性、高体积能量密度,同时与不同新型高比能电极体系(如锂硫体系、金属-空气体系等)具有广泛适配性,可进一步提升质量能量密度,从而有望成为下一代动力电池的终极解决方案,引起日本、美国、德国等众多研究机构、初创公司和部分车企的广泛关注。全固态锂电池,主要由薄膜负极、薄膜正极和固态电解质组成。薄膜负极材料主要分为锂金属及金属化合物、氮化物和氧化物。大多数能够膜化的高电位材料均可用于固态化锂电薄膜正极材料。薄膜正极材料主要分为金属氧化物、金属硫化物和钒氧化物。

电解质材料是全固态锂电池技术的核心,电解质材料很大程度上决定固态锂电池的各项性能参数,如功率密度、循环稳定性、安全性能、高低温性能以及使用寿命等,目前固体电解质的研究主要集中在三大类材料:聚合物电解质、氧化物和硫化物,如图4-11所示。三类材料各有优势,其中聚合物电解质属于有机电解质,氧化物与硫化物属于无机陶瓷电解质。全球固态电池企业既有初创公司,也有国际大厂商,企业之间采用不同的电解质体系,且尚未出现技术流动或融合的态势。欧美企业偏好氧化物与聚合物体系,而日韩企业则更多致力于解决硫化物体系的产业化难题,其中以丰田、三星等巨头为代表。

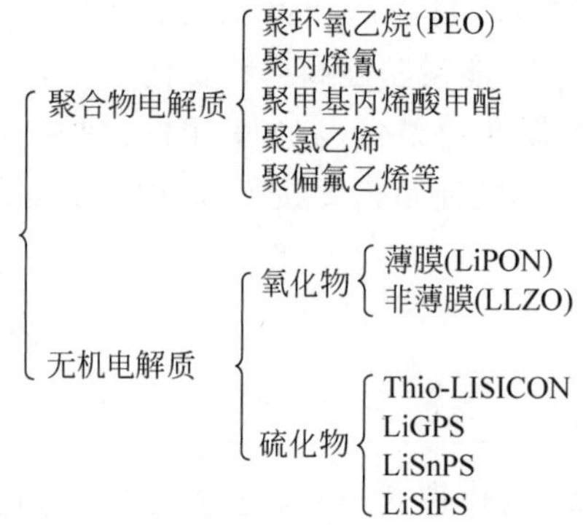

图4-11 固态电池电解质分类

1) 聚合物体系

聚合物体系属于有机固态电解质,主要由聚合物基体与锂盐构成,量产的聚合物固态电池材料体系主要为聚环氧乙烷(PEO)-LiTFSI(LiFSI),该类电解质的优点是高温离子电导率高,易于加工,电极界面阻抗可控。因此成为最先实现产业化的技术方向。但其室温离子电导率为三大体系中最低,严重制约了该类型电解质的发展。

电导率过低加低容量正极意味着该材料的较低的能量与功率密度上限。在室温下,过低的离子电导率(10^{-5}S/cm或更低)使离子难以在内部迁移,在50～80℃的环境下利用才勉强接近可以实用化的10^{-3}S/cm。此外,PEO材料的氧化电压为3.8V,难以适配除磷酸铁锂以外的高能量密度正极,因此,聚合物基锂金属电池很难超过300W·h/kg的能量密度。

目前聚合物体系的主要研发机构如表4-3所示,聚合物体系可卷对卷生产,量产能力最好。由于聚合物薄膜拥有弹性和黏性,Bollore与SEEO公司的电解质均可由卷对卷的方式量产。卷对卷印刷技术在薄膜太阳能电池、印刷等领域已有较广泛应用，其技术相对成熟，成本低廉。因此，聚合物体系是当前量产能力最强固态电池。

表 4-3 聚合物体系研发机构

企业及研究机构	负极材料	固体电解质	正极材料	备注
Bollore	锂金属	PEO+Li 盐	LFP	已搭载于商业化汽车的固态电池
SEEO	锂金属	PEO+Li 盐	LFP、NCA	开发 PEO 薄膜量产技术
宁德时代	锂金属	PEO+Li 盐	LFP	已制备实验产品，安全性能好

2）氧化物体系

对比有机固态电解质，无机固态电解质包括氧化物体系与硫化物体系，无机材料的锂离子电导率在室温下要更高，但电极之间的界面电阻往往高于聚合物体系。其中氧化物体系开发进展更快，已有产品投入市场，主要氧化物体系研发机构如表 4-4 所示。

表 4-4 氧化物体系研发机构

企业及研究机构	负极材料	固体电解质	正极材料	备注
中国台湾辉能	未公开	非薄膜氧化物	未公开	率先在消费电池领域推出商用产品
日本特殊陶业	未公开	非薄膜氧化物 LLZO	未公开	产品电导率达 1.4×10^{-3}S/cm
Quantumscape	未公开	非薄膜氧化物	未公开	被大众投资多轮
江苏清陶	未公开	非薄膜氧化物（LLZO、LLTO）	未公开	清华大学研发团队
Sakti3	锂金属、锂合金	薄膜氧化物	未公开	被戴森收购
KAIST	锂金属	薄膜氧化物	$LiCoO_2$	可弯曲柔性薄膜电池研发成功

氧化物体系主要分为薄膜型与非薄膜型两大类。薄膜型主要采用 LiPON 这种非晶态氧化物作为电解质材料，电池往往薄膜化；而非薄膜型则指除 LiPON 以外的晶态氧化物电解质，包括 LLZO、LATP、LLTO 等，其中 LLZO 是当前的热门材料，综合性能优异。

薄膜型产品性能较好，但扩容困难。从涂布到真空镀膜，薄膜型产品多采用真空镀膜法生产。非薄膜型氧化物产品综合性能出色，是当前开发热门，非薄膜型产品已尝试打开消费电子市场。

3）硫化物体系

硫化物电解质是电导率最高的一类固体电解质，室温下材料电导率可达 $10^{-4}\sim10^{-3}$S/cm，且电化学窗口达 5V 以上，在锂离子电池中应用前景较好，是学术界及产业界关注的重点。因为其拥有能与液态电解质相媲美的离子电导率，是在电动汽车方向最有希望率先实现渗透的种子选手，同时也最有可能率先实现快充快放。

硫化物固态电池的开发主要以丰田、三星、本田以及宁德时代为代表（见表 4-5），其中以丰田技术最领先，其发布了安时级的 Demo 电池以及电化学性能，同时，还以室温电导率较高的 LGPS 作为电解质，制备出较大的电池组。

表 4-5 硫化物体系研发机构

企业及研究机构	负极材料	固体电解质	正极材料	备注
三星	石墨/Li金属	硫化物	NCM表面/Li_2ZrO_3包覆	—
松下+丰田	石墨/钛酸锂、Li金属	硫化物	LCO、NCA、LNMO	—
日立造船+本田+东芝	石墨/Li金属	硫化物	NCA、LNMO	宣称3年后量产
索尼	石墨	硫化物	NCM	电解质厚度做到35μm

硫化物固态电解质对环境敏感,存在安全问题,虽然其拥有最大的潜力,但开发进度也处于最早期。其生产环境限制与安全问题是最大的阻碍。硫化物基固态电解质对空气敏感,容易氧化,遇水易产生 H_2S 等有害气体,需要隔绝水分与氧气,而有毒气体的产生也与固态电池的初衷相悖。

2. 固态电池特点

1) 优点

(1) 高安全性能。传统锂离子电池采用有机液体电解液,在过度充电、内部短路等异常的情况下,电池容易发热,造成电解液胀气、自燃甚至爆炸,存在严重的安全隐患。而很多无机固态电解质材料不可燃、无腐蚀、不挥发、不存在漏液问题,聚合物固体电解质相比于含有可燃溶剂的液态电解液,电池安全性也大幅提高。

(2) 高能量密度。固态锂电池负极可采用金属锂,电池能量密度有望达到300~400W·h/kg甚至更高;其电化学稳定窗口可达5V以上,可匹配高电压电极材料,进一步提升质量能量密度;没有液态电解质和隔膜,减轻电池重量,压缩电池内部空间,提高体积能量密度;安全性提高,电池外壳及冷却系统模块得到简化,提高系统能量密度。

(3) 循环寿命长。有望避免液态电解质在充放电过程中持续形成和生长SEI膜的问题以及锂枝晶刺穿隔膜问题,大大提升金属锂电池的循环性和使用寿命。

(4) 工作温度范围宽。固态锂电池针刺和高温稳定性极好,如全部采用无机固体电解质,最高操作温度有望达到300℃,从而避免正负极材料在高温下与电解液反应可能导致的热失控。

(5) 生产效率提高。无需封装液体,支持串行叠加排列和双极机构,可减少电池组中无效空间,提高生产效率。

(6) 具备柔性优势。全固态锂电池可以制备成薄膜电池和柔性电池,相对于柔性液态电解质锂电池,封装更为容易、安全,未来可应用于智能穿戴和可植入式医疗设备等。

2) 缺点

(1) 高阻抗、低倍率的核心难题。在电极与电解质界面上,传统液态电解质与正、负极的接触方式为液/固接触,界面润湿性良好,界面之间不会产生大的阻抗。相比之下,固态电解质与正负极之间以固/固界面的方式接触,接触面积小,与极片的接触紧密性较差,界面阻抗较高,锂离子在界面之间的传输受阻,如图4-12所示。低离子电导率与高界面阻抗导致固态电池的高内阻，锂离子在电池内部传输效率低，在高倍率大电流下的运动能力更差，直接影响电池的功率密度。

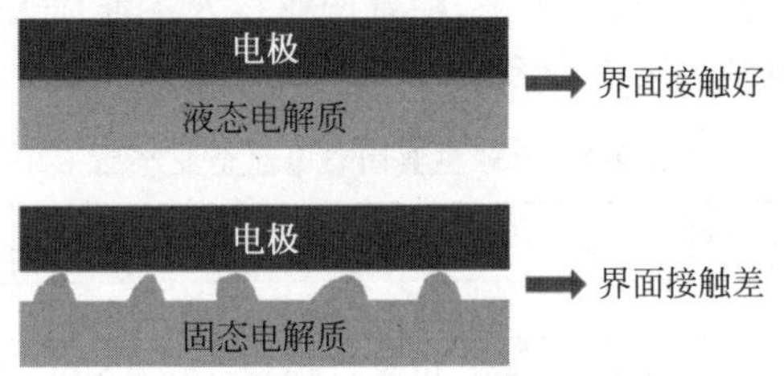

图 4-12 固态电解质界面阻抗示意图

此外，当前固态电解质体相离子电导率远低于液态电解质的水平，往往相差多个数量级。按照材料的选择，固态电解质可以分为聚合物、氧化物、硫化物三种体系，而无论哪一种类别，均无法回避离子传导的问题。电解质的功能在于电池充放电过程中为锂离子在正负极之间搭建锂离子传输通道来实现电池内部电流的导通，决定锂离子运输顺畅情况的指标称为离子电导率，低的离子电导率意味着电解质差的导锂能力，使锂离子不能顺利在电池正负极之间运动。聚合物体系的室温电导率为 $10^{-7}\sim10^{-5}$S/cm，氧化物体系室温下电导率为 $10^{-6}\sim10^{-3}$S/cm，硫化物体系电导率最高，室温下为 $10^{-3}\sim10^{-2}$S/cm，而传统液态电解质的室温离子电导率为 10^{-2}S/cm 左右，比任意固态电解质类型的离子电导率都要高，具体如表 4-6 所示。

表 4-6 固态电解质离子电导率与液态电解质对比

固态电解质类型	导锂能力(实用化要求＞10^{-3}S/cm)	传统液态电解质导锂能力
聚合物固体电解质	低(室温为 $10^{-7}\sim10^{-5}$S/cm)	10^{-2}S/cm
氧化物固体电解质	较低(室温为 $10^{-6}\sim10^{-3}$S/cm)	
硫化物固体电解质	较高(室温为 $10^{-3}\sim10^{-2}$S/cm)	

(2) 成本高。固态电解质的制造和固-固界面优化这两项技术的不成熟，使固态电池的成本居高不下。不过随着技术和工艺水平的进步，成本的下降将会是一个渐进的过程。

3. 固态电池研发进展

为使锂电池具有更高的能量密度和更好的安全性，国外锂离子电池厂商和研究院所在固态锂电方面开展了大量的研发工作。日本更是将固态电池研发提升到国家战略高度，2017 年 5 月，日本经济省宣布出资 16 亿日元，联合丰田、本田、日产、松下、GS 汤浅、东丽、旭化成、三井化学、三菱化学等国内顶级产业链力量，共同研发固态电池，希望 2030 年实现 800km 续航目标。

总体来看，现阶段固态电池量产产品很少，产业化进程仍处于早期，唯一实现动力电池领域量产的 Bollore 公司产品能量密度仅为 100W·h/kg，对比传统锂电池尚未具备竞争优势。高性能的实验室产品将为产业化奠基。从海外各家企业实验与中试产品来看，固态电池能量密度优势已开始凸显，明显超过现有锂电池水平。在我国，固态锂电池的基础研究起步较早,在"六五"和"七五"期间,中国科学院就将固态锂电池和快离子导体列为重点课题,此外,北京大学、中国电子科技集团天津18所等院所也立项进行了固态锂电池电解质的研究,并在此领域取得了不错的进展。未来,随着产业投入逐渐加大,产品性能提升的步伐也望加速。当前全球固态电池主要企业及研发机构产品情况如表4-7所示。

表4-7 全球主要固态电池企业产品

企业及研究机构	负极材料	固体电解质	正极材料	主要性能值
Bollore	金属锂	聚合物	LFP、$Li_xV_3O_8$	100W·h/kg(量产)
丰田+松下	石墨、钛酸锂、Li金属	硫化物	LCO、NCA、LNMO	400W·h/kg
SEEO	金属锂	聚合物	LFP、NCA	300W·h/kg
Sakti3	金属锂或锂合金	氧化物	未公开	1000W·h/L
中国台湾辉能	未公开	氧化物	未公开	目标2020年达到800W·h/L
索尼	石墨	硫化物	NCM	500W·h/L

4.3 锂离子电池性能特点

4.3.1 锂离子电池的充放电特性

从安全、可靠及兼顾充电效率等方面考虑,锂离子电池充电通常采用两段式充电方法。第一阶段为恒流限压,第二阶段为恒压限流。锂离子电池充电的最高限压值根据正极材料的不同也会有一定的差别。锂离子电池基本充放电电压曲线如图4-13所示。图中采用的充放电电流均为0.3C。

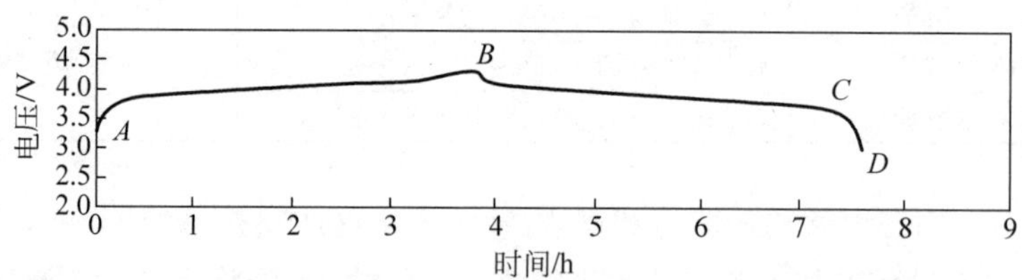

图4-13 锂离子电池基本充放电电压曲线

对于不同的锂离子电池来说,区别主要有以下两点:①第一阶段恒流值,根据电池正极材料和制作工艺的不同,最佳值存在一定的差别。一般采用的电流范围为(0.2~0.8)C。②不同锂离子电池在恒流时间上存在很大的差别,恒流可充入容量占总体容量的比例也存在很大的差别。

1. 充电特性的影响因素

1) 充电电流对充电特性的影响

以额定容量为100A·h的某锂离子电池为例,在SOC=40%恒温20℃的情况下,采用不同充电率充电。充电参数见表4-8,充电曲线如图4-14所示。

表 4-8 不同充电率充电参数

电流/A	恒流时间/s	充入容量/(A·h)	充入能量/(W·h)	充入 30A·h 时间/s	充入 30A·h 电流/A
20(0.2C)	3900	21.67	90.85	5763	14.24
30(0.3C)	2420	20.17	84.93	4754	15.53
40(0.4C)	729	8.11	34.48	4528	13.87
50(0.5C)	700	9.8	41.68	3940	14.94
60(0.6C)	237	3.97	16.96	3212	16.16
80(0.8C)	32	0.74	3.13	3129	14.15

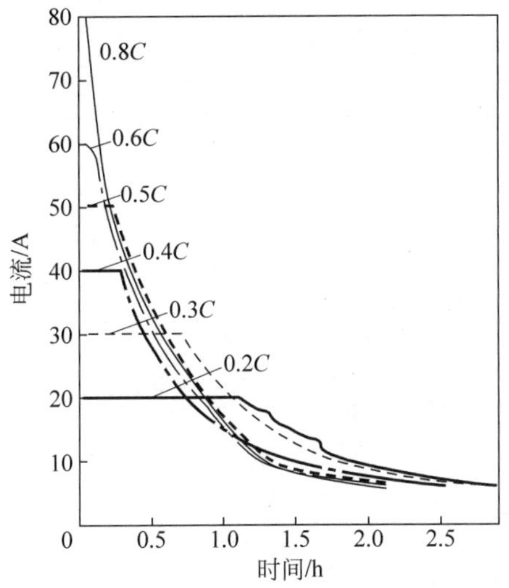

图 4-14 锂离子电池充电曲线

随着充电电流的增加,恒流时间逐步减少,恒流可充入容量和能量也逐步减少。以充入放出容量 1/2(即 SOC=70%)时为标准,所需充电时间随电流的增加而减少,20A(0.2C)所用时间约为 80A(0.8C)的 1.84 倍。在这种状态下,继续充电的电流差在 2A 以内,所以,后 30A·h 充电时间相差不大。因此,在电池允许的充电电流之内,增大充电电流,虽然可恒流充入的容量和能量将减少,但有助于总体充电时间的减少。在实际电池组应用中,可以以锂离子电池允许的最大充电电流充电,达到限压后,进行恒压充电,这样在减少充电时间的基础上,也保证了充电的安全性。但随着充电电流增加,电池内阻消耗的能量增加,消耗在内阻上的能量按式(4-4)计算:

$$E=\int_{t_1}^{t_2} I^2(t) r \mathrm{d}t \tag{4-4}$$

式中,E 为内阻消耗的能量;r 为电池内阻;t 为充电时间变量;I 为充电电流;t_1、t_2 为充电起止时间。

大量的实验证明,在充电过程中,锂离子电池的内阻变化在 0.4mΩ 之内。因此,从式(4-4)得出,电池内阻能耗与充电时间基本呈线性关系,而与充电电流成平方关系。从图 4-14 的充电曲线可以看出,在充电 1.5h 后,各条充电曲线趋于相似,充电电流相差不大。

因此,在此之前,充电电流将是内阻能耗成的主要因素,电流大的能耗大;在此之后,充电时间将是内阻能耗的主要影响因素,充电时间长的能耗大。对充电过程进行综合考虑,由于充电电流与内阻能耗成平方关系,是影响内阻能耗的主要因素,所以充电电流大的内阻能耗大。在实际电池应用中,应综合考虑充电时间和效率,选择适中的充电电流。

2) 放电深度对充电特性的影响

在恒温环境(温度20℃),对额定容量100A·h的锂离子电池在不同的SOC,以0.3C恒流限压进行充电。实验参数见表4-9,充电曲线如图4-15所示,曲线从左到右放电容量依次增加。

表4-9 不同放电深度充电实验参数

放电		充电		等容量充入能量/(W·h)	充电时间/min	恒流充电容量/(A·h)	恒流时间/min	单位容量充电时间/min	等容量充放电效率
容量/(A·h)	能量/(W·h)	容量/(A·h)	能量/(W·h)						
10	32.85	13.32	57.40	43.10	58	1.5	3	5.8	0.762
20	65.12	22.78	98.32	86.32	119	3.0	6	5.93	0.754
30	95.86	30.91	133.10	129.20	151	6.0	12	5.03	0.742
40	122.03	40.12	169.60	164.98	171	9.0	18	4.28	0.740
50	159.07	50.32	220.52	214.47	218	17.0	34	4.36	0.742
60	188.33	60.08	263.39	260.99	252	22.5	45	4.20	0.722
80	249.76	80.35	344.4	342.90	318	35.67	72	3.98	0.728

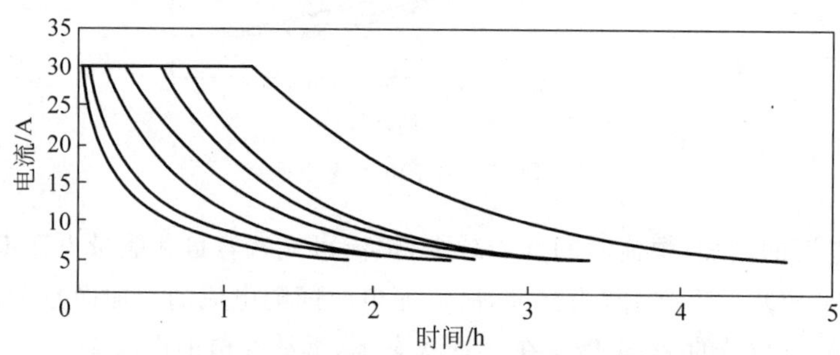

图4-15 锂离子电池恒流充电曲线(20℃,0.3C)

从表4-9和图4-15可得出以下结论:

(1) 随着放电深度增加,充电所需时间增加,但平均每单位容量所需的充电时间减少,即充电时间的增加同放电深度不成正比增加。

(2) 随着放电深度增加,恒流充电时间所占总充电时间比例增加,恒流充电容量占所需充入容量的比重增加。

(3) 随着放电深度的增加,等安时充放电效率有所降低,但降低幅度不大。

3) 充电温度对充电特性的影响

在不同环境温度下对锂离子电池进行充电,以某额定容量200A·h锂离子电池为例,采用恒流限压方式,记录充电截止条件为充电电流下限为1A的充电参数,见表4-10。

表 4-10 不同温度电池充电参数

环境温度/℃	充电电流降至 5A			充电电流降至 1A		
	充入电流/(A·h)	充入能量/(W·h)	充电时间/h	充入电流/(A·h)	充入能量/(W·h)	充电时间/h
−25	118.09	516.81	9.0	147.08	640.79	21.0
−5	127.29	566.63	7.1	160.75	717.27	19.0
10	164.59	707.65	6.4	203.12	867.32	15.0
25	168.94	726.91	5.5	205.98	878.71	12.3

从表 4-10 可以看出，随环境温度降低，电池的可充入容量明显降低，而充电时间明显增加。低温(−25℃)同室温(25℃)相比，相同的充电结束电流，可充入容量和能量降低 20%～30%。若以 5A 为充电结束标准，则电池仅充入在此温度下可充入容量或能量的 75%～80%。但降低充电结束电流，就意味着充电时间大幅增加。在冬季低温情况下，电池可充入容量低，因此，为了防止电池过放电，必须降低单次充电电池的可用容量，而在充电前亦应对电池加热，以利于充入容量的提升。

2. 放电特性的影响因素

在放电特性方面，主要讨论不同环境温度下，不同放电率对锂离子电池放电特性的影响。仍以某额定容量 200A·h 锂离子电池为例，在环境温度 20℃情况下，将电池充满电，分别在−20℃、0℃、20℃进行不同放电电流下的放电实验，放电结果见表 4-11，100A·h(0.5*C*)放电过程的曲线如图 4-16 所示。

表 4-11 不同温度放电参数表

放电电流/A	20℃		0℃		−20℃	
	容量/(A·h)	能量/(W·h)	容量/(A·h)	能量/(W·h)	容量/(A·h)	能量/(W·h)
100	191.647	586.517	188.369	566.081	173.872	509.460
80	194.812	595.451	191.752	575.515	179.201	524.207
60	197.103	601.895	193.869	581.398	182.929	534.452
40	198.902	606.954	195.731	586.578	185.456	541.404
20	200.727	612.126	197.688	592.073	187.845	548.060
10	201.82	615.207	198.867	595.364	189.250	551.952

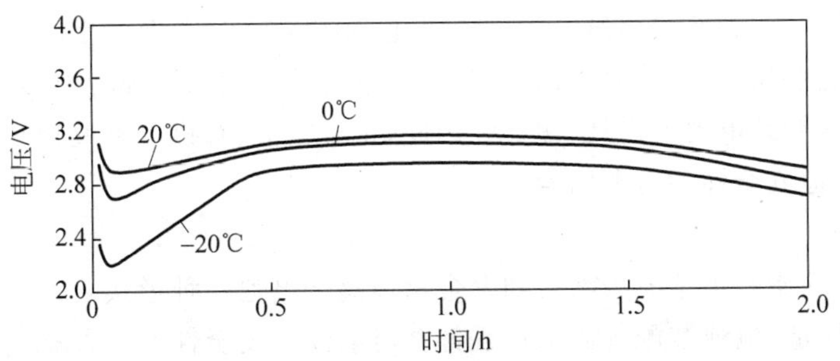

图 4-16 锂离子电池 100A(0.5*C*)放电过程曲线

从表4-11和图4-16可知，在室温情况下对电池充电，在不同温度下放电，对电池可放出能量的影响大于对电池放电容量的影响。在不同温度下，每放电20A·h放出的能量对比如图4-17所示。

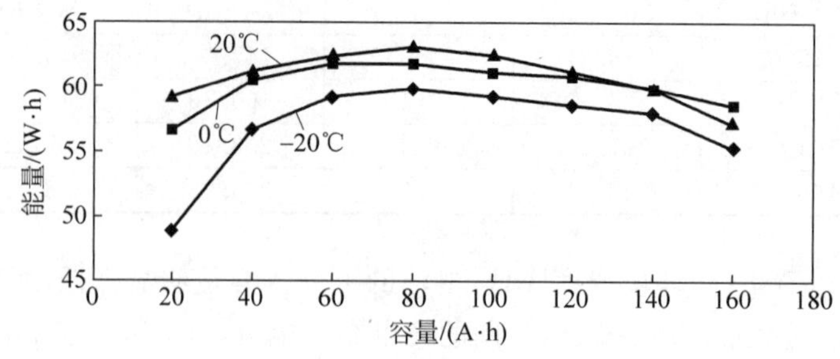

图4-17　电池不同温度下可放出能量

在放出容量占可放出容量的40%～50%时，单位安时放出的能量最多。在低温情况下，电池的放电电压较低，尤其在放电初期，同样的放电电流下，电池电压将出现一个急剧的下降，如图4-17所示，所以放电能量偏低；在放电中期，放电消耗在电池内阻上的能量使得电池自身的温度升高，锂离子电池活性物质的活性增加，电池电压有所升高，因此可放出的能量增加；在放电后期，电池电压偏低，单位时间放出的能量随之降低。冬季电动汽车使用前需要开启PTC对电池包加热，正是利用此规律改善电池的使用特性。

在同一温度，同样的放电终止电压下，不同的放电结束电流，可放出的容量和能量有一定的差别。电流越小，可放出容量越多，上述的实验中，0.05*C*比0.5*C*可放出的容量和能量增加5%～7%。

4.3.2　锂离子电池的安全特性

1. 锂电池安全问题产生的原因

锂离子电池在热冲击、过充电、过放电和短路等滥用情况下，其内部的活性及电解液等组分间将发生化学、电化学反应，产生大量的热量和气体，使得电池内部压力增大，积累到一定程度可导致电池着火，甚至爆炸。其主要原因如下。

1）材料热稳定性

锂离子电池发生滥用，如高温、过充、针刺穿透以及挤压等情况下，可导致电极和有机电解液之间的强烈作用，如有机电解液的剧烈氧化、还原或正极分解产生的氧气进一步与有机电解液反应等，这些反应产生的大量热量如不能及时散失到周围环境中，必将导致电池内热失控的产生，最终导致电池的燃烧、爆炸。因此，正负电极、有机电解液相互作用的热稳定性是制约锂离子电池安全性的首要因素。

2）制造工艺

锂离子电池的制造工艺分为液态和聚合物锂离子电池两种形式。无论是什么结构的锂离子电池，电极制造、电池装配等制造过程都会对电池的安全性产生影响。如正极和负极混料、涂布、辊压、裁片或冲切、组装、加注电解液多少、封口、化成等诸道工序的质量控制，无一不影响电池的性能和安全性。浆料的均匀度决定了活性物质在电极上分布的均匀性，从而影响电池的安全性。浆料细度太大,电池充放电时会出现负极材料膨胀与收缩比较大的变化,可能出现金属锂的析出;浆料细度太小会导致电池内阻过大。涂布加热温度过低或烘干时间不足会使溶剂残留,黏结剂部分溶解,造成部分活性物质容易剥离;温度过高可能造成黏结剂碳化,活性物质脱落形成电池内部短路。

2. 提高锂电池安全性的措施

从提高锂离子电池的安全性角度出发,可以开展如下工作。

1)使用安全型锂离子电池电解液

阻燃电解液是一种功能电解液,这类电解液的阻燃功能是通过在常规电解液中加入阻燃剂获得的。阻燃电解液是目前解决锂离子电池安全性最经济有效的措施。

使用固体电解质,代替有机液态电解质,能够有效提高锂离子电池的安全性。固体电解质包括聚合物固体电解质和无机固体电解质。聚合物电解质,尤其是凝胶型聚合物电解质的研究近年来取得很大的进展,目前已经成功用于商品化锂离子电池中。干态聚合物电解质由于不像凝胶型聚合物电解质那样包含液态易燃的有机增塑剂,所以它在漏液、蒸气压和燃烧等方面具有更高的安全性。无机固体电解质具有更好的安全性,不挥发,不燃烧,不存在漏液问题,同时力学性能高,耐热温度明显高于液态电解质和有机聚合物,使电池的工作温度范围扩大。将无机材料制成薄膜,更易于实现锂离子电池小型化,并且这类电池具有超长的储存寿命,能大大扩宽现有锂离子电池的应用领域。

2)提高电极材料的热稳定性

负极材料热稳定性是由材料结构和充电负极的活性决定的。对于碳材料,球形碳材料,如中间相碳微球(MCMB),相对于鳞片状石墨,具有较低的表面积,较高的充放电平台,所以其充电态活性较小,热稳定性相对较好,安全性高。具有尖晶石结构的 $Li_4Ti_5O_{12}$ 相对于层状石墨的结构稳定性更好,其充放电平台也高很多,因而热稳定性更好,安全性更高。因此,目前对安全性有更高要求的动力电池通常采用 MCMB 或 $Li_4Ti_5O_{12}$ 代替普通石墨作为负极,通常负极材料的热稳定性除了材料本身之外,对于同种材料,特别是石墨,负极与电解液界面的固体电解质界面膜(SEI)的热稳定性更受关注,而这也通常被认为是热失控发生的第一步。提高 SEI 膜的热稳定性主要有两种途径:一种是负极材料的表面包覆,如在石墨表面包覆无定型碳或金属层;另一种是在电解液中加入成膜添加剂,在电池活化过程中,它们在电极材料表面形成稳定性较高的 SEI 膜,有利于获得更好的热稳定性。

正极材料和电解液的热反应是热失控发生的主要原因,提高正极材料的热稳定性尤为重要,与负极材料一样,正极材料的本质特征决定其安全特征。$LiFePO_4$ 由于具有聚阴离子结构,其中的氧原子非常稳定,受热不易释放,因此不会引起电解液的剧烈反应或燃烧;在过渡金属氧化物中,$LiMn_2O_4$ 在充电态下以 $\lambda\text{-}MnO_2$ 形式存在,由于它的热稳定性较好,所以这种正极材料的相对安全性也比较好。此外,也可以通过体相掺杂、表面处理等手段提高正极材料的热稳定性。

4.3.3 锂离子电池的热特性

1. 生热机制

锂离子电池内部产生的热量主要由 4 部分组成:反应热、极化热、焦耳热和分解热。反应热表示由于电池内部的化学反应而产生的热量,这部分热量在充电时为负值,放电时为正值。极化热是指电池在充放电过程中,负载电流通过电极并伴随着电化学反应时,电极会发生极化,电池的平均电压会与开路电压有所偏差,而导致产生热量,这部分热量在充放电时都为正值。焦耳热这部分热量是由于电池内阻产生的,在充放电的过程中这部分热量都为正值,其中电池内阻包括电解质的离子内阻(含隔膜和电极)和电子内阻(包括活性物质、集流体、导电极耳及活性物质间的接触电阻),符合欧姆特性。分解热表示在电极中自放电的存在也会导致电极的分解而产生的热量,这部分热量在充放电的时候都很小,因而可以忽略不计。

由于反应热在充电时为负值,在放电时为正值,因此,电池在放电过程中的热生成率要大于充电过程中的热生成率,从而导致放电时电池温度比充电时温度要高。对于一个完全充满电状态下的锂离子电池,它在可逆放电过程中的总反应中呈现了放热效应。更进一步来说,电池的正电极反应表现出比较大的放热效应,同时负电极反应表现出较小的吸热效应,所以综合正负电极反应热效应,最终导致锂离子电池充放电过程总体呈现放热效应。

2. 放电温升特性

图 4-18 所示为常温下以 0.3C 倍率电流充满电,再在常温下分别以 0.3C、0.5C 和 1C 倍率放电时,某磷酸铁锂锂离子电池正极柱处的温升曲线,其中放电截止电压为 2.5V。

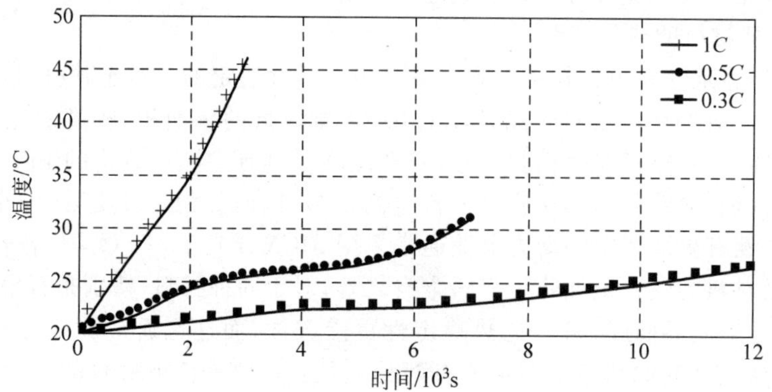

图 4-18　不同放电倍率正极柱处的温升曲线

可以看出,电池放电电流越大时,正极柱处的温度上升越快,并且温度极值越高。这说明放电电流越大时,损耗的热能就越多,降低了放电效率。0.3C 与 1C 倍率放电峰值温度相差 18.9℃,在环境温度不变并且没有采用散热措施的情况下,要减少温度升高的幅度,必须减少放电电流。因此,如果在环境温度较高,并且电池大功率放电的情况下,必须采用散热措施,以避免安全问题。

3. 充电温升特性

图 4-19 所示为在常温以下以 0.3C 倍率电流放电结束后,再在常温下分别以 0.3C、0.5C 和 1C 倍率恒流和 3.8V 恒压采用恒流限压方式充电时,某磷酸铁锂锂离子电池的正极柱处的温升曲线。

可以看出,恒流充电开始阶段,电池正极柱处温升较快,这主要是因为 SOC 值较小,内

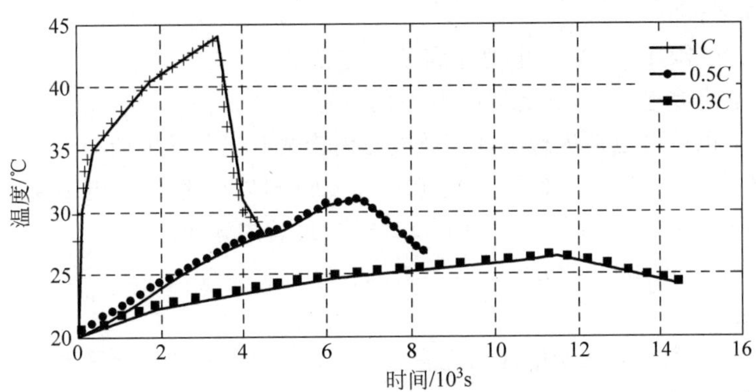

图 4-19 不同充电倍率正极柱处的温升曲线

阻较大，从而生热速率较大，温升较快。随后恒流充电后期温升速率放缓，这主要是因为温度和 SOC 值上升后，电池内阻值减小，从而生热速率减小，温升放缓。等到恒流充电结束时刻，电池正极柱温度达到峰值。

图 4-19 表明，充电倍率越大，电池温度上升越快，并且温度峰值也越大。到达恒压阶段时，随着电流的下降，电池温度开始下降，直到电流下降至涓流为止，但充电结束时的温度高于充电前。

4. 温度对锂电池使用性能的影响

1）温度对可用容量比率的影响

正常应用温度范围内，锂离子电池温度越高，工作电压平台越高，电池的可用容量越多。但是长期在高温下工作会造成锂离子电池的容量迅速下降从而影响电池的使用寿命，并极有可能造成电池热失控。

低温状态锂离子电池放电效率低的主要原因有：①电池电解液的电导率增加，导致 Li^+ 离子传输性能差；②负极表面 SEI 膜是锂离子传递过程中的主要阻力，表面膜阻抗 R_{SEI} 大于电解液本体阻抗 R_e，在－20℃以下的温度范围内，R_{SEI} 随温度的降低骤增，与电池性能恶化相对应；③脱嵌 Li^+ 离子容量不对称性是由 Li^+ 在不同嵌锂态石墨负极中的扩散速度不同引起的，低温时，Li^+ 离子在石墨负极中的扩散速度慢；④正极与负极表面的电荷传递阻抗增大；⑤正极/电解液界面或负极/电解液界面的阻抗增大；⑥电极的表面积、孔径、电极密度、电极与电解液的润湿性及隔膜等均影响着锂离子电池的低温性能。

2）温度对电池内阻的影响

直流内阻是表征动力电池性能和寿命状态的重要指标。电池内阻较小，在许多工况常常忽略不计，但动力电池处于电流大、深放电工作状态时，内阻引起的压降较大，此时内阻的影响不能忽略。

电池直流内阻一般通过 HPPC(hybrid pulse power characterization)试验标定。HPPC 是美国电动汽车动力电池检测手册(FreedomCAR Battery Test Manual)中推荐的复合脉冲功率特性测试工况试验，该试验的主要目的是测试电池工作范围(荷电状态、电压)内的动态功率特性，并根据电压响应曲线确定电池内阻和 SOC 的对应关系。

实验方法如下：

(1) 恒流 0.3C 限压 3.8V 将电池充满至额定容量；

(2) 用 1C 电流放电，放出额定容量 10%的电量；

(3) 静置 1h，以使电池在进行脉冲充放电之前恢复其电化学平衡与热平衡；

(4) 进行脉冲测试，先以恒流 I_d 放电 10s，停 40s，再以恒流 I_c 充电 10s；

(5) 重复步骤(2)～(4)，直到 90%DOD 处进行最后的脉冲试验；

(6) 将电池放电至 100%DOD；

(7) 静置 1h。

其中 I_d 和 I_c 的大小取决于电池额定容量 C_0。50℃时 HPPC 测试 $LiFePO_4$ 电池的电压、电流变化曲线如图 4-20 所示。

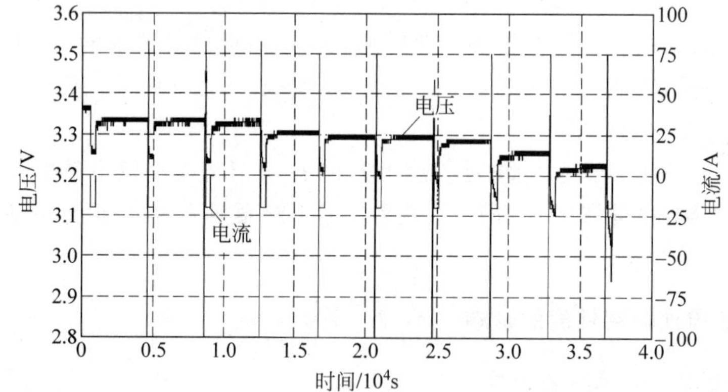

图 4-20　50℃时 HPPC 测试 $LiFePO_4$ 电池电压、电流变化曲线

电池直流内阻遵循欧姆定律，可引起电池内部压降，并生热消耗放电能量。采用磷酸铁锂锂离子电池试验所得的充放电直流内阻如图 4-21 和图 4-22 所示。

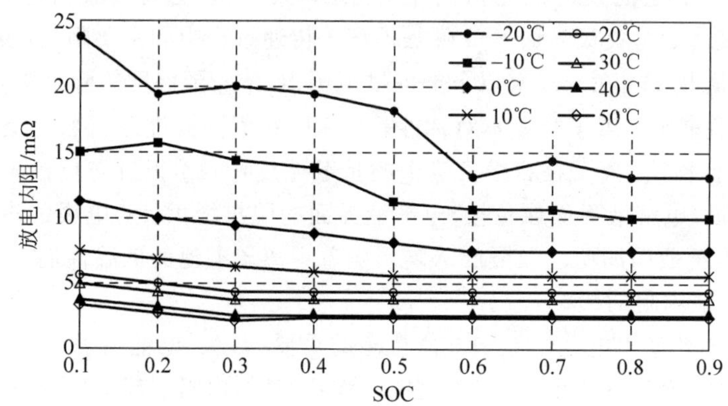

图 4-21　不同温度和 SOC 下的放电内阻图

可以看出，低温状态下整个放电过程中的直流内阻变化量明显，而高温状态下变化量则小得多。但是，放电和充电直流内阻变化的趋势是相同的，均随温度的升高而降低，随 SOC 的增大而减小。

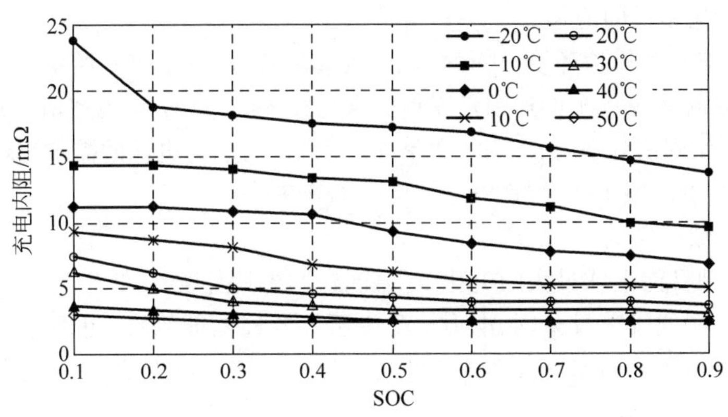

图 4-22 不同温度和 SOC 下的充电内阻图

4.4 锂离子动力电池应用

4.4.1 锂离子电池的应用类别

锂离子电池的高容量、适中的电压、广泛的来源以及其循环寿命长、成本低、性能好、对环境无污染等特点，使得其在消费类电子、新能源汽车、储能领域均得到了大规模的应用。锂离子电池的使用类别如表 4-12 所示。

表 4-12 锂离子电池的使用类别

电池类别	应用领域	特点	电池性能要求	电池类型
消费类电池（高能量）	手机、平板、笔记本电脑、移动电源、智能家居、无人机等	对电池倍率性能、工作温度、成本、循环性能要求不高	能量密度高于 150W·h/kg，100%DOD 200～300 次	钴酸锂、三元、锰酸锂电池
动力电池（高功率）	新能源汽车、低速车、电动自行车、电动工具等	要求高功率密度、安全性、温度特性，成本低、低自放电率	800～1500W/kg，预期 2000W/kg 以上	三元、磷酸铁锂、锰酸锂电池
储能电池（长寿命）	电网储能、通信基站储能、家庭储能、UPS 电源	对功率和能量密度要求不高，体积和重量要求相对较低	使用寿命长，免维护，性能稳定，价格低，较好的温度特性和较低的自放电率	磷酸铁锂为主

1）在消费类电池方面的应用

目前移动电话、笔记本计算机、微型摄像机等需要便携式电源的用电器已经成为人们生活中不可缺少的一部分，在其他电源方面，无一例外地选择锂离子电池作为市场的主流。据统计，全球手机产量每年近 10 亿部，全球每年生产笔记本计算机约为 1.4 亿台，形成了庞大的锂离子电池应用市场。在此领域，钴酸锂、锰酸锂锂离子电池占有主导地位。

2)在动力电池领域的应用

出于对能源安全和保护环境方面的考虑，我国政府自2011年开始重点加强新能源汽车产业的支持，使得新能源汽车的产销量逐年快速增长，到2021年实现产销分别达到354万辆和298万辆，比上年同期分别增长159.5%和169.1%。对动力电池的需求量超过186GW·h。其中三元电池74.3GW·h，磷酸铁锂电池79.8GW·h。

3)在储能领域的应用

锂离子电池是目前全球最大的电化学储能技术，电网储能中广泛应用于辅助服务、大规模可再生能源、分布式发电及微网、电力输配应用等各种储能领域，近两年在通信站中占比也已远超铅蓄电池，欧美的家庭分布式储能也已经普遍使用锂电池。

4.4.2 电动汽车用锂离子电池

随着社会文明的进步，人们的环保意识及对环境要求日益提高，环保的交通工具已经进入人们的视野。目前，我国以电动自行车为主的电动轻型车呈现出蓬勃发展的趋势，锂离子动力电池已开始在部分高端车型应用，在电动汽车开发方面，锂离子动力电池已经成为主流。在国内，众多汽车研制和生产企业开发的电动汽车半数以上车型采用锂离子电池，并有逐步扩大的趋势。在国内外进入市场销售的电动汽车，如日产Leaf、宝马i3、特斯拉Model S、比亚迪E6、北汽EV200、江淮iEV5等，均采用锂离子电池。图4-23所示为装在底盘上的特斯拉Model S锂离子电池组。丰田Prius从第三代开始也配备锂电池版本混合动力车型，第四代Prius纯锂电续航里程更是从不到20km大幅增加至60km。目前，各大车企在新车型中多采用锂离子电池，如比亚迪海豹、特斯拉Model Y等。

图4-23 特斯拉Model S电池组全景图

1. 钴酸锂锂离子电池应用

钴酸锂作为最早用于商品化二次锂离子电池的材料，以其作为正极材料的钴酸锂电池具有技术成熟，功率高，能量密度大，且一致性较高的优点，但其安全系数较低，热特性和电特性较差，成本也相对较高。原来主要应用于手机、笔记本电脑等中小容量消费类电子产品中，然而特斯拉改变了钴酸锂电池难登电动汽车之“大雅之堂”的传统看法，采用18650型钴酸锂离子电池作为其开发的初代电动汽车Roadster的动力电池，如图4-24所示。由于钴酸锂电池安全性较差，且成本较高，其在市场上的应用并未大规模推广。

图 4-24 特斯拉纯电动汽车 Roadster 外观

2. 锰酸锂锂离子电池应用

锰酸锂电池在新能源汽车领域的应用较早，2008 年北京奥运会期间运行的纯电动客车、2010 年上海世博会的部分纯电动客车就采用单体 90A·h 的锰酸锂锂离子电池。由于我国新能源汽车推广路线的选择原因，在商用车领域以磷酸铁锂商业化最突出，并且随着乘用车领域对高能量密度的追求，开始加快推进三元电池，而锰酸锂电池能量密度较低，导致其在国内市场主要应用于部分客车和专用车领域，而在新能源乘用车领域应用较少。在国外，AESC、东芝、LEJ、日立与 LG 等日韩电池企业将锰酸锂电池广泛应用于日、韩、欧美等多主流品牌的新能源汽车上，日产公司推出的 Leaf 纯电动汽车与三菱的 i-MiEV 纯电动汽车均采用锰酸锂锂离子电池，如图 4-25 所示。

图 4-25 Leaf 纯电动汽车及 i-MiEV 纯电动汽车

3. 磷酸铁锂锂离子电池应用

磷酸铁锂电池在二次电池应用中比较成熟，由于其具有可快速大电流放电、高温性能好、安全环保、循环寿命长、体积小且重量轻等特点，将其作为动力电池，可获得较为理想的效果。在纯电动客车领域，动力电池的安全性能尤为重要，目前基本采用磷酸铁锂电池；在纯电动专用车和乘用车领域，由于受到补贴退坡的影响，车企在电池选型时对动力电池的成本较为敏感，磷酸铁锂凭借其低成本的优势，市场份额不断扩大。图 4-26 为采用磷酸铁锂电池的比亚迪 K8 客车及比亚迪 E5 纯电动汽车。刀片电池是比亚迪于 2020 年发布的产品，采用磷酸铁锂技术，首先搭载于“汉”车型。

4. 三元锂离子电池应用

在国内，由于电动汽车补贴与续航里程和电池能量密度挂钩，三元电池从 2017 年开始

图 4-26　比亚迪 K8 客车及 E5 纯电动汽车

逐渐超过磷酸铁锂电池成为新能源乘用车领域的主流技术路线。由于技术路线和生产工艺的选择,我国三元电池企业普遍采用 NCM 路线,最开始,企业多采用 NCM111 和 NCM523 的体系,但随着对能量密度要求的不断提升,部分企业开始布局 NCM811 产品。北汽 EU5 和江淮和悦 iEV5(见图 4-27)的电池都采用三元材料。

在国外,以松下为主的企业采用 NCA 的技术路线,并生产出 21700 电池应用于特斯拉 Model3; 以 LG 化学和三星 SDI 为主的企业则主要采用三元 NCM 体系,主要应用于日韩和欧美的主流车企。

图 4-27　北汽 EU5 及江淮 iEV5 纯电动汽车

复习思考题

1. 锂离子电池如何分类? 相比其他电池有何优点?
2. 锂离子电池正、负极材料、电解质及隔膜有哪些类型?
3. 什么是三元锂电池以及固态电池? 与其他锂电池相比有什么特点?
4. 冬季在寒冷地带使用的电动汽车充电前需要对电池预加热,为什么?
5. 锂离子电池的主要应用领域有哪些? 举例说明不同电动汽车使用的电池类型。

第5章 其他动力电池及储能装置

锂离子电池目前在动力电池领域应用广泛，然而以铅酸电池、镍氢电池为代表的动力电池的应用时间要早于锂电池，目前在电动汽车领域仍占有重要地位，此外超级电容、燃料电池等储能供电装置在电动汽车能源系统也有相当广泛的应用。本章将重点介绍铅酸、镍氢电池的工作原理、充放电特性及应用情况，并对燃料电池、锌空气电池、太阳能电池、超级电容、飞轮电池等其他电池和储能装置进行简要介绍。本章注重于学生绿色、低碳、环保意识的培养。

5.1 铅酸动力电池

5.1.1 铅酸电池概况

铅酸电池作为发展历史最悠久的动力电池，1859 年由法国科学家普兰特(G. Plante)发明，1881 年法国人发明的电动汽车就是以铅酸电池作为动力的。铅酸电池技术成熟、性能可靠、成本低廉、维护方便，在储能电源、启动电源等领域大量应用，部分电动汽车也采用铅酸电池作为主能量源。

1. 铅酸电池的类型

根据铅酸电池的作用可将其分为以下三种类型：启动式铅酸电池、牵引式铅酸电池和固定式铅酸电池。

这三类电池的性能差异见表 5-1。

表 5-1 三类铅酸电池的性能差异

类　　型	常用容量/(A·h)	正极板	负极板	特　　点
启动式铅酸电池	5～200	涂膏式	涂膏式	功率密度高、能量密度大
牵引式铅酸电池	40～1200	管状	涂膏式	可深度充放电
固定式铅酸电池	40～5000	板状	涂膏式	能量密度较低、自放电率小

上述三类铅酸电池中，启动式铅酸电池由于不能深度充放电，不能用于电动汽车的主电源，一般仅作为低压辅助电源使用；而固定式铅酸电池虽然容量可以做到很大，但是能量密度较低，体积和质量很大，不适合车用，一般仅用于不间断电源等位置相对固定的场合；牵引式铅酸电池容量相对较大，可深度充放电，能量密度较高，可用于电

动汽车主动力电源。

随着铅酸电池技术的不断发展,目前牵引式铅酸动力电池已有很多类型,如开口式铅酸电池、阀控式密封铅酸电池(VRLA)、胶体电池、双极性密封铅酸电池、水平式密封铅酸电池、卷绕式圆柱形铅酸电池、超级电池等。

铅酸电池作为电动汽车的动力源,虽有许多不足,但由于其技术成熟,具有可大电流放电、适用温度范围宽和无记忆效应等性能上的优点,以及原材料的易于获取和价格远低于镍氢和锂离子等高能电池,在低速电动汽车、微型电动汽车、插电混合动力汽车、老年助力车等动力电池交通工具的市场需求旺盛。电动车辆上应用的铅酸电池主要是阀控式密封铅酸电池(VRLA)。

铅酸电池工作原理

2. 铅酸电池的储能原理

铅酸电池放电时的电化学反应被称为双硫化反应,正极成流反应为

$$PbO_2 + 3H^+ + HSO_4^- + 2e^- \longrightarrow PbSO_4 + 2H_2O \tag{5-1}$$

负极成流反应为

$$Pb + HSO_4^- \longrightarrow PbSO_4 + 2e^- + H^+ \tag{5-2}$$

电池总反应为

$$PbSO_4 + Pb + 2H_2SO_4 \longrightarrow 2PbSO_4 + 2H_2O \tag{5-3}$$

在充电时,铅酸电池内部发生如下反应:

正极

$$PbSO_4 + 2H_2O \longrightarrow PbO_2 + 2H^+ + H_2SO_4 + 2e^- \tag{5-4}$$

$$H_2O \longrightarrow 2H^+ + 1/2O_2 + 2e^- \tag{5-5}$$

负极

$$PbSO_4 + 2e^- + 2H^+ \longrightarrow Pb + H_2SO_4 \tag{5-6}$$

$$2H^+ + 2e^- \longrightarrow H_2 \tag{5-7}$$

其中,式(5-4)和式(5-6)是蓄电池的充电反应,而式(5-5)和式(5-7)则是电解水的副反应。图 5-1 为铅酸电池的反应原理。在充电过程中,可以根据两种反应的激烈程度将充电分为 3 个阶段:高效阶段、混合阶段和气体析出阶段。

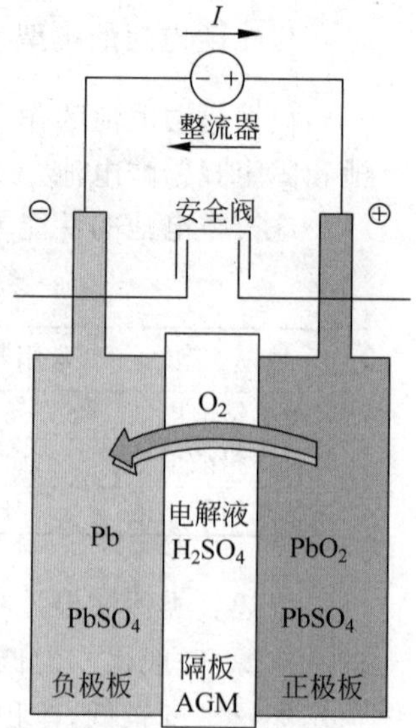

图 5-1 铅酸电池反应原理

(1) 高效阶段。高效阶段的主要反应是 $PbSO_4$ 转换成为 Pb 和 PbO_2,充电接受率约为 100%。充电接受率是转化为电化学储备的电能与来自充电机输出端的电能之比。这一阶段在电池电压达到 2.39V/单元(取决于温度和充电率)时结束。

(2) 混合阶段。水的电解反应与主反应同时发生,充电接受率逐渐下降。当电池电压和酸液浓度不再上升时,则电池单元被认为充满。

(3) 气体析出阶段。电池已充满,电池中进行水的电解和自放电反应。由于在密封的阀控免维护铅酸电池中,具有氧循环的设计,即正极板上析出的氧在负极板上被还原重新生成水而消失,因此析气量很小,不需要补充水。

铅酸电池的放电反应为上述过程的逆反应，在此不再赘述。

3. 铅酸电池结构

铅酸电池在外形上各异，但主要构成部件相似，电池构造如图5-2所示。

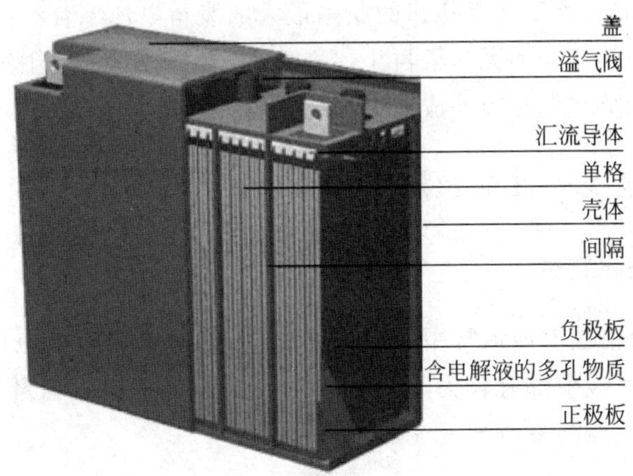

图5-2 铅酸电池的构造

正负极是蓄电池的核心部件，是蓄电池的“心脏”，分为正极和负极。正极活性物质的主要成分为二氧化铅，负极活性物质的主要成分为铅。

隔板是由微孔橡胶、玻璃纤维等材料制成的，新型隔板由聚乙烯、聚丙烯等制成，其主要作用是防止正负极板短路，使电解液中正、负离子顺利通过，延缓正、负极板活性物质的脱落，防止正、负极板因振动而损伤。因此，要求隔板孔率要高、孔径小、耐酸、不分泌有害物质，在电解液中电阻小、具有化学稳定性。

电解液是蓄电池的重要组成部分，是由浓硫酸和净化水配置而成，它的作用是传导电流和参加电化学反应。电解液的纯度和密度对电池容量和寿命有重要影响。

电池壳、盖是安装正、负极板和电解液的容器，应该耐酸、耐热、耐振。壳体多采用硬橡胶或聚丙烯塑料材料制成，为整体式结构，底部有凸起的肋条以搁置极板组。

排气栓一般由塑料材料制成，对电池起密封作用，阻止空气进入，防止极板氧化。同时可以将充电时电池内产生的气体排出电池，避免电池产生危险。

除上述部件外，铅酸电池单体内还有连条、极柱、液面指示器等零部件。

4. 铅酸电池的回收

铅酸电池中的硫酸以及铅、锑、砷、镍等重金属会对环境产生污染，这成为限制铅酸电池发展和应用的一个重要因素。如铅主要作用于神经系统、造血系统、消化系统和肝、肾等器官，能抑制血红蛋白的合成代谢，还能直接作用于成熟红细胞，对婴、幼儿毒害很大，导致儿童身体发育迟缓，慢性铅中毒的儿童智力低下。

因此，随着社会各界对环境保护的重视，铅酸电池回收问题显得越来越重要，目前已经形成了完善的工艺，常用的有火法冶金、湿法冶炼、固相电解还原等方法。现在铅酸电池处理中的核心问题是回收网络问题，需要建立从用户到回收厂的物流体系，使散落在用户的废旧铅酸电池回流到回收厂。

例如,美国 East Penn 公司建立了年处理 8 万 t 废旧电池的庞大体系,每天可以处理将近 20 个 40ft 集装箱内装载的废旧电池,使之变成合金铅锭、塑料粒子和纯净硫酸溶液,全部可以回用到电池中去,公司得到了政府大力支持,以保证回收网络的运转。我国也有多家铅酸电池回收企业,如坐落于江苏邳州的我国最大的废蓄电池综合利用企业,其自行研制成功的机械化废电池破碎分选和无污染再生铅新技术,拥有独立的自主知识产权,它也是我国铅冶炼行业以技术优势率先在国外成功办厂的企业。

5.1.2 铅酸电池的性能及影响因素

充电特性

1. 铅酸电池的充电特性

恒流限压法作为铅酸电池最常用的充电方法,无论对于铅酸电池单体还是铅酸电池构成的电池组,在工程实践中都有较为广泛的应用。下面以某额定容量为 85A·h 的铅酸电池为例进行说明,电池性能参数见表 5-2。

表 5-2 额定容量 85A·h 铅酸电池性能参数

额定电压	额定容量	外形尺寸	质量	功率密度
12V	85A·h	768mm×128mm×121mm	26kg	380W/kg

充电分为三个阶段,分别见表 5-3。电池组中单电池充电曲线如图 5-3 所示。在充电第二阶段完成后,电池已经基本达到 SOC=100%,第三阶段充电属于对电池的维护性充电,以提高电池组的使用性能为目的。

表 5-3 额定容量 85A·h 电池组充电参数

序号	充电模式	充电电流/A	单电池电压/V	备注
1	恒流限压	60	15	—
2	恒流限流	>3	15	—
3	恒流定时	3	不限压	定时<5h

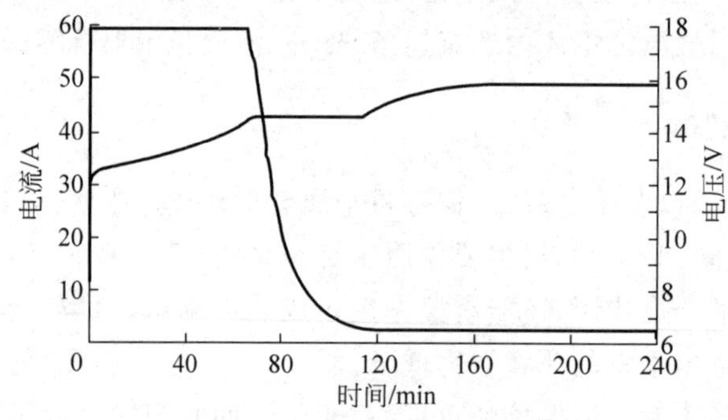

图 5-3 电池组中单电池充电曲线

将该实际充电过程用电压变化曲线进行抽象，如图 5-4 所示。可以看出，充电初期电池的端电压上升很快，如图中曲线 *oa* 段。这是因为充电开始时电池两端的硫酸铅分别转变为二氧化铅和铅，同时生成硫酸，极板表面和活性物质微孔内的硫酸浓度骤增，又来不及向极板外扩散，电池的电动势迅速升高，所以端电压也急剧上升。充电中期，如图中曲线 *ab* 段，由于电解液的相互扩散，极板表面和活性物质微孔内硫酸浓度增加的速度和向外扩散的速度逐渐趋于平衡，极板表面和微孔内的电解液浓度不再急剧上升，端电压比较缓慢地上升。

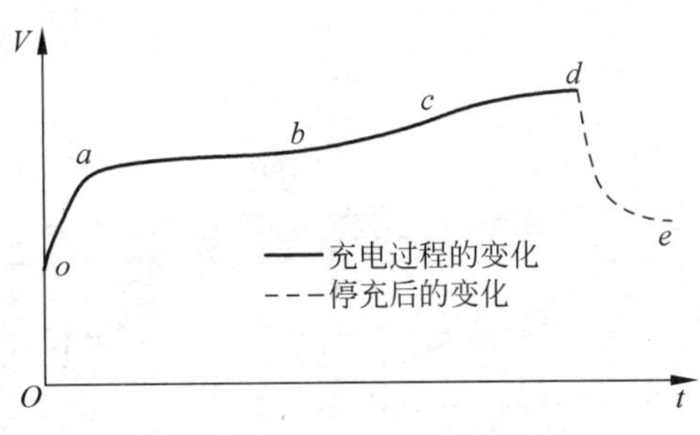

图 5-4　充电电压变化曲线

随着充电的进行，活性物质逐步转化为二氧化铅和铅，孔隙逐渐扩大，孔率增加。至曲线的 *b* 点(此时单体电压约 2.3V)时，活性物质已大部分转化为二氧化铅和铅，极板上所余下硫酸铅不多，如果继续充电，则会大量电解水，开始析出气体。由于部分气体吸附在极板表面来不及释放，增加了内阻并造成正极电极电位升高，因此电池端电压又迅速上升，如曲线中 *bc* 段。当充电达到 *cd* 段时，因为活性物质已全部还原为充足电时的状态，水的分解也渐趋于饱和，电解液剧烈沸腾，而电压则稳定在 2.7V 左右，所以充电至 *d* 点即应结束。以后无论怎样延长充电时间，端电压也不再升高，只是无谓地消耗电能进行水的电解。如果在 *d* 点停止充电，则端电压迅速降低至 2.3V。

在铅酸电池充电后期，即达到 *b* 点以后，电解水的化学反应为

$$2H_2O = O_2 + 4H^+ + 4e^- \tag{5-8}$$

但在密封铅酸电池中，气体达到一定压力前，不会从电池放气阀析出。氧气在负极可以与活性物质海绵状铅(充电状态)及硫酸反应，使一部分活性物质转变成硫酸铅(放电状态)，同时抑制氢气的产生。反应方程式如下：

$$2Pb + O_2 = 2PbO \tag{5-9}$$

$$PbO + H_2SO_4 = PbSO_4 + H_2O \tag{5-10}$$

与氧气反应而变成放电状态的硫酸铅经过继续充电，又可恢复到充电状态(海绵状铅)：

$$PbSO_4 + 2H^+ + 2e^- = Pb + H_2SO_4 \tag{5-11}$$

综合上述反应，在充放电过程中，水的分解和合成过程在同时进行，若控制充电电流在一个恰当的范围内，可以使上述反应处于平衡状态，从而使电池没有气体析出。在这个过程的进行中，被氧化的铅和电池中的硫酸铅结晶活性得以恢复，电池组中未充满电，电池充电过程得以继续，因此对电池组性能的稳定起到重要作用。

2. 铅酸电池的放电特性

固定放电电流下电池端电压与放电时间的关系如图 5-5 所示。从图 5-5 可以看出，

在大部分放电过程中,电池端电压是稳定下降的,说明电池释放的能量与电池端电压的降低量间存在一定的关系。但到了放电末期,出现一个转折电压,此时电池端电压急剧下降,表现为放电曲线斜率显著增加。这是因为电解液中,硫酸的浓度已经很低,电解液扩散到极板的速度不及放电的速度,在电解质不足的情况下,极板的电动势急剧降低,造成电池端电压的下降,此时应停止放电,否则会造成电池的过度放电。过度放电会导致电池内部大量的硫酸铅被吸附到蓄电池的阴极表面,造成电池阴极"硫酸盐化"。由于硫酸铅是一种绝缘体,它的形成将对蓄电池的充、放电性能产生很大的负面影响,在阴极上形成的硫酸盐越多,蓄电池的内阻也越大,电池的充、放电性能就越差,从而使蓄电池的寿命缩短。

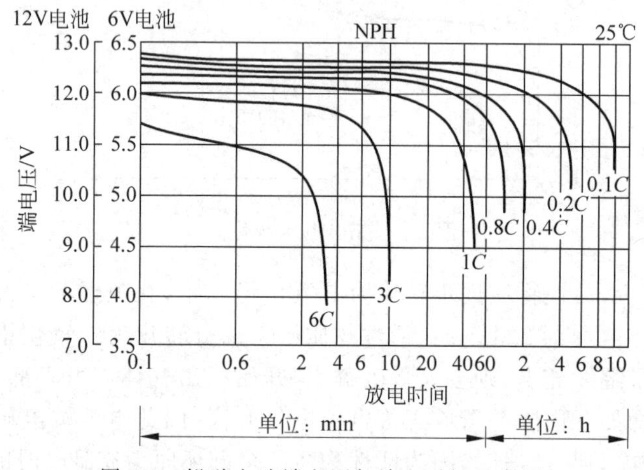

图 5-5 铅酸电池端电压与放电时间示意图

3. 温度对铅酸电池性能的影响

铅酸电池在充电和放电时都伴随有热效应。电池热效应可以分为两部分。

一部分是产生焦耳热,为克服电池极化和欧姆内阻而产生的电压降,损失的电能将全部转化为热量。如式(5-12)所示:

$$Q=\int_{o}^{t} I(V-E)\mathrm{d}t \tag{5-12}$$

式中,Q 是热量(J);$V-E$ 是克服极化和欧姆内阻的电压降(V);I 是充、放电电流(A);t 是充放电时间(s)。

另一部分是根据热力学第二定律中的 Gibbs-Helmholz 方程式放热或吸热。由于有焦耳热存在,电池温度会逐步增加,充电时两种热效应叠加,电池的温度也会升高。

温度对蓄电池的容量和电动势影响很大,电解液温度高时扩散速度增加、电阻降低,其电池电动势也略有增加,因此铅酸电池的容量及活化物质利用率随温度的增加而增加。反之,在低温下电解液的电阻也增大,电化学反应的阻力增加,导致蓄电池容量下降。在一般情况下,铅酸电池容量与温度的关系为

$$C_{t1}=\frac{C_{t2}}{1+K(t_2-t_1)} \tag{5-13}$$

式中,C_{t1} 是电池在温度 t_1 时的容量(A・h);C_{t2} 是电池在温度 t_2 时的容量(A・h);K 是

容量的温度系数；t_1、t_2 是电解液的温度(℃)。

图 5-6 是 85A·h 铅酸电池在不同温度下以 0.3C 放电的放电曲线。从中可以验证，随温度降低，电池可放容量降低，0℃与 25℃相比，电池可放出能量降低约 10%。

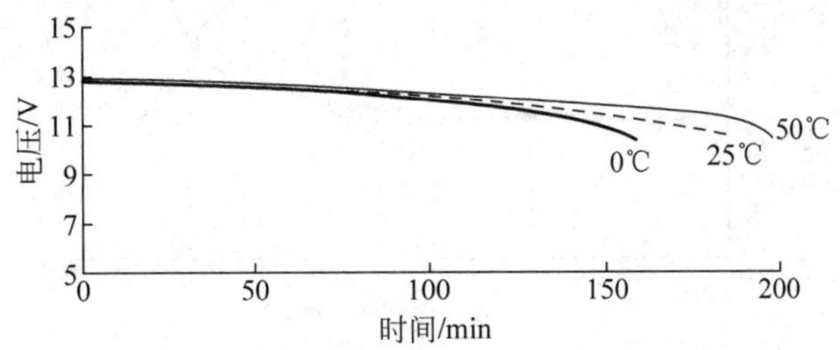

图 5-6 85A·h 铅酸电池在不同温度下以 0.3C 放电的放电曲线

4. 放电深度对铅酸电池性能的影响

铅酸电池在不同放电深度下，电池充电接受能力有很大的差别。这种差别直接反映为充电过程中恒流充电时间的变化。85A·h 铅酸电池在放电深度分别为 100%、80%和 60%时以 0.8C 充电，电流-充电时间曲线如图 5-7 所示。可以看出充电曲线形状基本相同，仅在恒流充电时间上存在差别。放电深度大，恒流充电时间长；反之，放电深度小，恒流充电时间短。

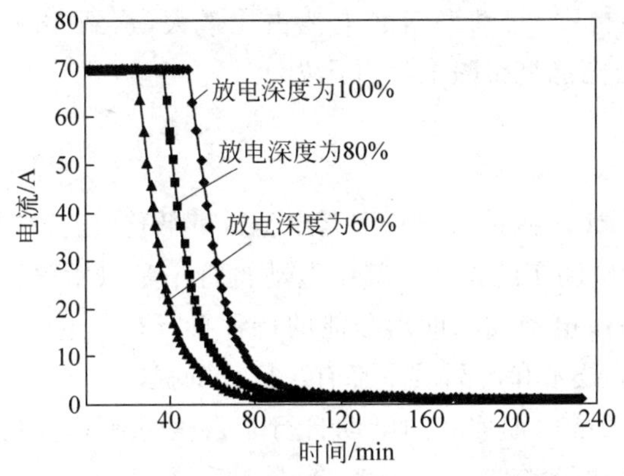

图 5-7 不同放电深度下电流-充电时间曲线

不同放电深度反映电池使用性能的参数主要有电池放电功率和内阻两项，分别代表电池的输出能力和自身能量的消耗情况。按照电池内阻构成的情况分析，电池内阻随电池状态的改变而改变。图 5-8 是 85A·h 铅酸电池在环境温度 25℃情况下，测量的电池最大放电功率和内阻放电深度的变化情况。可以看出，在放电深度小于 80%时，电池内阻急剧增加。最大放电功率在放电深度 10%时达到最大值，相应电池内阻为最小值。因为此时电池放电电压没有明显降低，但放电过程使电池温度升高，内阻减小，电池处于最佳放电状态。之后随放电过程的进行，电池储存能量降低，电池最大放电功率随之降低，在放电深度大于 80%后，最大放电功率降低明显。

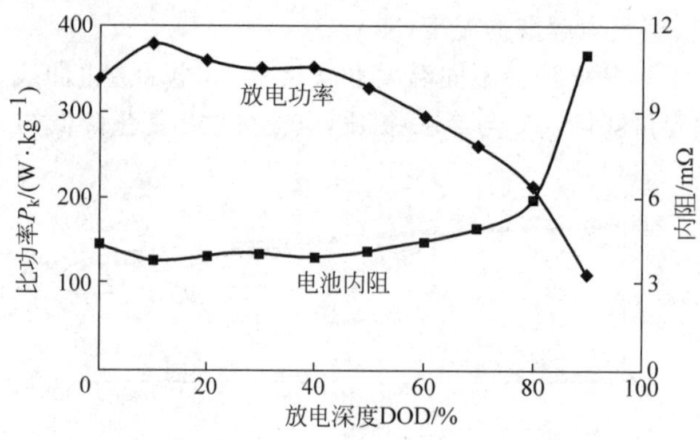

图5-8　不同放电深度电池性能参数变化

5.1.3　铅酸电池的应用

铅酸电池自发明100多年来,广泛应用于人类生产和生活各个方面。作为启动、点火、照明电池,主要应用于汽车、摩托车、内燃机车和电力机车;作为工业用铅酸电池,主要用于邮电、通信、发电厂和变电所开关控制设备以及计算机备用电源等,阀控密封式铅酸电池可用于应急灯、UPS、电信、广电、铁路、航标等;作为动力电池,主要用于电动汽车、高尔夫车、电动叉车等。

在铅酸电池产品结构中,起动型铅酸电池占比最大,达到48%,其次是动力型铅酸电池,占比为28%,备用与储能型铅酸电池占比为15%。

1. 电动自行车

铅酸电池尤其是VRLA阀控密封铅酸蓄电池以其低价、安全等优势,成为电动自行车、电动摩托和低速短途纯电动车的首选。其中电动自行车是以蓄电池作为辅助能源,具有两个车轮,能实现人力骑行、电动或电助动功能的特种自行车。电动自行车VRLA电池在我国应用多年,电池的制造技术和产品质量都有了巨大的提高。

根据统计,2015年铅酸电池配套的电动自行车占全行业总量超过九成,作为动力电池应用在电动自行车上成功经受住了市场考验,推动了电动自行车市场的不断扩大。截至2018年年底,我国两轮电动车保有量达到3亿辆,并以每年4000万辆的速度增长。图5-9所示为采用VELA电池的电动摩托车和电动自行车。根据国家规定,电动自行车必须具有

图5-9　电动自行车和电动摩托车

脚踏骑行功能，且最高车速不大于20km/h，整车质量不大于40kg。电动自行车一般配置3～5只12V/(10A·h)的VRLA电池，平均寿命1年左右。

铅酸电池本身存在产品使用寿命、电池回收处理和产品结构优化等问题。近年随着我国国家政策调整和锂电市场的不断培育，锂电技术成熟度不断提高，单组锂电池价格较以往下调近50%，与此同时锂电池便携性、长使用寿命等优势性能被消费者所认可，搭载锂电池的电动两轮、三轮车产品正转变为国内一、二线城市的市场刚需。

2. 电动牵引车

电动牵引车是制造工厂、物流中心等搬运产品时的常用运输工具，主要采用富液管式铅酸电池或胶体VRLA电池作为动力电源，具有无污染、无噪声的优点，尤其是在需要举升重物时，铅酸动力电池还可以起到配重作用。图5-10所示为采用胶体铅酸电池的电动牵引车。

图5-10　胶体铅酸电池电动牵引车

3. 低速电动车与电动乘用车

铅酸电池在微型、轻度混合电动汽车的运用技术已经非常成熟。总部设在美国的先进铅酸电池联合会(ALABC)一直致力于铅酸蓄电池在EV(纯电动汽车)和HEV(混合动力电动汽车)上的应用研究，并取得突破性进展。采用铅酸动力电池作为电源的纯电动乘用车的典型代表是风靡一时的美国通用汽车公司(GM)的纯电动汽车EV-1。中国中小城市和农村地区，以阀控密封铅酸电池为动力电源的低速纯电动汽车(见图5-11)，凭借其购车成本和使用成本低、环保低噪、驾驶技术要求低、安全等优点受到人们的欢迎，在山东、广东、河南等省，有许多低速纯电动车企业受益于这种需求快速发展起来。例如山东某品牌电动汽车，采用铅酸电池作为动力电源，电池容量为260A·h，额定电压为60V，由10块电池串联组成，因其价格低廉、安全可靠，在一些地区获得用户的广泛认可。

图5-11　低速纯电动汽车

4. 电动大客车及其他应用

铅酸电池作为能量来源在大客车上也有一定的应用。如株洲时代集团公司研发的TEG6120EV-2型电动大客车采用水平铅酸电池作为动力电源,工作电压384V。该车最高时速为70km/h,实际工况续航里程达90km,车内有38个座位,可承载64名乘客。

5. 汽车起动用铅酸电池

汽车起动用电池是铅酸电池最主要用途,约占铅酸电池需求量的48%(2018年数据)。铅酸电池在低温性能和大电流性能方面优于锂离子电池,此外,起动电源(及电动汽车低压电源)大都固定在前舱位置,且具有较高的密闭性,因此安全性对汽车来说至关重要,铅酸电池具有较高的安全级别,这对车用安全来说至关重要。

虽然镍氢电池和锂离子电池等新型电池发展很快,但由于性能、价格等原因在可预见的将来还不可能替代铅酸电池在汽车起动电池中的地位。起动用铅酸电池使用寿命一般为2年左右,其需求量与汽车的销售量和保有量密切相关。汽车起动用铅酸电池年产量的三分之二用于更新替换,三分之一用于配套汽车生产。

铅酸电池在其他领域中的应用有:备用电源(如UPS、ETC)、通信设备(如基站、PBX)、紧急设备(如应急灯、防火闸)、机械工具(如剪草机、无绳电钻)等。

5.2 镍氢动力电池

碱性电池是以氢氧化钾(KOH)等碱性水溶液为电解液的二次电池的总称。根据极板活性物质的材料不同,可分为锌银电池、铁镍电池、镍镉电池等系列。一般情况下,电解液中的KOH不直接参与电极反应,这是碱性电池有别于铅酸电池的一大特点。相对于铅酸电池,碱性电池具有能量密度高、机械强度高、工作电压平稳、功率密度大、使用寿命长的特点。镍镉电池和镍氢电池是碱性电池的代表类型,其中镍氢电池在电动汽车动力电池中有应用。如图5-12所示为常见的镍镉电池和镍氢电池的圆柱形包装形式。

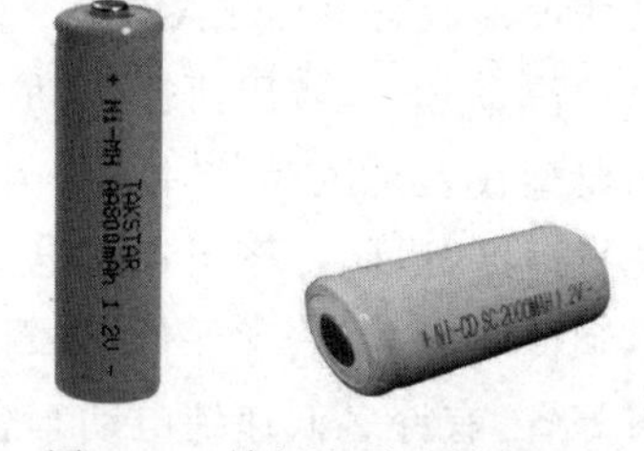

图5-12　镍镉电池和镍氢电池

5.2.1 与镍镉电池的特性对比

1. 镍镉电池的特性

镍镉电池(nickel-cadmium battery)因其碱性氢氧化物中含有金属镍和镉而得名。其标称电压为1.2V,具有使用寿命长(可充放电循环1000次以上)、机械强度高、密封性能好、使用温度范围大(−40～50℃)、维护保养方便、能耐受大电流的瞬时冲击等优点。

(1) 充放电性能。镍镉电池的标准电动势是1.299V,额定电压是1.2V,平均工作电压为1.20～1.25V。刚充完电的电池开路电压较高,可以达到1.4V以上,放置一段时间后,

正极不稳定的 NiO_2 发生分解，开路电压会降低到 1.35V 左右。镍镉电池的放电曲线比较平稳，只是在放电终止时电压突然下降，一般以 0.2C 放电时，电压稳定在 1.2V 左右。

(2) 倍率持续放电特性。动力镍镉电池允许大电流放电而不会损坏，允许放电倍率在 10C 以上，但是大电流放电时，电压下降很快，电池可放出的能量下降。

(3) 高低温放电性能。温度升高时，镍镉电池的容量会增加，但温度超过 50℃时，正极的析氧过电势降低，正极充电不完全；同时镉的溶解会随着温度上升而增大，迁移到隔膜中，容易形成镉枝晶，导致电池内部微短路；另外高温还会加速镍基板腐蚀和隔膜氧化，导致电池失效。

(4) 耐过充电和过放电性能。镍镉电池具有很好的耐过充电和过放电能力。1C 恒电流持续充电 2h，或强迫过放电不超过 2h，电池不会损坏。铅酸电池及锂离子电池在这种情况下将发生永久性损坏。

2. 镍镉电池存在的问题

(1) 记忆效应。镍镉电池长期不彻底充电、放电，易在电池内留下痕迹，降低电池容量，这种现象称为电池记忆效应。比如，镍镉电池长期只放出 80%的电量后就开始充电，一段时间后，电池充满电后也只能放出 80%的电量。记忆效应的产生和镍镉电池烧结制作工艺有关，使得电池在完全放电之前就重新充电时形成次级放电平台，该平台在下次循环中将其作为放电的终点。每次使用中任何不完全的放电都将加深这一效应，使电池的容量变得更低。

(2) 环境污染。镉是镍镉电池的必备原材料，但大量研究表明，人体内镉的半衰期长达 730 年，可蓄积 50 年之久，摄入或吸入过量的镉可引起肾、肺、肝、骨、生殖系统等的毒害效应及癌症。1993 年，国际抗癌联盟就将镉定为 IA 级致癌物。一般人在低剂量镉环境中暴露即可导致肾功能损伤、骨密度降低、钙排泄增加及生殖毒性。镉及其化合物是不可降解的环境污染物，可通过废水、废气、废渣大量流入环境，产生环境污染及健康危害。基于环境保护的原因，许多发达国家已建议禁止使用镍镉电池。

3. 镍氢电池的特性

镍氢(Ni-MH)电池是在镍镉电池的基础上发展起来的，相对于镍镉电池，其最大优点是环境友好，不存在重金属污染。民用镍氢电池又是以航天用高压氢镍电池为基础，由于高压镍氢电池采用高压氢，而且需要贵金属作为催化剂，很难为民用所接受。20 世纪 70 年代中期，研究者开始探索民用的低压镍氢电池。镍氢电池于 1988 年进入实用化阶段，1990 年在日本开始规模生产。目前，以储氢合金为负极材料的镍氢电池能满足混合动力电动汽车所要求的高能量、高功率、长寿命和足够宽的工作温度范围要求，这使其成为动力电动汽车电池市场的主流产品，同时该类电池也已经广泛地应用在电动工具、电动自行车等日常生活用品上。

同镍镉电池相比，镍氢电池具有以下特点：

(1) 能量密度高，同尺寸电池，容量是镍镉电池的 1.5～2 倍；

(2) 环境相容性好，无镉污染；

(3) 可大电流快速充放电，充放电倍率高；

(4) 无明显记忆效应;

(5) 低温性能好,耐过充放能力强;

(6) 工作电压与镍镉电池相同,为1.2V。

镍氢电池作为镍镉电池的换代产品,电池的物理参数,如尺寸、质量和外观完全可以与镍镉电池互换,电池性能也基本一致,充放电曲线相似,放电曲线非常平滑,电快要消耗完时,电压才会突然下降,故使用时可完全代替镍镉电池,而不需要对设备进行任何改造。镍氢电池的缺点是自放电与寿命不如镍镉电池,但也能实现1000次以上的循环和10年以上的寿命。根据报道,不少丰田混动Prius车主都表示在长达10多年,20万km以上的里程使用而无需更换电池。

5.2.2 镍氢电池的原理与结构

1. 镍氢电池的结构

镍氢电池由图5-13所示的几个部分构成,包括以镍的储氢合金为主要材料的负极板、具有保液能力和良好透气性的隔膜、碱性电解液、金属壳体、具有自动密封性的安全阀及其他部件。图示的圆柱形电池,采用被隔膜相互隔离开的正、负极板呈螺旋状卷绕在壳体内,壳体用盖帽进行密封,在壳体和盖帽之间用绝缘材质的密封圈隔开。

镍氢电池
工作原理

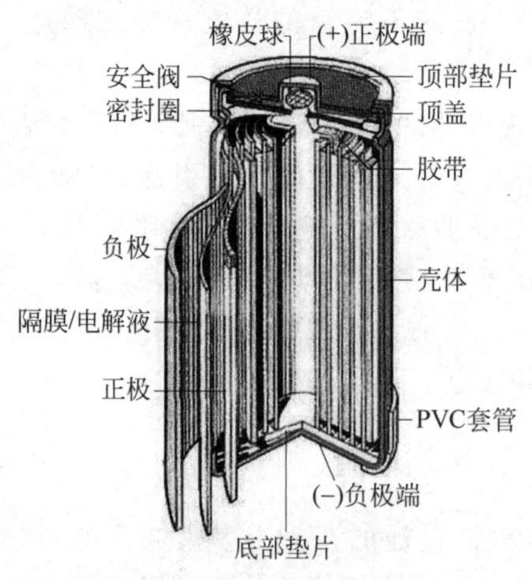

图5-13 镍氢电池组成

顾名思义,作为镍氢电池负极板的储氢合金就是可以储存氢气的合金。氢是化学周期表内最小、最活泼的元素,不同的金属元素与氢有不同的亲和力。将与氢之间有强亲和力的A元素与另一与氢有弱亲和力的B元素依一定的比例熔成A_xB_y合金,若A_xB_y合金内A原子与B原子间的空隙也排列得很规则,则这些空隙很容易让氢原子进出。当氢原子进入后形成$A_xB_yH_z$的三元合金,也就是A_xB_y的氢化物,此A_xB_y合金(主要包括AB、A_2B、AB_2、AB_3、AB_5、A_2B_7)即称为储氢合金。

储氢合金在进行吸氢/放氢化学反应(可逆反应)的过程中,伴随着放热/吸热的热反应(可逆反应),同时也产生充电/放电的电化学反应(可逆反应)。具有实用价值的储氢合金应该具有储氢量大、容易活化、吸氢/放氢的化学反应速率快、使用寿命长及成本低廉等特性。

目前常用的储氢合金主要为 AB_5 型（如 $NaNi_5$、$CaNi_5$）、AB_2 型（如 $MgZn_2$、$ZrNi_2$）、AB 型（如 TiNi、TiFe）、A_2B 型（如 Mg_2Ni、Ca_2Fe）几种。

2. 镍氢电池的工作原理

镍氢电池正极的活性物质为 NiOOH（放电时）和 $Ni(OH)_2$（充电时），负极板的活性物质为 H_2（放电时）和 H_2O（充电时），电解液采用 30%的氢氧化钾溶液，电化学反应如下：

负极反应式

$$xH_2O + M + xe^- \rightleftharpoons xOH^- + MH_x \tag{5-14}$$

正极反应式

$$Ni(OH)_2 + OH^- \rightleftharpoons NiOOH + H_2O + e^- \tag{5-15}$$

电池反应式

$$xNi(OH)_2 + M \rightleftharpoons xNiOOH + MH_x \tag{5-16}$$

从反应式也可以看出，镍氢电池的反应与镍镉电池相似，只是负极充、放电过程中生成物不同。从反应式也可以看出，镍氢电池在充、放电过程中，正、负极上进行电化学反应时不生成任何中间态的可溶性金属离子，也没有电解液中的任何组分消耗和生成，因而镍氢电池可以做成密封型结构。镍氢电池的电解液多采用 KOH 水溶液，并加入少量的 LiOH。隔膜采用多孔维尼纶无纺布或尼龙无纺布等。为了防止充电过程后期电池内压过高，电池中装有防爆装置。圆柱密封镍氢电池的结构如图 5-13 所示。当镍氢电池过充电时，金属壳内的气体压力逐渐上升。当该压力达到一定的数值后，顶盖上的限压安全排气孔打开，因此，可以避免电池因气体过大而爆炸。

镍氢电池放电时，正极上 NiOOH 得到电子还原成为 $Ni(OH)_2$，负极金属氢氧化物（MH_x）内部的氢原子扩散到表面形成吸附态氢原子，接着再发生电化学反应生成水和储氢合金。在镍氢电池出现过放电时，正极活性物质中的 NiOOH 已经消耗完了，这时正极上的水分子被还原为氢和 OH^- 离子。负极上由于储氢合金的催化作用，使 OH^- 离子与氢反应又生成水。

过充电时，正极上会析出氧，然后扩散到负极上发生去极化反应，生成 OH^- 离子。在电池过充电和过放电过程中，正、负极上发生的反应可以用下列式子表示：

正极　过充电析出氧

$$4OH^- \longrightarrow O_2 + 2H_2O + 4e^- \tag{5-17}$$

过放电析出氢

$$2H_2O + 2e^- \longrightarrow 2OH^- + H_2 \tag{5-18}$$

负极　过充电消耗氧

$$2H_2O + O_2 + 4e^- \longrightarrow 4OH^- \tag{5-19}$$

过放电消耗氢

$$H_2 + 2OH^- \longrightarrow 2H_2O + 2e^- \tag{5-20}$$

由此可知，储氢合金既承担着储氢的作用，又起到催化作用，在电池出现过充和过放电时，可以消除由正极产生的 O_2 和 H_2，从而使电池具有耐过充、过放电的能力。但随着充、放电的进行，储氢合金的催化能力逐渐退化，电池的内压就会上升，最终导致电池漏液失效。

5.2.3 镍氢电池的特性

1. 充电特性

镍氢电池的充电特性曲线如图5-14所示,该曲线大致可分为3段。

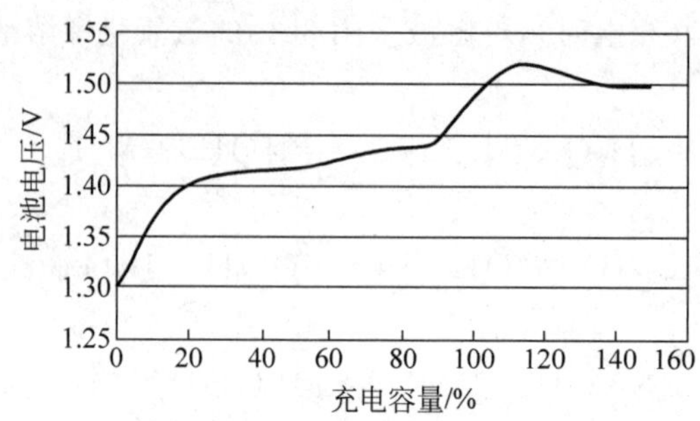

图5-14 镍氢电池的充电特性曲线

开始时电压上升较快,然后比较平坦。这是由于$Ni(OH)_2$的导电性极差,但充电产物NiOOH的导电性是前者的10倍,因而充电刚开始时,电压上升得很快。有NiOOH生成后,充电电压上升速率降低,电压变得平坦。随着充电过程的进行,当充电容量接近电池的额定容量的75%左右时,储氢合金中的氢原子扩散速度减慢。由于氧在储氢合金中的扩散速度受到负极反应速度的限制,以及此时正极开始逐步析出氧气,因而充电电压就再次呈现上升的趋势。当充电量超过电池设计容量之后就进入过充电阶段。此时正极析出的氧会在负极储氢合金表面进行还原、去极化,使负极电位正移,电池温度迅速升高,加之镍氢电池反应温度系数是负值,因此电池的充电电压就会下降。

镍氢电池常用恒流充电的方法进行充电,在充电过程中电池所达到的最高电压是镍氢电池的一个重要特性。充电最高电压越低,说明电池在充电过程中的极化越小,电池的充电效率越高,电池的使用寿命就越长。

采用该种方法,充电过程的终点控制是一个非常实际的问题。充电终点控制的方式主要有以下几种。

(1) 定时控制。设置一定的充电时间来控制充电终点,一般设定要充入110%额定容量所需的时间来控制。

(2) TCO,即最高温度控制。考虑电池的安全和特性应当避免高温充电,一般电池温度升高到60℃时应当停止充电。

(3) 电压峰值控制。充电过程中电池的电压达到峰值并保持,即$\Delta V=0$,据此判断充电的终点。

(4) dT/dt,即温度变化率控制。通过检测电池温度变化率峰值判断充电的终点。

(5) ΔT,即温度差控制。温度差为电池充满电时温度与环境温度之差。

(6) $-\Delta V$,即电压降控制。当电池充满电时,电压达到峰值后会下降一定的值,据此判断充电的终点。

定时控制和TCO控制方法用于早期的充电方式。目前一般采用dT/dt或者$-\Delta V$控制方式,同时综合电压峰值、充电时间或温度终止方式进行控制。

2. 放电特性

镍氢电池的工作电压为1.2V，指的是放电电压的平台电压，它是镍氢电池的重要性能指标。镍氢电池的放电性能随着放电电流、温度和其他因素的改变而改变。电池的放电特性受电流、环境温度等因素的影响，电流越大，温度越低，电池的放电电压和放电效率越低，而且长期大电流放电对电池的寿命也会造成一定的影响。电池的放电性能如图5-15所示。

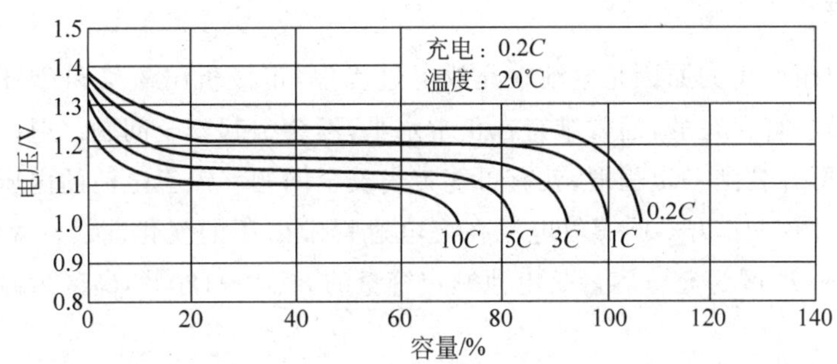

图5-15 镍氢电池的典型放电性能

截止电压一般设定在0.9～1.0V，如果截止电压设定的太高，则电池容量不能被充分利用，反之，则容易引起电池过放。

3. 容量特性

电池的实际容量受到理论容量的限制，但实际放电机制和应用工况密切相关。在高倍率即大电流放电条件下，电极的极化增强，内阻增大，放电电压下降的很快，电池的能量效率降低，电池的实际容量一般低于额定容量。相应地，在低倍率放电条件下，放电电压下降缓慢，电池实际放出的容量常常高于额定容量。镍氢电池的充电电流、搁置时间、放电终止电压和放电电流等均会对放电容量产生影响。

(1) 充电电流对放电容量的影响。如式(5-14)的充电负极反应方程式所示，该反应中消耗电荷生成OH^-，电荷不能再释放利用，因而电池的充电效率总是小于100%。随着充电电流倍率增大，电极极化增加，将加剧镍氢电池中氧气析出的复合反应，如式(5-17)所示，导致充电效率和放电容量降低。

基于该反应原理，放电容量随充电容量的变化也体现为随充电过程进行，电池SOC升高，电池可放电容量增加，初期可放电容量增加较快，随充电过程中复合反应出现，可放电容量增加速度减缓，最终可放电容量将达到稳定值。

(2) 搁置时间对放电容量的影响。搁置时间对镍氢电池放电容量的影响本质上就是镍氢电池的自放电问题。搁置时间对放电容量的影响是由于金属氧化物不稳定引起的，这种不稳定性在刚充完电或高荷电状态时表现尤为明显，因而镍氢电池的放电容量随搁置时间的延长而下降，搁置的开始阶段容量下降较快。

(3) 放电电流对放电容量的影响。电池在放电过程中，其端电压由下式确定：

$$U = E - Ir \tag{5-21}$$

式中，E为电化学体系的电动势。

对于采用相同正负极活性物质及电解液组成的镍氢电池来说,E 为一定值,因而其端电压主要由放电电流 I 和内阻 r 来决定。

(4) 放电终止电压对放电容量的影响。放电终止电压直接影响放电时间,而放电容量实际是放电电流与放电时间的乘积,因而放电容量随放电终止电压的降低而增加。但镍氢电池的放电电压不能无限地降低,一般选定在 0.9V 左右。过低将出现过放电现象,影响镍氢电池的使用寿命。

4. 内压特性

镍氢电池内压产生的原因是电池在充放电过程中,正极析出氧气和负极析出氢气。镍氢电池的内压是一直存在的,通常维持在正常水平,不会引起安全问题。但是在过充或过放情况下,电池内压升高到一定程度,就有可能带来安全问题。镍氢电池的内压与充电方式及荷电状态有关。图 5-16 为不同镍氢电池在充电过程中内压的变化曲线。A 区是从开始充电到 SOC=50%,B 区为充电容量是电池额定容量的 80%~120%,C 区为停止充电的搁置区域。

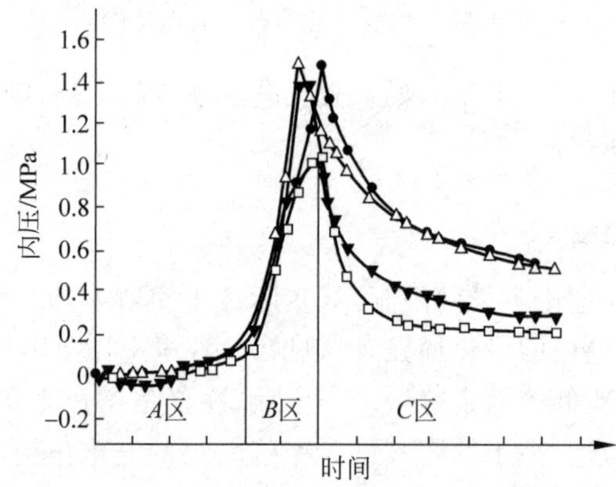

图 5-16 不同镍氢电池充电过程内压变化曲线

从图 5-16 中可以看出,在电池荷电状态达到 100%以前,内压增加平缓;当荷电超过 100%后,内压急剧增加。因此,过充电的镍氢电池存在一定的安全隐患。

试验数据也表明,随着电池充电、放电循环次数增加,内压也会逐渐升高,同时电池中氢、氧气体比例也会发生变化。镍氢电池中电解液的量也会影响电池内压,电解液过多会使内压升得很高。

5. 温度特性

由于电池中电极材料的活性和电解液的电迁移率都与温度密切相关,因此环境温度对镍氢电池性能的影响非常关键。

镍氢电池在高温环境下,由于温度高有利于合金中氢原子的扩散,提高了合金的动力学性能,且电解液中 KOH 的电导率也随温度升高而增加,电池放电容量明显比低温时放电容量大。但温度过高(一般超过 45℃)时,虽然电解质电导率增大,电流迁移能力增强,迁移内阻减小，但电解液溶剂水分蒸发快，增加了电解液的欧姆内阻，两者相互抵消，放电容量将不再增加。

镍氢电池的正常储存温度是－20～45℃，最佳储存温度为10～25℃。一般情况下，当温度降到低于－20℃时，电池中的电解液会凝固，电池内阻会变得无穷大，电池内部可能发生不可逆的变化，导致电池无法激活到正常状态，甚至无法使用。当温度超过45℃时，电池自放电速率大大加快，电解液会发生副反应而产生大量气体，电极片中的辅助材料可能变质失效，从而导致整个电池逐渐老化和容量衰减，甚至短期内失效。

6. 储存特性和循环寿命

镍氢电池在储存过程中容量下降主要是由于电极自放电引起的，自放电率高对电池储存非常不利，所以一般镍氢电池都遵从即用即充原则，不适宜较长时间放置。电池储存条件为：存放区保持清洁、凉爽、通风；温度在10～25℃之间，一般不应超过30℃；相对湿度不大于65%为宜。除了合适的储存温度和湿度条件外，还必须注意以下两点：

(1) 长期放置的电池应该采用荷电状态储存，一般可以预充50%～100%的电量。

(2) 在储存过程中，要保证至少每3个月对电池充电一次，以恢复到饱和容量。这是因为放完电的电池储存过程一方面会继续自放电造成过放，另一方面电池内正负极、隔膜和辅助材料会发生严重的电解液腐蚀和漏液，对电池整体性能造成致命损害。

镍氢电池的循环寿命受充放电湿度、温度和使用方法的影响。在现在的技术状态下，当按照IEC标准充放电时，充放电循环可以超过1000次。在电动车辆上，镍氢电池一般采用浅充浅放的应用机制，即SOC在40%～80%之间应用，因此电池的使用寿命可以达到10年以上。

电池失效的原因有很多方面，主要有电解液的损耗、电极材料的改变和隔膜的变化。上述反应和损失随着电池的充放循环而发生，并且是不可逆的。只能通过正负极材料的掺杂改性、电解液与隔膜工艺的优化、电池结构的改进等减缓其发生以提高电池的循环使用寿命。

5.2.4　镍氢电池的应用

1. 混合动力汽车

由于镍镉电池中镉元素对环境的污染问题和对人体的伤害，镍氢电池逐步成为碱性动力电池应用的主体。镍氢电池有着不错的功率密度，1.3kW・h能量的模组就可实现20多千瓦的输出，使其足以满足车辆的功率需求。镍氢电池满足混合动力电动汽车高功率密度的要求，该类电池目前在混合动力电动汽车尤其是在日系车型中应用广泛，如丰田凯美瑞混合动力汽车、普锐斯、雷克萨斯CT200、本田思域等，如图5-17所示。福特公司推出的Escape混合动力汽车也采用了额定电压在300V左右的镍氢电池组。

丰田普锐斯混合动力汽车采用镍氢电池作为动力电源。普锐斯的HV蓄电池采用的就是288V、6.5A・h的镍氢动力电池。该电池组可以通过发电机实现充放电，且输出功率大、质量轻、寿命长、耐久性好。

图 5-17 丰田凯美瑞与普锐斯混合动力汽车

新途锐混合动力车采用镍氢电池作为动力电源,如图 5-18 所示。新途锐混合动力车型是大众汽车旗下第一款采用了电驱动技术的车型。途锐混合动力车通过结合电力驱动、车辆滑行、能量回收和起动-停车系统四个方面的技术,使得重达 2.3t 的 SUV 在城市路况的燃油效率较同级别车型提高了 25%;在城市、高速公路和乡间的综合路况,平均油耗则降低了 17%。

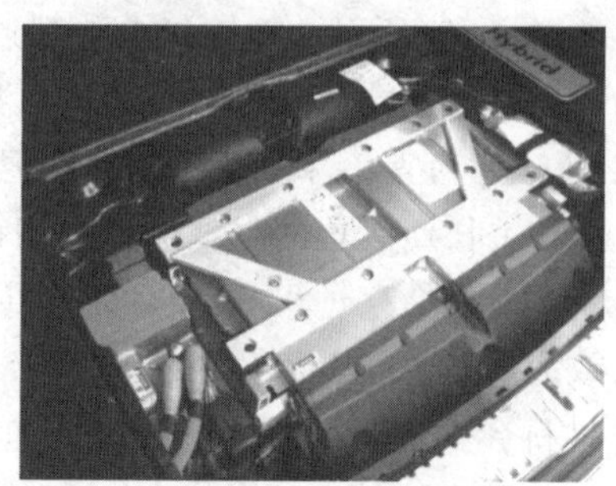

图 5-18 新途锐混合动力汽车用镍氢电池

(1) 电力驱动:在这种模式下,发动机关闭,车辆完全以电力驱动前行(最高时速 50km/h),实现了零排放,并且不消耗燃油。

(2) 车辆滑行:驾驶者完全放开加速踏板,在离合装置的控制下,V6TSI 发动机与变速器完全脱离,避免了不必要的摩擦损耗,以最小的能量使车辆滑行距离更长。

(3) 能量回收:在制动或减速过程中,电动机转换为发电机,将多余能量回收,储存于高压蓄电池中。

(4) 起动-停车:车辆制动停止,发动机自动关闭;再次踩踏加速踏板,车辆起动前行。在拥堵的城市路况,节油效果明显。

与锂电池相比,镍氢电池主要劣势在于能量密度和成本。镍氢电池能量密度一般在 40~70W·h/kg,差不多只有磷酸铁锂电池的一半,三元电池的三分之一。此外,目前镍氢电池的成本是锂电池的两倍甚至更高。

2. 电动大巴车

国内已有一些企业开展镍氢电池在电动汽车应用上的研发。中国一汽、东风汽车公司在大连、武汉等地示范营运的混合动力公交客车(见图 5-19)均采用镍氢动力电池系统。镍氢电池组功率密度可达 1000W/h 以上,能量密度可达 55W·h/kg 以上。

2016 年 8 月电容型镍氢动力电池取得研发突破,在山东省获得应用,我国三北地区(东北、西北、华北)冬季严寒时节纯电动公交车运行难的现状有望改观,该车型外观如图 5-20 所示。百辆配载电容型镍氢动力电池的纯电动公交车在淄博市上线安全运行千万千米。电容型镍氢动力电池纯电动公交车产业化的实施,将促进我国镍氢电池产业和稀土储氢合金材料产业的发展,拓展镧、铈、镨、钕等稀有金属的消费市场,促进国内稀土资源平衡利用。

图 5-19　混合动力电动客车及其车用镍氢电池组

图 5-20　电容型镍氢动力电池大巴

该类型电动大巴使用的电容型镍氢动力电池兼具镍氢电池能量密度高、超级电容器功率密度大的优点，并且两者协同效应好，2011 年 10 月，该产品通过国家“863”动力电池测试中心检测。实验室数据显示，对 200A·h 电容型镍氢动力电池进行循环检测，检测 3000 次以上，其电池容量仅衰减 2%；对 200A·h 电容型镍氢动力电池采用 330A 充电 10min，80A 放电 40min，模拟公交车行驶里程 131.6 万 km，其电池容量仅衰减 8%。另据实车运行数据，第一辆装配 200A·h 电容型镍氢动力电池的 12m 纯电动公交车，行驶 20.89 万 km，其电池容量衰减小于 5%，电容型镍氢动力电池一致性保持在 50mV 以内。

3. 电动工具

长期以来，镍氢电池在高功率和大电流性能方面一直不如镍镉电池，因此，小型电动工具市场长期以来被镍镉电池垄断。随着镍氢电池技术的进步以及社会对环境的问题日趋重视，2003 年，欧洲不再允许使用镍镉电池，给镍氢电池的发展提供了一个良好的机会。目前，高功率镍氢电池已进军电动工具市场并逐步替代镍镉电池，成为该市场的主流电池之一。2014 年电动工具出货量 7200 万台，其中对镍氢需求量为 3600 万支。与此同时，电动工具用镍镉镍氢电池正趋向锂离子电池转移，对镍氢电池需求量将逐步下降。

5.3　燃料电池

燃料电池(fuel cell，FC)是一种将存在于燃料和氧化剂中的化学能直接转化为电能的发电装置。燃料电池主要通过氧或其他氧化剂进行氧化还原反应，把燃料中的化学能转换成电能。最常见的燃料为氢,其他燃料来源于任何能分解出氢气的碳氢化合物,例如天然气、醇和甲烷等。燃料电池有别于原电池,优点在于通过稳定供应氧和燃料来源,即可持续不间断地提供稳定电力,直至燃料耗尽,不像一般非充电电池一样用完就丢弃,也不像充电电池一样,用完须继续充电。通过电堆串联后,甚至能成为发电量百万瓦(MW)级的发电厂,燃料电池是继水力、火力和核能发电之后的第四类发电技术。

5.3.1 燃料电池概述

燃料电池的开发历史相当悠久,第一个燃料电池是1839年格罗夫(W. Grove)发明的,原理和上文讨论的电池非常类似,自此拉开了燃料电池发展的序幕。20世纪50年代,培根(F. T. Bacon)成功地开发了多孔镍电极,并制备了5kW碱性燃料电池系统,这是第一个实用性燃料电池。20世纪90年代,质子交换膜燃料电池(PEMFC)采用立体化电极和薄的质子交换膜之后,技术取得一系列突破性进展,极大地加快了燃料电池的实用化进程。

燃料电池与普通化学电池类似,两者都是通过化学反应将化学能转换成电能。然而从实际应用角度,两者之间存在着较大差别。普通电池是将化学能储存在电池内部的化学物质中。当电池工作时,这些有限的物质发生反应,将储存的化学能转变成电能,直至这些物质全部发生反应。因此,实际上普通的电池只是一个有限的电能输出和储存装置。但是燃料电池与常规化学能源不同,它更类似于汽油或柴油发动机。它就像个工厂的厂房,将存储在燃料中的化学能转化成电能。它的燃料(主要是氢气)和氧化剂(纯氧气或空气)不是储存在电池内,而是储存在电池外的储罐中。当电池发电时,需连续不断地向电池内送入燃料和氧化剂,排出反应生成物——水(见图5-21)。燃料电池本身只决定输出功率的大小,其发出的能量由储罐内燃料与氧化剂的量决定。因此,确切地说,燃料电池是一个适合车用的、环保的氢氧发电装置。

燃料电池结构

图5-21 氢-氧燃料电池电能转化

在燃料电池中,氢气的"燃烧"反应可以分解成两个半化学反应:

$$H_2 \rightleftharpoons 2H^+ + 2e^- \tag{5-22}$$

$$\frac{1}{2}O_2 + 2H^+ + 2e^- \rightleftharpoons H_2O \tag{5-23}$$

将这两个反应从空间上分隔开来,由燃料转换而来的电子在上述反应完成之前通过外电路流出(构成电流)并用以做功。这个空间隔离是由电解质来实现的。电解质是一种只允许离子(带电的原子)流过而不允许电子流过的材料-质子交换膜。一个燃料电池至少应该有两个电极,它们是两个半电化学反应的地方,电解质把它们隔开来。燃料电池基本原理如图5-22所示。

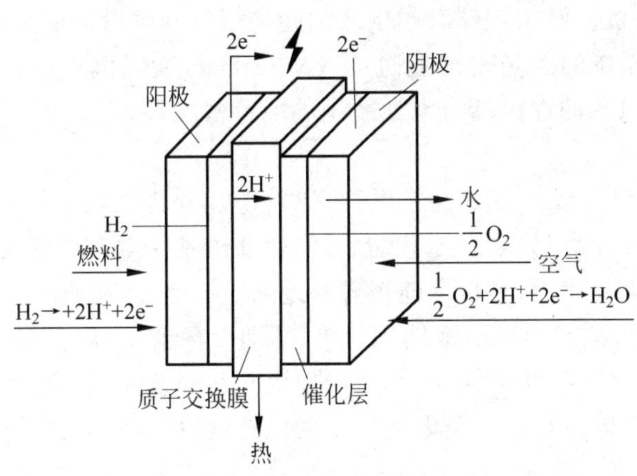

图 5-22　燃料电池基本原理

5.3.2　燃料电池特点及分类

氢气作为一种可再生气体，长久以来在工业现场可安全储存及大量使用。氢能源由于在空气中结合氧气燃烧后只生成水，完全不产生尾气等有害物质，不会造成环境污染。氢气不仅可降低原料成本，还可确保安全性，氢燃料电池以其独特的特性决定了它必将逐渐成为理想的绿色代替能源。

1. 燃料电池特点

燃料电池就是一个"工厂"。只要有燃料提供它就会发电，所以它与内燃机有一些共同的特性。另外，燃料电池是依靠电化学原理而工作的电化学能量转化装置，所以它又与原电池有一些共同的特性。事实上，燃料电池结合了内燃机和原电池的许多优点。

（1）能量转换效率高。内燃机也是"化学工厂"，它们也是将存储在燃料中的化学能转化成有用的机械能或电能，因此其能量转换效率不受"卡诺循环"的限制，燃料电池的能量效率通常为 40%～60%；如果废热被捕获使用，其热电联产的能量效率可高达 97%。

（2）环境友好。燃料电池几乎不排放氮和硫的氧化物，二氧化碳的排放量也比常规发电厂减少 40%以上；工作时声音非常小，噪声污染小。对于氢燃料电池而言，其化学反应产物仅为水，无大气污染物排放，可实现零污染。

（3）使用寿命长。通常的化学电池氧化剂和还原剂共存于一个电池体中，电池使用寿命比较短。燃料电池与常规电池不同之处在于它的燃料和氧化剂不是储存在电池中，而是储存在电池外部的储罐中。理论上如果不间断供给燃料，电池能实现长时间的不间断供电，这是其他普通的化学电池不能比拟的。

（4）燃料多样。虽然燃料电池的工作物质主要是氢，但它可用的燃料有煤气、沼气、天然气等气体燃料，甲醇、轻油、柴油等液态燃料，甚至包括洁净煤。可以因地制宜采用不同燃料或组合，达到就地取材、节省资金的目的。

（5）能量密度高。燃料电池电堆相当于一个发动机，它决定电动汽车的功率，也就是速度和加速性，而燃料电池系统的整体能量则取决于"油箱"，也就是储氢系统所储存的氢气质量。丰田 Mirai 的质子交换膜(PEMFC)电堆功率密度达到 3.1kW/L 的水平，这个功率指标已经非常接近汽油机。使用宇部兴产生产的超高压碳纤维增强尼龙储氢瓶可以储存 5kg 氢气,整个燃料电池系统的能量密度超过 350W·h/kg,续航里程达到了 650km 水平。相比之下,特斯拉 Model S 的锂电动力电池系统的能量密度仅为 156W·h/kg,其理论续航里程为 480km。

(6) 功率和容量可扩展。不像普通电池,燃料电池允许在功率(由燃料电池尺寸决定)和容量(由燃料存储尺寸决定)之间随意缩放,而普通电池中功率和容量的关系通常是相互关联的,因此很难做大尺寸,而燃料电池很容易地从 1 瓦级(手机)做到兆瓦级(动力工厂)。

(7) 方便、灵活、可靠。燃料电池结构简单,辅助设备较少,几乎可以在任何需要用电的地方发电,不需要输电线路;灵活性大,功率可以由几瓦到兆瓦级;可靠性高,燃料电池效率与负载无关,由于整个电池是由单个电池串联的电池组再并联,维修方便。

虽然燃料电池呈现出许多吸引人的优势,但是它也存在一些严重的不足。燃料电池应用中的瓶颈主要是成本高。由于成本的限制,目前燃料电池技术只是在几个特殊的应用领域(如航天飞行器)具有经济竞争力。不过随着燃料电池催化剂使用量的减少以及整体开发设计的优化,其价格和使用成本将以每年 20%的速度减少,丰田 Mirai 燃料电池汽车初始售价为 58365 美元,丰田计划至 2030 年燃料电池汽车的价格可以下降至同等级别混动车型的价格。

燃料的可用性和存储性带来了更深的难题。燃料电池以氢气为燃料时工作性能最佳,但氢气并非随处可得,氢气体积能量密度较低,并且难以存储(见图 5-23)。其他替代燃料(如汽油、甲醇和甲酸)很难直接利用,而通常需要重整。这些问题均会降低燃料电池的性能及增加对辅助设备的要求。

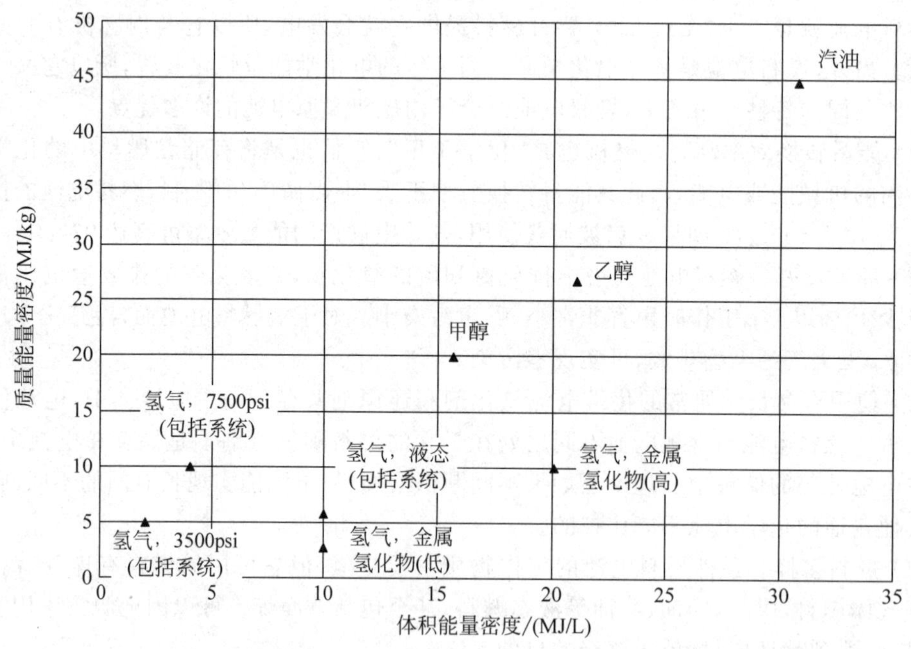

图 5-23 不同物质体积能量密度对比(1psi=6.89kPa)

燃料电池的其他局限性包括工作温度的兼容性、对环境毒性的敏感性及起/停循环中的耐久性。这些不足不易被克服,除非从技术上解决这些瓶颈问题,否则燃料电池的应用将受限制。

2. 燃料电池分类

根据电解质的不同，燃料电池可分为5大类型：碱性燃料电池、质子交换膜燃料电池、磷酸型燃料电池、碳酸型燃料电池、固体氧化物燃料电池。不同燃料电池的分类及应用场景如图5-24所示。

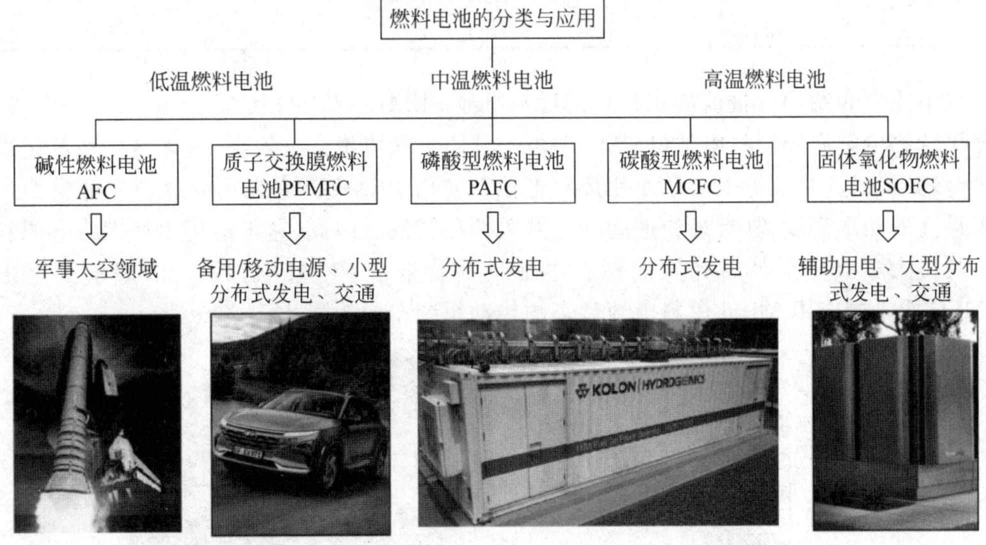

图5-24　燃料电池应用

虽然这5类燃料电池都是基于相同的电化学基本原理，但它们却工作在不同的温度区域，使用不同的材料，而且对燃料的抗毒性以及性能特性也不同，具体特性参见表5-4。

表5-4　不同燃料电池性能特性

分类		PEMFC 固体高分子	AFC 碱性	PAFC 磷酸	MCFC 熔融碳酸盐	SOFC 固体氧化物
电解质	电解质材料	聚合物膜	液态KOH（固定不动的）	液态磷酸盐（固定不动的）	碳酸锂，碳酸钠，碳酸	陶瓷，比如稳定氧化锆
	移动离子	H^+	OH^-	H^+	CO_3^{2-}	O^{2-}
反应	催化剂	铂	铂	铂	镍	钙钛矿（陶瓷）
	阳极	$H_2 \longrightarrow 2H^+ + 2e^-$	$2H_2 + 4OH^- \longrightarrow 4H_2O + 4e^-$	$H_2 \longrightarrow 2H^+ + 2e^-$	$H_2 + CO_3^{2-} \longrightarrow H_2O + CO^2 + 2e^-$	$H_2 + O^{2-} \longrightarrow H_2O + 2e^-$
	阴极	$O_2 + 2H^+ + 2e^- \longrightarrow H_2O$	$O^2 + 2H_2O + 4e^- \longrightarrow 4OH^-$	$O_2 + 2H^+ + 2e^- \longrightarrow H_2O$	$O_2 + CO_2 + 2e^- \longrightarrow CO_3^{2-}$	$O_2 + 2e^- \longrightarrow O^{2-}$
运行温度/℃		80～100	60～220	190～200	600～700	700～1000
燃料		氢	氢	氢	氢、一氧化碳	氢、一氧化碳
发电效率/%		30～40	70	40～45	50～65	50～70
设想发电能力		数瓦至数十千瓦	数十兆瓦	100W至数百千瓦	250kW至数兆瓦	数千瓦至数十兆瓦

续表

分　类	PEMFC 固体高分子	AFC 碱性	PAFC 磷酸	MCFC 熔融碳酸盐	SOFC 固体氧化物
设想用途	手机、家庭电源、汽车	航天	发电	发电	家庭电源、发电
开发状况	家庭用实用化、汽车2015年实用化	早在1960年，就运用于航空航天	废水处理厂、医院、应急电源		家庭用实用化、大型定制开发中

以下主要介绍两种目前应用较多的燃料电池PEMFC和SOFC。

聚合物电解质膜燃料电池(PEMFC)由一种质子导体聚合电解质(通常是一种氟化磺酸基聚合物)构成。目前绝大多数车用燃料电池都使用PEMFC，它在所有燃料电池类型中表现了最高的功率密度，具有最快速起动和开关循环特性。因此，它很适用于便携式电源和运输工具。大多数汽车公司开发的燃料电池也都着重于PEMFC。图5-25展示了一张由PEMFC驱动的丰田Mirai燃料电池汽车的传动系统布局的图片。

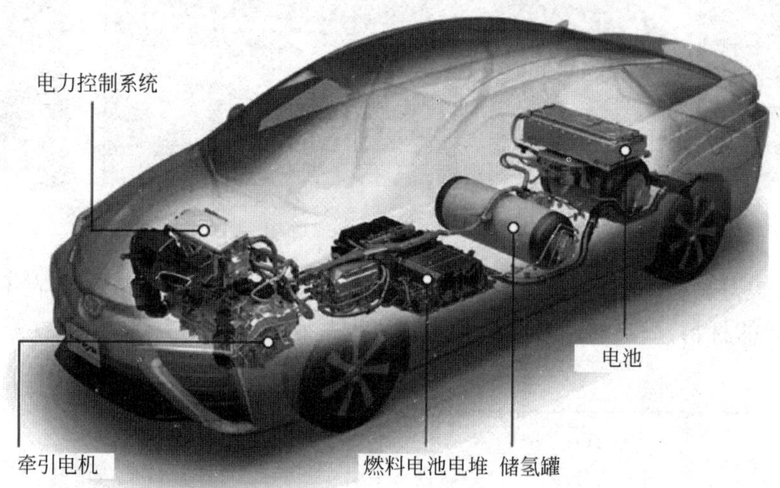

图5-25　丰田Mirai燃料电池汽车传动系统

丰田Mirai行驶里程达到502km，包含一个114kW的燃料电池电堆，比前一代燃料电池概念车可输出功率提升了两倍之多。丰田汽车另一特点为拥有3.0kW/L输出功率密度的燃料电池系统。该款燃料电池汽车采用丰田专利的小型轻量化燃料电池堆叠技术，并配置了设计在车体下方的70MPa高压储氢罐。

PEMFC的优点如下：

(1) 在所有燃料电池类型中功率密度最高；

(2) 好的开关能力；

(3) 低温工作环境使之适合便携式应用。

PEMFC的缺点如下：

(1) 使用昂贵的铂催化剂；

(2) 需要良好的动态热管理和水管理；

(3) 对CO和S容忍度很差。

固体氧化物燃料电池(SOFC)使用固体陶瓷电解质。最流行的电解质材料是氧化钇稳定的氧化锆(YSZ),它是氧离子导体。在SOFC中,陶瓷电解质是固态的,镍-YSZ金属陶瓷阳极和陶瓷混合导体阴极保证高温工作时的热学性质、机械性质及催化性质。水在阳极产生,而不像PEMFC在阴极产生。图5-26为SOFC的示意图,图5-27为SOFC原型图片。

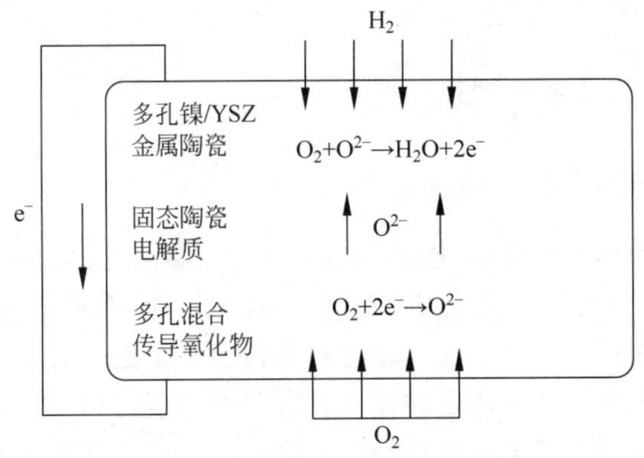

图5-26 氢-氧SOFC示意图

图5-27 美国布鲁姆能源公司(Bloom Energy)SOFC产品

目前,SOFC的工作温度是600～1000℃。高的工作温度既有优势也带来挑战。挑战包括电池堆硬件、封装和电池互连等问题。高温环境使得对材料、机械强度、可靠性以及热膨胀匹配的要求都变得更加严格。优势包括燃料选择的灵活性、高效性还有可能利用其产生的高质量废热来构建热电联合生产装置。SOFC的电效率是50%～60%;若将热设备和电力设备联合,效率可超过90%。

中温SOFC(400～700℃)的设计可去除大多因为高温运行带来的劣势,而同时保持SOFC的显著优势。这种SOFC可以使用更低廉的封装技术、坚固而且低廉的金属(而不是陶瓷)电堆组件。同时,这种SOFC仍然能提供高效率和燃料选择的灵活性。当然,在较低温度SOFC的常规运行能实现之前,还有很多根本性的问题有待解决。

SOFC的优点如下:

(1) 燃料选择的灵活性;

(2) 非贵重金属催化剂;

(3) 高质量的废热可供热电联供;

(4) 固体电解质；

(5) 相对高的功率密度。

SOFC 的缺点如下：

(1) 显著的高温材料问题；

(2) 封装问题；

(3) 相对高昂的组件。

5.3.3 燃料电池工作特性

1. 燃料电池工作原理

动力系统特性

燃料电池电流的大小与反应物、电极和电解质的接触面的面积成正比，如果燃料电池的面积增加 1 倍，产生的电流也会大约增加 1 倍。这是因为，燃料电池通过将其初始的能源(燃料)转化为电子流而产生电能。这一转化必须包括一个能量转移的过程，即燃料的能量传递给电子从而构成电流。这一能量转移具有有限的速度，并且必须发生在反应表面和界面，因此，产生的电量就和用于能量转换的反应表面或界面的有效面积成比例，较大的表面对应转化较大的电流。

为了提供大的反应表面，使表面与体积之比最大化，通常把燃料电池设计成薄的平板结构，如图 5-28 所示。电极是高度多孔的，以便进一步提高反应表面积，并保证气体很好地进入。平板结构的一边提供燃料(阳极电极)，而另一边提供氧化物(阴极电极)，一个薄的电解质层将燃料和氧化物从空间隔开，以保证两个独立的半反应发生时相互隔离。

图 5-29 是一个详细的平板燃料电池的截面图。以此图为指南，介绍燃料电池产生电的主要步骤，如数字指示，这些步骤如下：①反应物输入(输送到)燃料电池；②电化学反应；③离子通过电解质传导，电子通过外电路传导；④反应产物从燃料电池中排出。

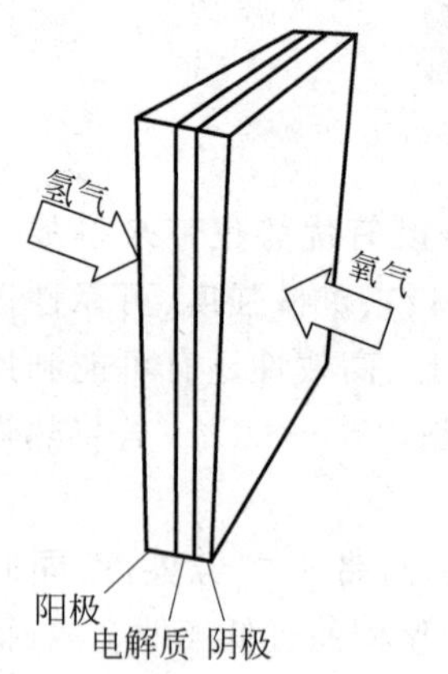

图 5-28 燃料电池中简化的阳极-电解质-阴极平板结构

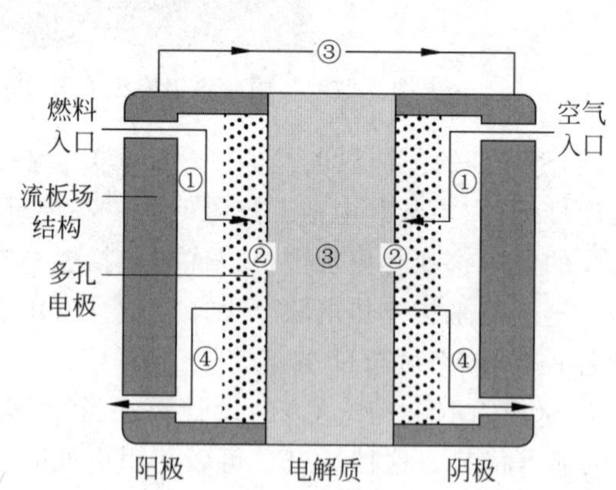

图 5-29 燃料电池电化学产生电流主要步骤

第一步：反应物传输。燃料电池为了产生电，必须为其连续不断地提供燃料和氧化物。当燃料电池工作在高电流时，它对反应物的需求很强，如果反应物的供应不够快，那么燃料电池会“挨饿”。利用流场板结合多孔电极结构可以最有效地实现反应物的高效率的运输。

流场板包括许多精细的沟道或沟槽，使得气体流动并分布于燃料电池表面。

第二步：电化学反应。一旦反应物被输送到电极，它们一定会进行电化学反应。燃料电池产生的电流与电化学反应进行的速度直接相关。电化学反应速度越快，燃料电池产生的电流越大。显然，我们渴望高电流输出。因此，催化剂通常用来提高电化学反应的速率和效率。燃料电池的性能非常依赖于合适的催化剂选择和精细的反应区域的设计。

第三步：离子(和电子)传导。第二步中发生的电化学反应将产生或消耗离子和电子。一边电极产生的离子必将在另一边的电极消耗，电子也一样。为了保持电荷平衡，这些离子或电子必须从它们产生的区域传输到它们消耗的区域。对电子而言，这种传输过程相当容易，一旦有一个导电路径存在，电子就会从一个电极流向另一个电极。然而对于离子而言，离子比电子大许多并且重许多，因此传输也要困难许多。离子传输可能出现显著的电阻损耗，从而降低燃料电池的性能。为了减弱这种影响，燃料电池的电解质应尽可能薄，以缩短离子传导的路径。

第四步：生成物排出。除了电，所有燃料电池的反应物还会产生一种生成物。氢氧燃料电池会生产水，碳氢燃料电池会生成水和碳氧化合物(CO_2)。如果这些生成物不从燃料电池中排出，它们就会在电池中随着时间逐渐积累，阻止新的燃料和氧化物反应，最终使电池“窒息”而死。幸运的是，输送反应物进入燃料电池的行为通常也会有助于将生成物排出燃料电池。对于某些燃料电池(如 PEMFC)，由于生成物水而引起的“溢流”则是一个主要问题。

2. 燃料电池特性

燃料电池的特性可以用它的电流-电压特性图概述。该图叫作电流-电压(i-V)曲线图，显示在一个给定电流输出时燃料电池的电压输出。图 5-30 就是一个 PEMFC 典型的 i-V 曲线。注意这里的电流已经按燃料电池的有效面积标准化，给出的是电流密度(A/cm^2)。因为大的燃料电池比小的燃料电池产生更多的电量，i-V 曲线被燃料电池面积标准化可使结果具有可比性。

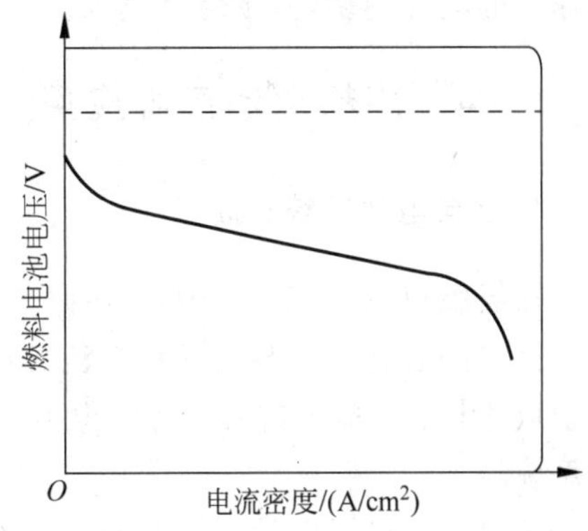

图 5-30　燃料电池 i-V 曲线示意图

当维持一个由热力学决定的恒定电压时，一个理想的燃料电池将输出任何量的电流(只要有充足的燃料补给)。然而实际应用中，真正的燃料电池实际电压输出比理想的热动力学预计的电压要小。此外，实际燃料电池的电流输出越多，电池的电压输出就越低，从而限制了可以释放的总功率。一个容纳电池释放的功率(P)由电流和电压乘积给出：

$$P = Vi \tag{5-24}$$

反映燃料电池的功率密度和电流密度的函数关系的功率密度曲线可以由燃料电池 i-V 曲线中的信息构造。在 i-V 曲线中，每一点的电压值乘以相对应的电流密度值就可得到功率密度曲线。图 5-31 就是一个燃料电池 i-V 曲线和功率密度曲线组合的例子。左边纵坐标给出了燃料电池的电压，右边纵坐标给出的是功率密度。

i-V 曲线中，每一点的电压值乘以相对应的电流密度值就可得功率密度曲线。燃料电池的功率密度随电流密度的增加而增加，达到最大值，然后在较高的电流密度区下降。燃料

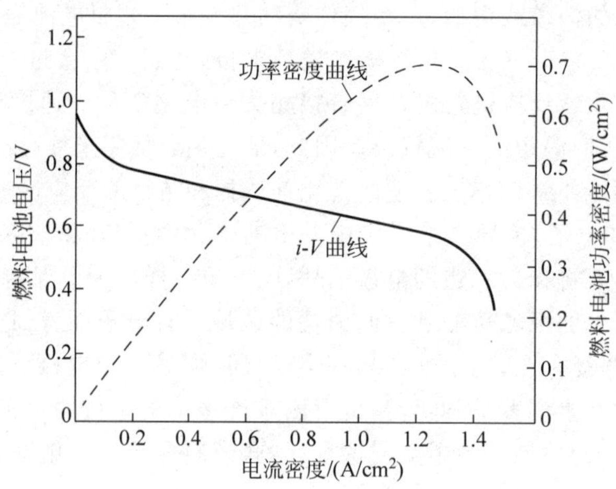

图 5-31 i-V 曲线和功率密度曲线组合图

电池一般设计成工作在功率密度的最大值或低一些的值。在低于功率密度最大值处的电流密度处,电压效率提高,而功率密度降低。在高于功率密度最大值处的电流密度处,电压效率和功率密度都降低。

燃料电池输出的电流直接和燃料的消耗量成正比,因此,燃料电池电压下降时,单位燃料产生的电功率也下降。由此可见,燃料电池电压可以用来衡量燃料电池的效率。可以将燃料电池电压轴看作"效率轴"。因此技术上成功地实现高电流负载下维持燃料电池的高电压是非常关键的。遗憾的是,在电流负载下保持燃料电池的高电压是很困难的。由于不可避免的损耗,实际的燃料电池的电压输出总是低于热力学理论预计的电压输出。从燃料电池输出的电流越多,其损耗就越大。

5.3.4 燃料电池系统应用

1. 燃料电池系统组成

在氢燃料电池产业链中,上游是氢气的制取、运输和储藏,在加氢站对氢燃料电池系统进行氢气的加注;下游是燃料电池的应用场景,主要包括便携应用、固定应用、交通运输三个领域;中游是最关键的氢燃料电池系统,将电堆和配件两大部分进行集成,形成氢燃料电池系统。

任何一个燃料电池系统的最终目标就是在合适的时间为合适的场合提供适量的动力。为了达到这个目标,一个燃料电池系统通常包括带有一套附属配件的燃料电池组。需要燃料电池组是因为单个燃料电池在正常电流水平只能提供 0.6～0.7V 的电压(这是由燃料电池中发生反应的热力学决定的),除此之外的其他配件用于维持电池的正常运行。这些配件包括提供燃料供应、冷却、功率调节、系统监控等装置。通常这些附属装置所占用的空间(和花费)与燃料电池本身相当,甚至更多,图 5-32 给出一个典型的 PEMFC 燃料电池系统的组成。

燃料电池系统是燃料电池汽车最基本的、最核心的部分。燃料电池汽车与动力电池汽车最大的不同是利用了氢氧反应生电。燃料电池系统主要由电堆、燃料处理器、氢气循环系统、热管理系统和空气压缩机组成。每一个系统组成部件都有其特有的关键技术,其中电堆

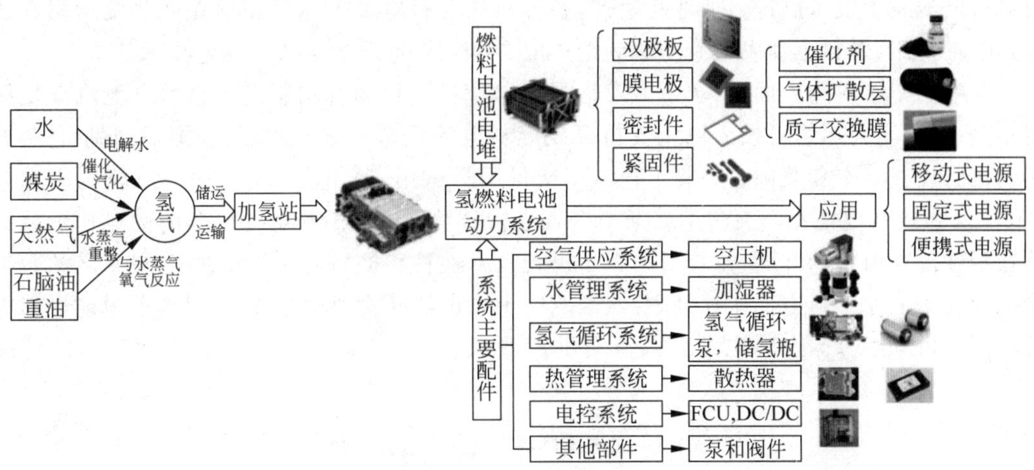

图 5-32　PEMFC 系统组成

技术最为关键。

为了满足一定的输出功率和输出电压的需求，通常将燃料电池单体按照一定的方式组合在一起构成燃料电池堆，并配置相应的辅助设备(balance of plant，BOP)，同时在燃料电池控制单元的控制下，实现燃料电池的正常运行，共同构成燃料电池系统。用作车辆动力源的燃料电池系统，称为燃料电池发动机。燃料电池堆是燃料电池发动机的核心，BOP 维持电堆持续稳定安全地运行。燃料电池发动机辅助系统主要包括空气压缩机、燃料电池用加湿器、氢气循环泵、压力调节器和系统控制单元。

燃料电池堆包括电极、质子交换膜(PEM)、双极板、气体扩散层(GDL)、端板等部件。其中，电极、PEM 和 GDL 集成在一起成为膜电极(MEA)，它是堆的主要部件。电极是 PEM 和 GDL 之间具有电传导性的一层加压薄层，也是电化学反应发生的地方。PEM 是阴极催化层和阳极催化层之间的一层薄膜，是氢质子传导的介质，PEM 的性能直接影响整个电堆的性能。双极板用于支撑膜电极，并收集单电池电流。所有的单电池通过双极板串联在一起，提供满足车用动力需求的电功率。

燃料电池系统控制技术是燃料电池最为关键的技术之一。燃料电池的耐久性是燃料电池汽车问题的关键所在，而耐久性，很大一部分在于控制系统的问题。经过大量的研究表明，影响燃料电池寿命的关键因素有动态工况、起动、连续怠速等，这些因素都是通过系统控制最终决定。

根据不同的应用决定了燃料电池的设计。在需要可移动式和能量密度的便携式燃料电池系统中，需要简化附属部件；在需要可靠性和能量效率的公共事业型固定动力发生装置中，需要经济的系统配件。

2. 燃料电池的应用

近年来，燃料电池在研究、开发和商品化方面取得了巨大突破，给汽车工业和能源工业的变革带来了新的希望。美国能源部的报告指出，燃料电池技术将成为 21 世纪汽车工业竞争的焦点。发达国家都将大型燃料电池的开发作为重点研究项目，企业界也纷纷斥以巨资，从事燃料电池技术的研究与开发，现在已取得了许多重要成果。2MW、4.5MW、11MW 成套燃料电池发电设备已进入商业化生产,各等级的燃料电池发电厂相继在一些发达国家建成,在21世纪,燃料电池发电有望成为继火电、水电、核电后的第四代发电技术。

在电动车辆应用方面,汽车工业发达国家,如美国、日本等均制定了燃料电池汽车发展规划,各大汽车公司纷纷投入巨资支持开发燃料电池汽车。日本丰田、德国戴姆勒-克莱斯勒公司已经在日本和美国将燃料电池汽车交付用户试用,通用汽车有超过100辆的雪佛兰Equinox氢燃料电池汽车交付给普通消费者进行日常测试。燃料电池汽车的商业化示范运行在全球范围内蓬勃开展,主要目的在于进行技术检验和提高公众认知程度,最著名的包括美国加利福尼亚燃料电池伙伴计划、欧洲八国十城市洁净交通示范项目、日本的氢能燃料电池示范项目和联合国燃料电池公共汽车示范项目。表5-5为国内外燃料电池轿车的性能对比。

表5-5 国内外燃料电池轿车性能对比

性能指标	上汽集团上海牌	上汽集团Plug-in	DCF-Cell	本田Clarity	丰田FCHV adv	GM Provoq
整车整备质量/kg	1833	1890	1700	1625	1880	1978
0~100km/h加速时间/s	15	15	10	11	—	8.5
最大车速/(km/h)	150	150	170	160	155	160
一次加氢续航里程/km	300	300	616*	570	830**	483
燃料电池功率/kW	55	30	80	100	90	88
储氢压力/MPa	35	35	70	70	70	70
冷启动温度/℃	−10	−10	−25	−30	−30	−25
电机功率/kW	90	88	100	100	90	150
电机转矩/(N·m)	210	210	290	260	260	—

注:*表示NEDC工况;**表示EPA工况;中国品牌使用中国城市循环工况。DC为德国戴姆勒-克莱斯勒集团公司。GM为美国通用汽车公司。

我国科技部在"十五""十一五"期间持续支持燃料电池汽车的研发和产业化,研制样车的部分技术指标达到或接近国际先进水平。2008年4月底,上海大众领驭燃料电池轿车、福田欧Ⅴ燃料电池城市客车作为国内首款燃料电池轿车和客车产品已进入国家产品公告,并为2008年北京奥运会提供了交通服务(见图5-33)。2010年,上海也应用了燃料电池汽车为世博会服务。

图5-33 清华大学燃料电池巴士

燃料电池在汽车、不间断电源及军事领域都有应用，表5-6列举其在主要应用领域的类型特点。

表5-6 各应用领域氢燃料电池对比

类　型	容量范围	技术类型	应用举例
移动式	1～100kW	PEMFC、DMFC	叉车、燃料电池汽车、客车和卡车
固定式	0.5～400kW	PEMFC、SOFC、MCFC、PAFC、AFC	大型固定热电联产(CHP)、小型固定微型热电联产、不间断电源(UPS)
便携式	1W～20kW	PEMFC、DMFC	无动力APU(露营、船、照明)、军事应用(便携式电源)、小型个人电子产品(相机、手机、MP3)

1) 交通工具

表5-7列举国外已经商业化的氢燃料电池乘用车，其他类型交通工具介绍如下。

表5-7 国外已商业化的氢燃料乘用车

制造商	车型	汽车图片	简介	特点参数
现代	Tucson FCEV(北美) ix35 FCEV(韩国、欧洲)		第一辆Tucson FCEV在加拿大售出，2015年5月共销售70辆。2019年年初，现代销售了第一辆新一代Nexo氢燃料电池车	50mile/gge 265mile里程 100kW电池堆
丰田	Mirai		2015年计划销售700辆，400辆在日本本土销售。丰田Mirai已在日本、美国加州、英国、丹麦、德国、比利时和挪威销售。截至2017年12月丰田Mirai全球共计销售5300辆	67mile/gge 312mile里程 114kW电池堆
本田	Clarity Fuel Cell		2016年3月开始在日本本土销售。截至2018年年底，有超过1000辆车辆在美国加州运行	300mile里程 100kW电池堆

注：gge表示加仑汽油当量。

(1) 轻型汽车。目前以丰田和现代为代表的企业已经在全球推出超过万台的燃料电池汽车。此外还有奔驰、宝马(BMW)、通用汽车(GM)、大众都在跟进研发燃料电池汽车技术,大多采取与其他企业合作的模式,由于加氢站建设进展缓慢,目前这些企业多处在研发阶段。

(2) 燃料电池巴士。“欧洲城市清洁氢能项目”从2010年持续到2016年年底,参与的城市也正在计划扩大技术的应用范围。与此同时,欧洲另外一个公交车试运行计划也在筹划中,新计划由燃料电池和氢能公共事业组织(FCH-JU)、公交车运营商、政府部门以及燃料供应商联合倡议,目标在2020年投放上百辆公交车。巴拉德动力系统公司与中国公司签订了数个大型合同,并在美国、欧洲收到燃料电池巴士合同。丰田公司也在部署新一代燃料电池业务,2018年丰田在日本国内首次获得燃料电池巴士SORA的车型认证,现已开始正式销售。与此同时,丰田预计在2020年东京奥运举办之前,为东京市区引入100辆燃料电池巴士SORA。SORA搭载了与丰田首款氢燃料汽车Mirai相同的TFCS燃料电池系统,其动力总成包括两个114kW的燃料电池组和双电机驱动,电机最大功率为113kW,峰值扭矩为335N·m。为SORA提供动力源的是总容量达600L的10个氢气罐,同时配备了一块镍氢电池以应对紧急措施。

(3) 叉车。北美一些新的企业的订单都超过了100个电池单元/站点。最早北美地区使用燃料电池叉车进行货物搬运,后来法国和比利时的公司也采购了这种叉车。据美国能源部2016年5月统计显示,2008年美国氢燃料电池叉车数量在500辆左右,到了2016年,美国26个州的氢燃料电池叉车数量已经超过了11000辆,年复合增速高达56%。目前,大阪关西国际机场宣布全部更换成燃料电池叉车;沃尔玛是燃料电池叉车的顶级用户,在加拿大安大略的仓库有超过3000辆燃料电池叉车。供应商主要是美国Plug Power、Nuvera Fuel Cells和Oorja Protonics,加拿大的Hydrogenics,还有丹麦的H2Logic。2017年4月,亚马逊获得了收购美国氢燃料电池制造商Plug Power 23%的股权的权利,亚马逊将为其11个仓库的叉车配备氢燃料电池,从而以更快的速度充电、提高效率。

(4) 其他交通工具。燃料电池能够提供的功率范围十分广泛,从瓦到千瓦级别都能够实现。使其越来越多地成为小型零排放交通工具的动力选择。在欧洲,燃料电池的使用范围扩展至轻型商用车(LCV),并有两个商业生产的车型,此外还开始使用燃料电池为电动自行车提供动力。法国已经开始了小型试验,使用燃料电池自行车进行日常邮件递送服务。近些年在欧洲和中国达成了几个主要的开发和供应协议,宣布定制使用燃料电池的火车、电车、海军潜艇和无人机。

2) 固定能源存储

目前全球正在开展基于燃料电池的可再生能源存储发电系统示范。自2015年起,东芝的太阳能光伏存储系统在日本投入运行(氢气储存和氢气吞吐量为1～2.5m^3/h的质子交换膜燃料电池)。德国的Sunfire正在开发10～500kW的反向(或再生)固体氧化物燃料电池(SOFC)系统。除此之外,FuelCell Energy正在改进美国用于能量存储的SOFC/SOEC(SOEC为固体氧化物电解池)装置,而意大利的ElectroPower Systems已经使用大量基于PEM的系统进行远程、离网供电,采用PV混合的方式为通信塔持续供电。

固定式燃料电池出货量维持稳定,日本Ene-Farm和Bloom公司是固定式燃料电池销售的主要贡献者,并且其销售额仍在增长。受美国恢复燃料电池投资税收抵免政策的影响,美国2018年固定式燃料电池项目增多,同时韩国的大型固定式燃料电池工厂的建设增加了2018年燃料电池出货量。2018年固定式燃料电池全球出货量超过300MW。

(1) 大型固定能源存储(高于 200kW)。2015 年美国三个燃料电池制造商 Bloom Energy、Doosan Fuel Cell America、FuelCell Energy 总共销售/安装了 100 MW 燃料电池系统(基于公开的数据)。世界其他地方还有很多项目在利用化学反应使用氢副产物作为燃料发电,这些发电装置大多使用化工厂工艺副产物氢气作为原料。

(2) 小型固定能源存储(低于 200kW)。2012 年 8 月,美国国会在新一期的能源修订会议上重新修订了氢燃料电池政策方案。新法案重新修订了新能源投资税抵免政策(简称 ITC),以奖励在生物新能源、HFCV 以及热电联产系统(CHP)中运用固定式燃料电池高效发电的企业。2018 年,美国国会重修通过了已经过期的 ITC 协议。小型燃料电池包括住宅单位及微型热电联产(m-CHP)的销售和安装。在欧洲,Viessmann 加入了家用燃料电池热电联产项目,在欧洲 11 个国家部署 1000 个燃料电池。截至 2017 年项目结束,超过 1000 个电池已安装在这 11 个国家。加拿大和日本公司在微型热电联产(m-CHP)型燃料电池方面具有绝对的优势,日本除了本国的相关项目外,还将技术应用到欧洲,并且拥有高温质子交换膜专利技术。

(3) 备份电源和远程电源。燃料电池越来越多地安装在没有建立电网或基础设施的地区,比如农村、偏远地区,以提供可靠的备份电源,扩大当地通信网络。市场包括电信、铁路、能源勘探和更多客户。将氢燃料电池应用于应急电源的企业众多,比如苹果公司、微软公司、威瑞森公司、AT&T 公司、奥巴哈第一国家银行等。尤其是通信用燃料电池应急/备用电源,已成熟商业化应用 5 年以上,应用规模达到近万套级,我国三大电信运营商已有百余套燃料电池备用电源投入使用。2013—2014 年,移动、联通、电信三大运营商纷纷公开招标燃料电池备用电源系统。据报道,2013 年中国联通的通信基站后备电源投资预算中,基站用燃料电池采购额达 2800 万元,占电池采购额的 1%左右。

3) 微型燃料电池/便携式应用

发明微型燃料电池这一突破性技术的是英国公司 Intelligent Energy。2015 年,Intelligent Energy 与一家新兴智能手机开发商达成了开发内嵌式燃料电池的 OEM 协议。此外,Brunton、MyFC JAQ、Kraftwerk、UltraCell LLC、eZelleron 和 Ardica 在市场上推出第一代像充电器那样的微型燃料电池,出售给野营者、商务旅行者和军方。使用燃料电池的智能手机要在全球性能源市场中应用开来还需要长远的努力。Intelligent Energy 等公司则致力于解决深层次技术难题,并遵循可持续的商业模式。

5.4 其他电池与储能装置

5.4.1 锌空气电池

金属空气电池是指以金属为燃料,与空气中的氧气发生氧化还原反应产生电能的一种特殊燃料电池,也叫金属燃料电池。其电池反应原理与氢燃料电池不同,作为汽车动力来源时驱动过程相似。目前,金属燃料电池主要有铝空气电池、镁空气电池、锌空气电池、锂空气电池等,其中,锌空气电池、铝空气电池被我国列为“863”重点科技项目,已取得一定进展并进入试用阶段。下面以锌空气电池为例解析金属空气电池。

1. 锌空气电池的原理和分类

锌空气电池的发明已经有上百年的历史,以其容量大、能量高、工作电压平稳、使用寿命长、性能稳定、无毒无害、安全可靠、没有爆炸隐患、资源丰富、成本低廉等诸多优点而被公认为优秀的电池之一。它被称为"面向21世纪的新型绿色能源",具有良好的发展和应用前景。

锌空气电池结构

锌空气电池的结构如图5-34所示,主要由空气电极、电解液和锌阳极构成。锌空气电池以空气中的氧作为正极活性物质,金属锌作为负极活性物质,多孔活性炭作为正极,铂或其他材料作为催化剂,使用碱性电解质。氧气经多孔电极扩散层扩散到达催化层,在催化剂微团表面的三相界面处与水发生反应,吸收电子,生成 OH^-,阳极的锌与电解液中的 OH^- 发生电化学反应,生成 ZnO 和 H_2O,并释放出电子,电子被集电层收集起来,在外电路中产生电流。

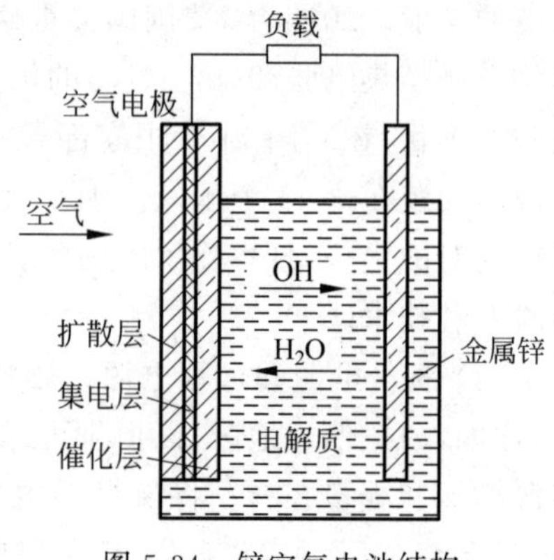

图5-34 锌空气电池结构

电池工作的化学反应式如下:

负极反应式:

$$Zn + 2OH^- \longrightarrow ZnO + H_2O + 2e^- \quad (5\text{-}25)$$

正极反应式:

$$\frac{1}{2}O_2 + H_2O + 2e^- \longrightarrow 2OH^- \quad (5\text{-}26)$$

电池总反应式:

$$Zn + \frac{1}{2}O_2 \longrightarrow ZnO \quad (5\text{-}27)$$

锌在电池介质中与空气中的氧发生氧化反应,产生电流供给外电路。锌作为负极活性物质,空气中的氧气作为正极活性物质,它通过载体活性炭做成的电极进行反应。锌空气电池阳极反应是锌的氧化反应,阴极反应是氧气的还原反应,其阴极反应与氢氧燃料电池中的阴极反应过程是一样的。因此,也把锌空气电池看作燃料电池的一种,称为金属燃料电池。

空气电极一般由催化层、集流体和防水层组成,通常使用以聚四氟乙烯黏接起来的活性炭、石墨等作为电化学反应的载体。正极以空气中的氧作为活性物质,在放电过程中,氧气在三相界面上被电化学还原为氢氧根离子,发生式(5-26)的电化学反应。在弱酸性和中性介质中,空气电极的活性较差,且存在电极材料和催化剂容易腐蚀退化等问题,同时也不能满足大功率放电的需要。而在碱性介质中,空气电极具有较好的性能。因此,在碱性环境下工作的空气电极目前得到了较为广泛的应用。

空气电极是整个锌空气电池中的关键所在,而空气电极的性能受制备工艺、防水层的性能、催化剂的种类等多种因素的影响。当前研究重点集中在高效率的薄型空气电极技术方面,包括如何获取更好的催化剂、设计更长寿命的电极物理结构、降低制造成本等。

锌空气电池根据其充电的方式,以及在电动车辆及其他领域上应用的特点可分为三类:直接再充式锌空气电池、机械充电式锌空气电池以及注入式锌空气电池。

1）直接再充式锌空气电池

直接再充式锌空气电池是直接对锌空气电池的锌电极充电，在此过程中，锌在碱性溶液中的电化学活性很大，同时热力学性质不稳定，充电产物锌酸盐在强碱溶液中的溶解度较高，容易出现电极变形、枝晶生长、自腐蚀及钝化等现象，从而导致电极逐渐失效。另外，空气电极可逆性差，在大气环境中电解液容易碳酸化，且电解液受空气湿度的影响较大，从而导致电池失效。因此，直接再充式锌空气电池的应用受到了一定的限制。

2）机械充电式锌空气电池

鉴于直接再充式锌空气电池存在的问题，根据锌空气电池的放电特征及自身的特点，可以采用机械式充电。机械式充电是指在电池完全放电后，将电池中用过的锌电极取出，换入新的锌电极，或者将整个电池组进行完全更换，整个过程控制在较短的时间内（3～5min）。该方式对普及锌空气电池电动车辆非常有利。使用过的锌电极或锌空气电池可以在专门的锌回收利用厂进行回收再加工，实现绿色环保无污染生产。

以色列的科学家曾经对电动汽车用机械再充式锌空气电池作过深入的分析研究。他们研制的电池能量密度达到 180～220W·h/kg，在 80%放电深度时峰值功率密度可达 100W/kg。整个电池组由 24 个模块组成，总能量为 150kW·h，质量约 800kg。更换一次锌电极可以使得车辆续航里程超过 300km，该电池组已成功应用于德国邮政车辆。锌电极更换和再利用工作由专门的充电站来完成，该过程如图 5-35 所示。机械更换电极或电池后锌电极的再生一般按照图 5-36 所示的还原方式完成。经过一系列的处理后，重新封装好的锌空气电池再次回到电池流通体系中。

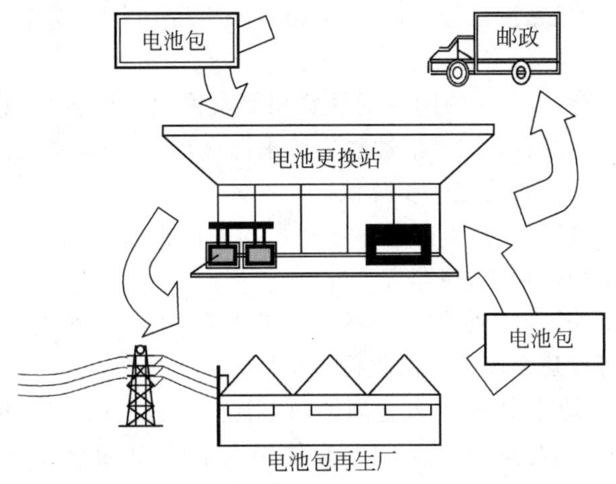

图 5-35　锌电极更换和再利用示意图

3）注入式锌空气电池

注入式锌空气电池的基本原理与机械充电式锌空气电池相似，本质上都是采用更换锌极活性物质。该种电池是将配制好的锌膏源源不断地通过挤压或压力输送送入电池内，同时将反应完毕的混合物抽取到电池外。这样在电动车辆上应用时，电池系统只需携带盛放锌膏的燃料罐，燃料罐加注足够的锌膏燃料就可实现车辆的连续行驶。

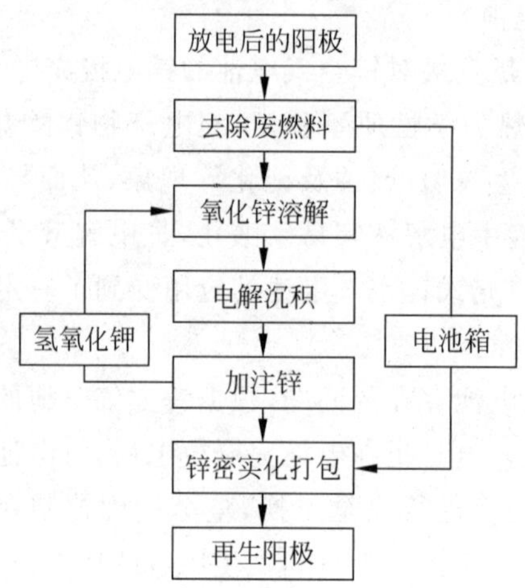

图 5-36　锌电极的再生示意图

2. 锌空气电池的特点

1）优势

（1）容量大。由于空气电极的活性物质氧气来自周围的空气，材料不占用电池空间，更无须材料成本，在相同体积、重量的情况下，锌空气电池就储存了更多的反应原料，因而容量就会高出很多。

（2）能量密度高。锌空气金属燃料电池的理论能量密度可达 1350W・h/kg，目前已研制成功的锌空气电池能量密度已经可以达到 200W・h/kg 以上，这个能量密度已经是铅酸电池的 5 倍。

（3）价格低廉。锌空气电池的阴极活性物质氧气来自周围空气，除了空气催化电极之外，不需要任何高成本的组件；阳极活性物质锌来源充足，资源丰富，价格便宜，并且如果实现了锌的回收利用，它的价格将进一步降低。

（4）储存寿命好。锌空气电池在储存过程中均采用密封措施，将电池的空气孔与外界隔绝，因而电池的容量损失极小，储存寿命好。

（5）锌可以回收利用、制造成本低。锌的来源丰富，生产成本较低。回收再生方便，回收再生成本也较低，可以建立废电池回收再生工厂。

（6）绿色环保。在使用中，锌空气金属燃料电池的正极消耗空气，负极消耗锌。由于锌空气金属燃料电池的结构与其他电池不同，在使用完毕后，正负极物质容易分离，便于集中回收，其中负极的电解锌可以直接加入电池重新使用。对于某些不便回收的场合，由于锌空气金属燃料电池内没有害物质，即使抛弃也不会造成环境污染。

2）问题

由于锌空气电池大多使用多孔气体扩散电极，正极活性物质氧来源于周围的空气，因此空气电极在工作时暴露于空气中，这一固有特性对电池的使用寿命与性能产生很大的危害。因此，对锌空气电池的研究主要针对这一固有的特性带来的负面影响。发展锌空气电池，需要解决以下几个问题。

（1）防止电解液中水分的蒸发或电解液的吸潮。由于空气电极露于空气中，必然会发生电解液水分的蒸发和吸潮问题,这些情况将改变电解液的性能,从而使电池性能下降。

(2) 避免锌电极的直接氧化。由于空气中的氧气直接进入电池溶于电解液,产生离子累积会使空气电极电位负移,锌电极直接氧化,从而锌电极出现钝化,降低锌电极的活性。

(3) 防止锌枝晶的生长。由于锌电极本身的自放电反应,使锌腐蚀产生锌枝晶。当锌枝晶生长到一定程度,它就会刺穿电池隔膜,使电池发生短路,从而降低电池的性能。

(4) 提高空气电极的催化剂活性。空气电极曾采用铂、铑、银等贵金属作催化剂,催化效果好,但成本很高。采用炭黑、石墨与二氧化锰的混合物催化剂,锌空气电池的成本降低了,但催化剂活性偏低,影响电池的放电电流密度。

(5) 控制电解液的碳酸化。在空气中的氧气进入电池的同时,空气中的二氧化碳也进入电池,溶于电解液中,使电解液碳酸化,导致电解液的导电性能下降,电池的内阻增大,同时碳酸盐在正极上的析出使正极的性能下降,这不仅影响了电池的放电性能,而且使电池的使用寿命受到很大的影响。

(6) 解决电池的发热和温升问题。当电池大电流放电时,发热不可避免,因此,如何使这部分热量排除电池体外或者得到有计划的利用,成为锌空气电池必须解决的问题。

3. 锌空气电池应用

1995 年,以色列电燃料有限公司首次将锌空气电池用于 EV 上,使得锌空气电池进入了实用化阶段。美国 Dreisback Electromotive 公司以及德国、法国、瑞典、荷兰、芬兰、西班牙和南非等多个国家也都在 EV 上积极地推广应用锌空气电池。

以色列电燃料有限公司开发的锌空气电池,装在载质量 1000kg、总质量 3500kg 的电动邮车上,实验结果为:能量密度达到 207W·h/kg,350kg 的锌空气电池使电动邮车行驶了 300km,最高车速可达 120km/h,由静止加速到 80km/h 用时为 12s,该车具有良好的动力性能。美国 Dreisback Electromotive 公司开发的锌空气电池,已在公共汽车和总质量 9t 的货车上使用,公共汽车可连续行驶 10h 左右,货车最大续航里程达 113km。

德国奔驰汽车公司的 MB410 型电动箱式车,标准总质量为 4000kg,采用 150kW·h 的锌空气电池,从法国的尚贝里城越过阿尔卑斯山,连续爬坡 150km,山高 2083m,全程 244km,到意大利都灵仅消耗 65%的电量。该车从德国的不来梅到波恩,最高车速达到 120km/h,一次充电后可走完全程 425km 的路程。瑞典斯德哥尔摩市电动货车、电动客车和电动服务车辆上,采用的锌空气电能量密度为 180W·h/kg,功率密度为 100W·h/L,续航里程在 350~425km。该市的锌空气电池废料回收处理能力为 250kg/h,可为 150 辆电动车辆提供可再生的锌粒。

国内部分厂家已经在注入式锌空气电池方面开展了多年的研究工作,并且在部分电动车辆上进行了实验性装车测试。2010 年,北京市安排 5 辆电动大客车和环卫车进行运行测试,另安排 50 辆电动大客车和环卫电池车,在北京市政府指定的线路进行路试,投入市公交和环卫系统的试验运行,为市场运作提供可靠的依据。

5.4.2 钠硫电池

钠硫电池作为一种高能固体电解质二次电池最早发明于 20 世纪 60 年代中期,早期的研究主要针对电动汽车的应用目标,但是长期的研究发现,钠硫电池作为储能电池优势更加明显。

1. 钠硫电池构造和原理

钠硫电池的单电池(单节电池)为圆筒状的完全密封结构,其内部结构如图 5-37 所示。单电池由作为活性物质的钠(Na)和硫磺(S)以及精细陶瓷的电解质构成。Na 为负极活性物质,S 为正极活性物质。在 300℃的单节电池中,Na 和 S 是液体,电解质是固体的状态。固体电解质的陶瓷材料使用了 Na 离子导电性的 β-Al_2O_3。理论能量密度为 760W·h/kg,电源电动势为 2.076V。

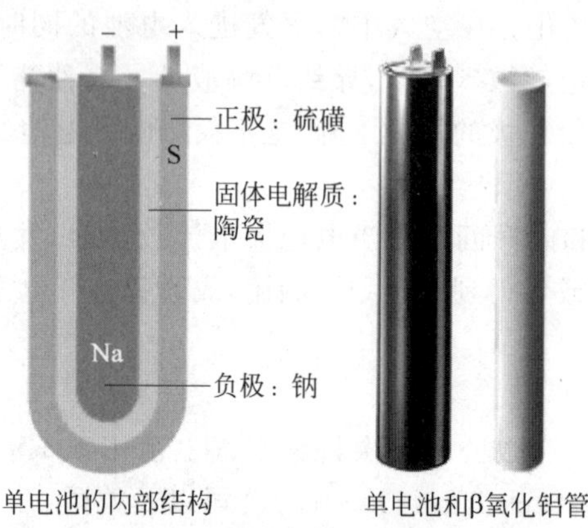

图 5-37 钠硫单电池内部构造

作为电池的隔膜,至今研究表明 β-Al_2O_3 陶瓷难以被其他材料代替。由于钠硫电池性能完全取决于钠离子导体 β-Al_2O_3 固体电解质的获得及其性能优劣,因此高性能 β-Al_2O_3 固体电解质管的制备技术是制造该类高温电池的技术瓶颈。

钠硫电池充放电过程如图 5-38 所示。

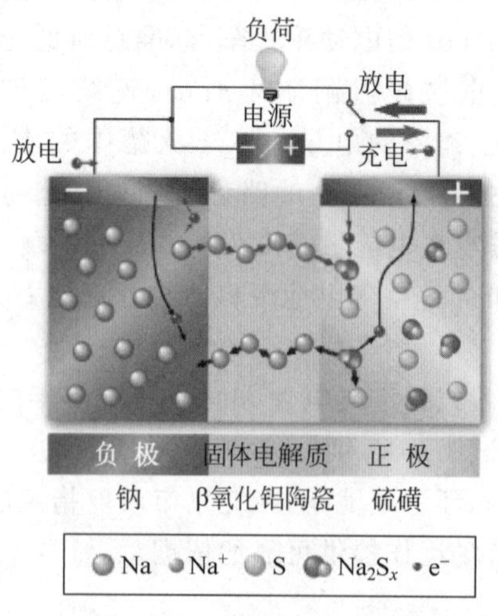

图 5-38 钠硫电池工作原理

放电时:负极的钠(Na)释放出电子成为钠离子(Na^+),通过固体电解质向正极移动。正极的硫磺(S)和从外部回路的电子 Na^+ 发生化学反应,变化为多硫化钠(Na_2S_x)。负极的

Na被消耗减少。从负极向外部回路释放出的向正极移动的电子流变为电力。当电池正在运行时，充电和放电所产生的热能通常都足以维持钠和硫处在液态，因此不需额外热源。

$$2Na + 4S \longrightarrow Na_2S_4 \tag{5-28}$$

充电时：由于从外部的电力供给，发生放电反应的逆反应。从外部施加电压，正极的Na_2S_x分离为Na^+、S、电子。Na^+通过固体电解质，向负极移动。在负极Na^+接收电子还原为Na。

2. 钠硫电池特性

钠硫电池是一种由液体钠(Na)和硫(S)组成的熔盐电池。这类电池拥有高能量密度、高充/放电效率(89%～92%)和长寿命周期，并且由廉价的材料制造。由于钠硫电池操作温度高达300～350℃，而且钠的硫化物具有高度腐蚀性，它们主要用于定点能量储存，电池越大则效益越高。

凭借特有的高度陶瓷技术，日本碍子(NGK)的钠硫电池实现了世界首次兆瓦级蓄电的实用化。钠硫电池具有容量大、能源密度高、寿命长的特点，尺寸约为铅酸电池的三分之一，可以长时间高效地提供电力，并可在电力需求少的夜晚充电，在白天高峰期放电，从而削减最大电力使用量，还为应对停电和瞬间电压下降附加了紧急电源的功能。对于受气象影响而不稳定的风力发电和太阳能发电，由于在钠硫电池中充电后再放电可稳定输出电力，因此，钠硫电池作为普及可再生能源和构筑智能电网(下一代送电网)不可或缺的蓄电池而备受世界注目。主要优点如下：

(1) 持续时间长。钠硫电池储能系统是储存大量电能的有效方法，可持续放电6h。

(2) 紧凑化。能量密度是铅酸电池的3倍，可有效地利用空间。

(3) 高可靠性。拥有几十年的运行经验，钠硫电池储能系统已被现场验证每个模块的基础上超过99%可靠性，全系统基础上甚至有更高的可靠性。

(4) 使用寿命长。钠硫电池储能系统可以4500次全循环充放电，或15年的寿命，以先到为准。此寿命周期已被现场验证。

(5) 即插即用。集装箱型钠硫电池储能系统的电池模块已预先安装，可以大幅减少安装周期和费用。

3. 钠硫电池应用

(1) 电网和独立系统。早在1980年NGK公司已经成功地在世界200多个地区应用高温钠硫电池(HT-NSB)，总设计能量达到3700MW·h。但需要300℃的工作环境保持电解质的流动性，带来了安全隐患和腐蚀的问题。2018年年底，德国启动了4MW/20MW·h钠硫电池以及7.5MW/2.5MW·h的锂离子电池混合系统项目。2019年阿布扎比的能源部门启用了108MW/648MW·h的钠硫电池装置。

(2) 太空领域。因为它的能量密度高，钠硫电池已被建议用于太空。钠硫电池可以在太空中使用，测试证明钠硫电池能在航天飞机上运作。钠硫飞行实验证明电池在350℃的环境下拥有150W·h/kg的能量密度，并在1997年成功实验运行了10天。

(3) 运输和重型机械。第一次大规模使用钠硫电池是在福特汽车的示范车辆，一个1991年的电动车原型。2018年6月，中国科学院物理研究所发布首辆钠离子电池低速电动车在其园区内示范演示。目前钠离子电池的能量密度已达到120W·h/kg，是铅酸电池的3倍左右。

5.4.3 锂硫电池

锂-硫电池技术在20世纪60年代开始研究，虽然经过了几十年的发展，但却一直受低放电容量和容量快速衰减的问题困扰。2009年Nazar等提出一种高度有序的介孔碳-硫正极材料，通过将硫封装在介孔CMK-3中，这一结构使得锂硫电池在放电容量和循环稳定性上取得突破性发展。从此，锂硫电池领域的文章呈现井喷式发展。

锂硫电池

1. 锂硫电池原理

锂硫电池基于以下电化学反应，这给予硫高的理论容量密度1673mA·h/g。

$$nS_8 + 16Li \longrightarrow 8LiS_n \tag{5-29}$$

在放电过程中，锂金属阳极(负电极)被氧化形成锂离子和电子，它们分别通过电解质和外部电路到达硫阴极(正极)。在正极上，硫与锂离子和电子发生反应还原成硫化锂。在充电过程中发生相反的反应。锂硫电池经历了固体-液体-固体过渡的反应，这是非常不同于其他电池系统的，这也是锂硫电池为什么更具挑战性的原因之一。它所面临的挑战主要包括以下两个方面：

(1) 硫正极的角度。①中间锂多硫化物溶解于电解质；②硫和硫化锂的低电导率；③硫在锂化过程中的体积膨胀。

(2) 锂负极的角度。①多硫化物的穿梭效应；②非均匀的固体电解质界面(SEI)；③锂金属的枝晶生长。

2. 锂硫电池特性

锂离子电池无法满足固定式电网储能的高能量要求。电池有限的能量密度也阻碍了它们在各种新兴移动运输工具上的运用。这便引发了全球探索超越传统锂离子电池的新电池技术。

锂硫电池是一种很有前途的储能系统，其相比现有的锂离子电池具有更高的能量密度，这两种形式的电池之间的主要区别在于它们的能量存储机制。锂离子电池基于锂离子插入层状电极材料中。因为锂离子只能插入到某些特定的点位中，因此锂离子电池的理论能量密度通常限制在约420W·h/kg或1400W·h/L(见图5-39(a))，锂硫电池基于锂负极侧金属的电镀与剥离和正极侧硫的转化反应。这些反应的非拓扑性质赋予了锂负极和硫正极分别为3860mA·h/g和1673mA·h/g的高理论容量密度。2.15V的平均电池电压给予了锂硫电池高理论能量密度2500W·h/kg或2800W·h/L(见图5-39(b))。此外，硫在地球表层储量丰富且十分廉价，这使得锂硫电池成为一种富有吸引力的且成本低的储能技术。

3. 锂硫电池应用

锂硫电池未来可能在无人机、军工和运输等领域率先取得突破性应用进展。

(1) 无人机。Sion Power公司在2010年将锂硫电池应用于大型无人机，打破了三项无人机飞行世界纪录：飞行高度2万m以上、连续飞行时间14天、工作温度最低-75℃。

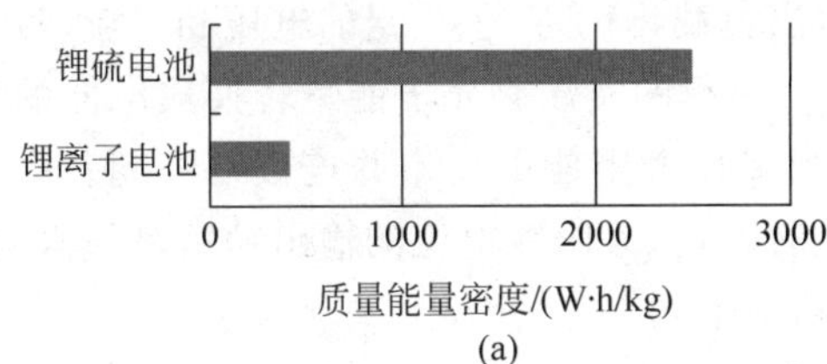

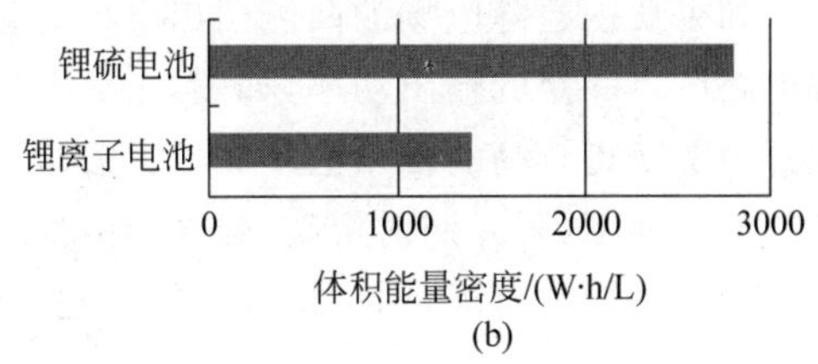

图 5-39 锂硫电池与锂离子电池的能量密度对比

2014 年，空中客车公司的“西风 7”无人机依靠锂硫电池不间断飞行了 11 天。2018 年，我国第一架由锂硫电池驱动的大翼展无人机在我国西北某机场首飞成功。飞机起飞后，经过一段时间的大功率爬升，进入预定高度，随即按照预先设计的航线开始空中巡飞。目前最大的问题在于使用寿命，一般仅能飞行 300 次。随着锂硫电池相关技术的逐步成熟，科研机构正在与企业进行合作，在无人机等轻量化领域先行试水和推广应用，对推动锂硫电池早日实现量产并应用到新能源汽车上具有积极意义。

(2) 交通运输。2019 年，欧洲 13 家机构联合研发车用锂硫电池，由西班牙 Leitat 牵头组织的新能源电动汽车用锂硫电池研发将持续 43 个月，旨在研发高能量密度、高安全性和优良循环性能的锂硫电池，破解当前新能源汽车发展的技术瓶颈。英国 OXIS 公司作为第一家将锂硫电池实现产业化的企业，将建立世界上第一家大规模生产 OXIS 锂硫电池的数字化生产工厂，从目前的客户来看，主要涵盖公交车、货车和轻型商用车。

5.4.4 太阳能电池

太阳能转换为电能是大规模利用太阳能的重要技术基础，其转换途径很多，有光电直接转换、光热电间接转换等。这里所指的太阳能电池是指利用光电效应使太阳的辐射光通过半导体物质转变为电能的装置，又称为“光伏电池”。能产生光伏效应的材料有许多种，如单晶硅、多晶硅、非晶硅、砷化镓等。

1. 太阳能电池的原理

当太阳光线照射在太阳能电池表面由 P、N 型两种不同导电类型的同质半导体材料构成的 P-N 结上时，一部分光子被硅材料吸收，光子的能量传递给了硅原子，使电子发生了跃迁，形成新的电子对。在 P-N 结电场的作用下，空穴由 N 区流向 P 区，电子由 P 区流向 N 区，形成内建静电场。这个过程如图 5-40 所示。

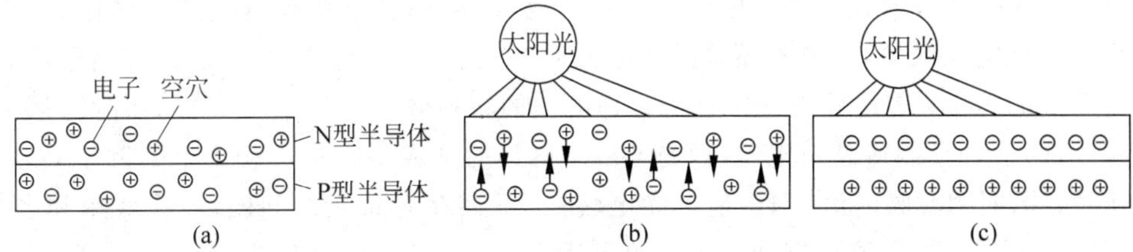

图 5-40 太阳能电池原理-电场建立过程

如果从内建静电场的两侧引出电极并接上适当负载,就会产生一定的电压和电流,对外部电路产生一定的输出功率,如图5-41所示。这个过程的实质是光子能量转换成电能的过程。为了获得较高的输出电压和较大容量,往往把多片太阳能电池串并连接在一起。由于受到应用环境(阳光照射角度、强度、环境温度等)的影响,太阳能电池的输出功率是随机的。不同时间不同地点下,同一块太阳能电池的输出功率不同。

太阳能电池

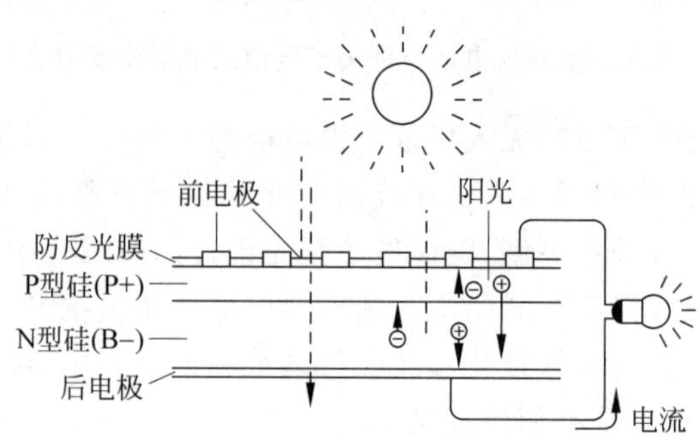

图5-41 太阳能电池工作原理示意

2. 太阳能电池的分类

太阳能电池按结晶状态可分为结晶系薄膜式和非结晶系薄膜式两大类,前者又分为单结晶形和多结晶形。按材料可分为硅薄膜形、化合物半导体薄膜形和有机膜形。根据所用材料的不同,太阳能电池还可分为硅太阳能电池、多元化合物薄膜太阳能电池、聚合物多层修饰电极型太阳能电池、纳米晶太阳能电池、有机太阳能电池等,其中硅太阳能电池是目前发展最成熟的,在现阶段的应用中居主导地位。

1) 硅太阳能电池

硅太阳能电池分为单晶硅太阳能电池、多晶硅薄膜太阳能电池和非晶硅薄膜太阳能电池三种。单晶硅太阳能电池转换效率最高,技术也最为成熟,在试验室里的最高转换效率为24.7%,规模生产时的效率为15%;多晶硅薄膜太阳能电池与单晶硅比较,成本低廉,而效率高于非晶硅薄膜电池,其试验室最高转换效率为18%,工业规模生产的转换效率为10%;非晶硅薄膜太阳能电池成本低,重量轻,转换效率较高,便于大规模生产,但受制于其材料引发的光电效率衰退效应,稳定性不高。

2) 多元化合物薄膜太阳能电池

多元化合物薄膜太阳能电池材料为无机盐,其主要包括砷化镓(GaAs)Ⅲ～Ⅴ族化合物、硫化镉、碲化镉及铜铟硒薄膜电池等。硫化镉、碲化镉多晶薄膜电池的效率相对于非晶硅薄膜太阳能电池效率高,成本较单晶硅电池低,并且易于大规模生产,但镉有剧毒,会对环境造成严重的污染;砷化镓Ⅲ～Ⅴ族化合物电池的转换效率可达28%,抗辐照能力强,对热的敏感度低,适合于制造高效电池,但是GaAs材料的高成本在很大程度上限制了GaAs电池的普及;铜铟硒薄膜电池(CIS)适合光电转换,不存在光致衰退问题,转换效率和多晶硅相当,具有价格低廉、性能良好和工艺简单等优点,也已经成为太阳能电池发展的一个重要方向。

3）聚合物多层修饰电极型太阳能电池

以有机聚合物代替无机材料是太阳能电池的研究方向之一。有机材料具有制作容易、材料来源广泛、成本低等优势，因而有机材料的太阳能电池对大规模利用太阳能，提供廉价电能具有重要意义。

4）纳米晶太阳能电池

纳米晶化学能太阳能电池还处于研究和初步示范应用阶段，优点在于它廉价的成本和简单的工艺及稳定的性能。其光电转换效率稳定在10%以上，制作成本仅为硅太阳电池的1/5～1/10，寿命能达到20年以上。

3. 太阳能电池的应用

在政策鼓励与供应链价格持续下降的趋势下，全球太阳能电池需求将继续正增长，其中又以欧洲的增长幅度最大，最多可超过五成，2019年预期全球新增并网量将达到111.3GW，出现7.7%的成长，再次创下历史新高。我国对太阳能电池的研究起步于1958年，20世纪80年代末期，国内开始引进太阳能电池生产线。2018年，我国太阳能电池产量一直保持正增长趋势，但国家部委5月31日联合印发的《关于2018年光伏发电有关事项的通知》（业界称"531新政"）发布后，产量增速下降。2021年中国太阳能电池累计产量为23405.4万kW。在产业布局上，我国太阳能电池产业已经形成了一定的集聚态势。在长三角、环渤海、珠三角、中西部地区，已经形成了各具特色的太阳能产业集群。

目前，太阳能电池的应用已从军事领域、航天领域进入工业、商业、农业、通信、家用电器以及公用设施等各行各业，尤其可以分散地布置在边远地区、高山、沙漠、海岛和农村，可以减少造价昂贵的电缆的使用，从而降低成本。

在电动车辆领域，早在1978年，世界上第一辆太阳能汽车便在英国研制成功，时速达到13km/h。1982年墨西哥研制出三轮太阳能车，速度达到每小时40km，由于这辆汽车每天所获得的电能只能运行40分钟，所以它还不能跑远路。1999年5月巴西圣保罗大学的科研人员设计出一款新型太阳能汽车，最高时速超过100km。2003年澳大利亚太阳能汽车比赛上，由荷兰制造的"Nuna Ⅱ"太阳能汽车取得了冠军，它以30小时54分钟的时间跑完了3010km的路程，创造了太阳能汽车最高速度170km/h的新世界纪录。

如图5-42(a)所示为"无名"号太阳能电瓶车，外观上跟公园的电瓶车相似，可搭乘6名乘客，速度最高达48km/h，持续行驶时间1个小时左右；图5-42(b)所示为Solar R太阳能轿车，核心动力技术为砷化镓薄膜太阳能芯片技术，薄膜太阳能组件集成在车顶或车身，以太阳能作为能源，并转化成电能为车辆电池充电，同时新车还可以使用传统的固定充电设施进行补充电能，在充足阳光条件下，新车能够年行驶里程2万km，满足城市出行基本需要。

除了作为车辆的主驱动动力源应用以外，科研工作者针对太阳能电池在车辆辅助能源提供方面也进行过大量的尝试和试验。

（1）用作汽车蓄电池的辅助充电能源。日本应庆大学设计了一款Luciole（萤火虫）的电动概念车，该车车顶上贴有近1m^2的转换效率较高的光伏板，其作用是给12V的辅助电池充电，供车辆灯光等低压电器应用。当12V电压电池充满后，太阳能电池还可以给驱动主电源充电。

(a)

(b)

图 5-42 太阳能电池电动汽车

(2) 用于驱动风扇和汽车空调等系统。为解决汽车在阳光下停泊,造成车内温度升高、乘坐舒适性下降的问题,现在部分高端车型采用太阳能天窗技术,利用内置在天窗内部的太阳能集电板产生的电力,驱动鼓风机或车载空调系统,改善车内的环境状况。

4. 太阳能电池汽车的发展

太阳能汽车虽然在一定时间内还将集中在局部应用,但小规模的应用已经出现,比如高尔夫球场和主题公园等。随着政策引导及人们环保意识的加强,太阳能汽车的发展已成为一种社会共识。从最初的太阳能赛车,到太阳能电瓶车,再到现在普通汽车上大批量安装使用的太阳能空调、太阳能风扇、太阳能天窗、太阳能辅助蓄电池等,太阳能电池在汽车上的应用已越来越广泛。

由于受到天气、季节、时间早晚等不可抗力因素的影响,导致太阳能具有地域性、季节性和时域性等特点。同时太阳光的不稳定性、分散性(强烈时大约为 $1kW/m^2$),以及太阳能电池能量密度小、转化效率低、成本高等因素,导致太阳能电池在汽车上还不能广泛使用。由于太阳能电池价格比较高,导致太阳能汽车的价格也比较高,超出了普通民众接受的范围。太阳能汽车功率普遍较小,续航里程短,承重能力低,乘坐舒适性与普通汽车相比还有比较大的差距。我国机动车登记制度明确规定,未列入《机动车产品目录公告》的机动车不准办理注册登记,这也是限制太阳能电池在汽车上应用的一个外在因素。

随着环境污染、全球变暖以及化石能源的逐渐枯竭,各国政府都通过立法或规划等手段提出了新能源刺激发展方案或新能源补贴方案。而作为清洁完全无污染的太阳能,将会因此引起更多企业的研发和重视。很多国家的汽车企业和光电企业已加大了对汽车和太阳能电池的研发投入,并取得了很大进展,主要表现为提高汽车设计技术,提高太阳能电池的转换效率,提高对太阳光照的利用效率。

5.4.5 超级电容

超级电容器(简称超级电容),又叫作双电层电容器(electrical double-layer capacitor),是一种通过极化电解质来储能的电化学元件,但在储能的过程中并不发生化学反应,其储能过程是可逆的,可以反复充放电数十万次。与传统的电容器和二次电池相比,超级电容器的功率密度是电池的10倍以上,储存电荷的能力比普通电容器高,并具有充放电速度快、循环寿命长、使用温度范围宽、无污染等优点,是一种非常有前途的新型绿色能源。

1. 超级电容的工作原理和分类

电容器是由两个彼此绝缘的平板形金属电容板组成,在两块电容板之间用绝缘材料隔开。电容器极板上所储集的电量 q 与电压成正比。电容的计量单位为法拉(F)。当电容器充上1V电压时,如果极板上存储1F电荷量,则该电容器的电容量就是1F。

电容器的电容量为

$$C=\varepsilon A/d \tag{5-30}$$

式中,ε 为电解质的介电常数(F/m);A 为电极表面积(m^2);D 为电容器间隙的距离(m)。

电容器的容量只取决于电容板的面积,与面积的大小成正比,而与电容板的厚度无关。另外,电容器的电容量还与电容板间的间隙大小成反比,当电容元件充电时,电容元件上的电压增高,电场能量增大,电容器从电源上获得电能,电容器存储的能量为

$$E=CU^2/2 \tag{5-31}$$

式中,U 是外加电压(V)。

当电容器放电时,电压降低,电场能量减小,电容器释放能量,可释放能量的最大值为 E。

超级电容器的原理与双电层电容器相同(见图5-43)。当外加电压加到超级电容器的两个极板上时,与普通电容器一样,极板的正极板存储正电荷,负极板存储负电荷,在超级电容器的两极板上电荷产生的电场作用下,在电解液与电极间的界面上形成相反的电荷,以平衡电解液的内电场,这种正电荷与负电荷在两个不同向之间的接触面上,正负电荷以极短间隙排列在相反的位置上,这个电荷分布层叫作双电层,因此电容量非常大。当两极板间电势低于电解液的氧化还原电极电位时,电解液界面上电荷不会脱离电解液。随着超级电容器放电,正、负极板上的电荷被外电路泄放,电解液的界面上的电荷相应减少。由此可以看出,超级电容器的充放电过程始终是物理过程,没有化学反应,因此性能更加稳定。

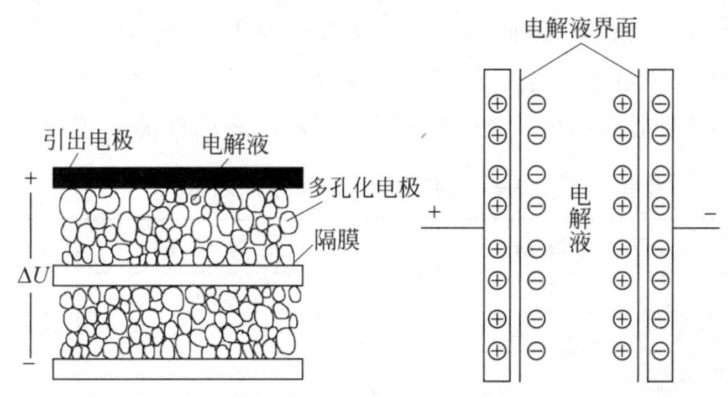

图5-43 超级电容的结构

超级电容可按不同方法分类,按工作原理划分可分为双电层型超级电容器和赝电容型超级电容器。

(1) 双电层型超级电容器的电极材料有活性炭电极材料、碳纤维电极材料、碳气凝胶电极材料和碳纳米管电极材料等,采用这些材料可以制成平板型超级电容器和绕卷型溶剂电容器。平板型超级电容器,多采用平板状和圆片状的电极,另外也有多层叠片串联组合而成

的高压超级电容器,可以达到300V以上的工作电压。绕卷型溶剂电容器,采用电极材料涂覆在集流体上,经过绕制得到,这类电容器通常具有更大的电容量和更高的功率密度。

(2) 赝电容型超级电容器包括金属氧化物电极材料与聚合物电极材料,金属氧化物材料包括 NiO_x、MnO_2、V_2O_5 等作为正极材料,活性炭作为负极材料制备的超级电容器。导电聚合物材料包括PPY、PTH、PAni、PAS、PFPT等经P型或N型或P/N型掺杂制取电极,以此制备超级电容器。这一类型的超级电容器具有非常高的能量密度。

按电解质类型,可以分为水性电解质和有机电解质类型的超级电容器。

(1) 水性电解质超级电容器又可分为:①酸性电解质,多采用36%的 H_2SO_4 水溶液作为电解质;②碱性电解质,通常采用KOH、NaOH等强碱作为电解质,水作为溶剂;③中性电解质,通常采用KCl、NaCl等盐作为电解质,水作为溶剂,多用于氧化锰电极材料的电解液。

(2) 有机电解质电容器通常采用 $LiClO_4$ 为典型代表的锂盐、$TEABF_4$ 作为典型代表的季铵盐等作为电解质,有机溶剂如PC、ACN、GBL、THL等作为溶剂,电解质在溶剂中接近饱和溶解度。

2. 超级电容的特性

由于双电层电容的充放电纯属于物理过程,其循环次数高,充电过程快,因此比较适合在电动车中应用。传统电容能以瞬间高功率将能量短时间释放出来,并且可以在数微秒内完成充电,具有超长使用寿命,但其极低的能量密度无法达到储能元件的需求。电池可将化学能转换成电能,能量密度较高,已得到广泛使用,但转换过程受化学反应动力学限制,充放电时间长,否则电池材料会发生不可逆变化导致寿命缩短。

由于超级电容与传统电容相比,储存电荷的面积大得多,电荷被隔离的距离小得多,因此一个超级电容单元的电容量就高达几法至数万法,能量密度为传统电容器的10倍以上。与电池相比,由于采用了特殊的工艺,超级电容的等效电阻很低,电容量大且内阻小,使得超级电容可以有很高的尖峰电流,因此具有很高的功率密度,且充放电时间短、充放电效率高、循环寿命长,这些特点使超级电容非常适合于短时大功率的应用场合。因而超级电容器填补了这两类元件之间的空白。传统电容、超级电容和电池的性能比较见表5-8。

表5-8 3种储能元件的性能对比

性　　能	传统电容	超级电容	电　　池
充电时间	10^{-6}～10^{-3}s	1～60s	1～3h
放电时间	10^{-6}～10^{-3}s	1～60s	≥0.5h
能量密度/(W·h/kg)	<0.1	1～20	20～100
功率密度/(W/kg)	>10^4	10^3～10^4	50～300
充放电效率	约1.0	0.9～1.0	0.75～0.95
循环寿命/次	>10^6	>10^5	500～2000

超级电容器具有与电池不同的充放电特性,放电曲线如图5-44所示。在相同的放电电流情况下,电压随放电时间呈线性下降的趋势。这种特性使超级电容器的剩余能量预测以及充放电控制相对于电池的非线性特性曲线简单了许多。

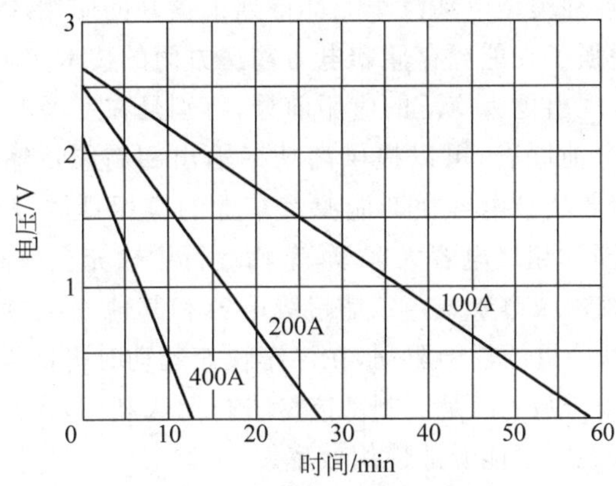

图 5-44　超级电容器放电曲线

在容量定义方面，超级电容器也不同于电池。超级电容器的额定容量单位为法拉(F)。定义为规定的恒定电流(如 1000F 以上的超级电容器规定的充电电流为 100A，200F 以下的为 3A)充电到额定电压后保持 2～3min，在图 5-44 超级电容器放电曲线规定的恒定电流放电条件下放电到端电压为零所需的时间与电流的乘积再除以额定电压值，即

$$C = It/V \tag{5-32}$$

式中，C 为超级电容额定容量；I 为充电电流；t 为充电时间；V 为额定电压。

与其他各类电池相比，超级电容主要有以下特点：

(1) 输出功率密度高。超级电容器的内阻很小，并且在电池液界面和电极材料本体内均能够实现电荷的快速储存和释放，因而它的输出功率密度高达数千瓦每千克，是一般蓄电池的数十倍。

(2) 极长的充放电循环寿命。超级电容器在充放电过程中没有发生电化学反应，其循环寿命可达 1 万次以上，是只有数百次充放电循环寿命的蓄电池无法比拟的。

(3) 非常短的充电时间。从目前已经做出的超级电容器充电试验结果来看，全充电时间只要 10～12min；而蓄电池在这么短的时间内无法完成充电。

(4) 储存寿命极长。超级电容器储存过程中，虽然也有微小的漏电电流存在，但这种发生在电容器内部的离子或质子迁移运动是在电场的作用下产生的，并没有出现化学或电化学反应，没有产生新的物质；而且所用的电极材料在相应的电解液中也是稳定的，故理论上超级电容器的储存寿命几乎可以认为是无限的。

(5) 能量密度低。能量密度低是目前超级电容器的显著缺陷，这在一定程度上限制了采用超级电容为电源的电动汽车续航里程。

3. 超级电容的应用

超级电容由于具有功率密度高、循环寿命长、充放电时间短等优势，因此成为理想的电动汽车的电源之一。目前，世界各国争相研究，并越来越多地将其应用到电动车辆上。美国能源部最早于 20 世纪 90 年代就在《商业时报》上发表声明，强烈建议发展电容技术，并使这项技术应用于电动汽车上。美国 Maxwell 公司是电化学电容这一技术领域的领先公司，其

所开发的超级电容器在各种类型电动汽车上都得到了良好的应用,2019 年 5 月特斯拉公司完成对该公司的收购,增强了在能源存储和电力输送方面的技术实力。

近年来,超级电容展现出更为广泛的应用前景,特别是在发展混合动力或纯电动汽车领域的应用。超级电容与电池联合,可以提供高功率输出和高能量输出,既减小了电源的体积,又延长了电池的寿命。超级电容在新能源汽车上的应用具体分为四类:一是作为动力设备,如上海 11 路公交即为超级电容大客车,车辆运行中途充电只需 30s,一次充电可行驶 5~8km,既节能环保又兼顾城市景观;二是超级电容和其他二次电池的搭配使用,用到混合电动车上;三是作为发动机的辅助驱动,在汽车快速起动时提供较大的驱动电流,减少了油耗和不完全燃烧的污染排放;四是对制动能量进行回收利用,当汽车需要加速时,再将这些储存的能量释放出来,提高了能源的使用效率。

1) 混合动力汽车

混合乘用车方面,日本是将超级电容应用于混合动力电动汽车的先驱,超级电容是近年来日本电动汽车动力系统开发中的重要领域之一。本田的 FCX 燃料电池-超级电容混合动力汽车是世界上最早实现商品化的燃料电池轿车,该车已于 2002 年在日本和美国加州上市;日产公司于 2002 年 6 月 24 日生产了安装有柴油机、电动机和超级电容的并联混合动力卡车,此外还推出了天然气-超级电容混合动力客车,该车的经济性是原来传统天然气汽车的 2~4 倍;日本富士重工推出的电动汽车已经使用了日立机电制作的锂离子蓄电池和松下电器制作的储能电容器的联用装置。

丰田在赛车的混动领域使用了超级电容电池,而 2016 年丰田将新的混动赛车 TS050 能级从 6MJ 升级到 8MJ,对储能设备提出了更高的要求,丰田将超级电容储能设备换为锂离子电池。目前最好的超级电容的能量密度只有锂离子电池的 30%左右,同样的电量,超级电容电池的体积是锂电池的 3 倍多。当电池容量小的情况下影响不大,但达到 8MJ 的级别之后,电池组的体积就会影响车辆的整体布置。国内吉利在 2006 年研发了 42V 超级电容混动技术,但基于安全性和稳定性的考虑,目前吉利超级电容储能技术仍然处于试验车的阶段。2018 年吉利开始与 Maxwell 合作用于混动汽车的超级电容产品。

而客车拥有更大的设计空间,目前超级电容应用最多的领域是新能源客车,宇通、金龙、金旅、海格、中车等知名企业纷纷将超级电容成功应用于新能源客车。在新能源客车领域,超级电容器最为广泛的应用是城市混合动力客车制动能量回收系统。2018 年国内 18%的混合动力客车使用了磷酸铁锂和超级电容搭配的储能装置。

2) 纯电动汽车

中国国内以超级电容为储能系统的电动汽车的研究取得了一系列成果。2004 年 7 月,我国首部"电容蓄能变频驱动式无轨电车"在上海张江投入试运行,该公交车利用超级电容功率密度大和公共交通定点停车的特点,当电车停靠站时在 30s 内快速充电,充电后就可持续提供电能,时速可达 44km/h。哈尔滨工业大学和巨容集团研制的超级电容器电动公交车,可容纳 50 名乘客,最高速度为 20km/h。2010 年上海世博会期间,世博园内也运行了采用超级电容驱动的电动客车,如图 5-45(a)所示。

超级电容容量密度只有 10~20W·h/kg,这就决定了超级电容驱动的电动客车的行驶里程比一般的纯电动要短。中国中车研发了以"超级电容+锂电池"为动力源的纯电动客车,如图 5-45(b)所示,2018 年年底,江苏政府采购了 30 台这种长 12m 的超级电容纯电动

(a)

(b)

图 5-45 超级电容驱动电动客车

公交车，超级电容储能 3000F，等速法续驶里程达到了 201km，基本可以满足一般的公交车续航要求。

在纯电动汽车和混合动力电动车上采用超级电容-蓄电池复合电源系统被认为是解决未来电动车辆动力问题的最佳途径之一（如 5.2 节中提到的电容型镍氢动力电池纯电动公交车）。随着对电动汽车用超级电容的进一步研究和开发，超级电容-蓄电池复合电源在满足性能和成本要求上更具有实用性，其市场前景广阔。

5.4.6 超高速飞轮

超高速飞轮电池的概念起源于 20 世纪 70 年代中期，是伴随着当时能源危机导致的电动汽车研发热潮出现的，最初的应用对象就是电动汽车。由于当时各种技术的限制，没有得到实际的应用。直到 20 世纪 90 年代，由于电路拓扑思想的发展，碳纤维材料的广泛应用，这种物理储能型电池得到了高速发展，并且伴随着磁轴承技术的发展，展示出广阔的应用前景。

1. 飞轮电池的构造和原理

超高速飞轮电池储能是基于飞轮以一定角速度旋转时，可以储存动能的基本原理。飞轮作为储能的核心部件，储能量 E 由下式决定：

$$E = J\omega^2/2 \tag{5-33}$$

式中，J 为飞轮的转动惯量，与飞轮的形状与重量有关；ω 为飞轮转动的角速度。

充电时，飞轮电池中的电机以电动机形式运转，在外电源的驱动下，电机带动飞轮高速旋转，即用电给飞轮电池“充电”，增加了飞轮的转速；放电时，电机则以发电机状态运转，在飞轮的带动下对外输出电能，完成机械能到电能的转换。飞轮电池的飞轮是在真空环境下运转的，转速可达到 2×10^5 r/min。

飞轮电池技术主要涉及复合材料科学、电力电子技术、磁悬浮技术、超真空技术、微电子控制系统等学科和技术，具有明显的多学科交叉和集成特点。飞轮电池主要由以下几部分组成：复合材料飞轮、集成的发电机/电动机、支撑轴承、电力电子及其控制系统、真空腔、辅助轴承和事故屏蔽容器。典型的飞轮储能电池结构如图 5-46 所示，其基本工作原理如图 5-47 所示。

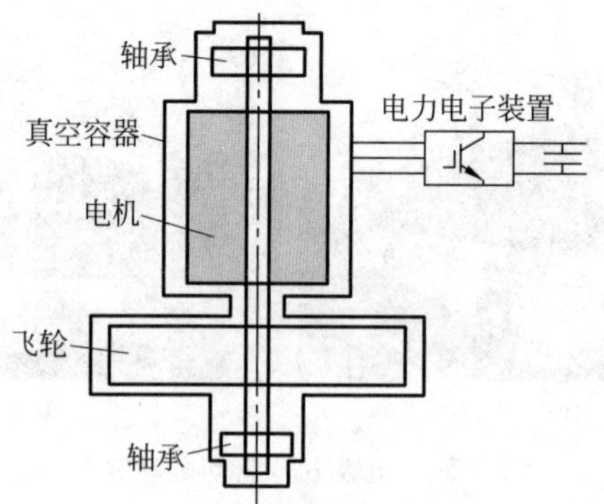

图 5-46　飞轮储能电池结构

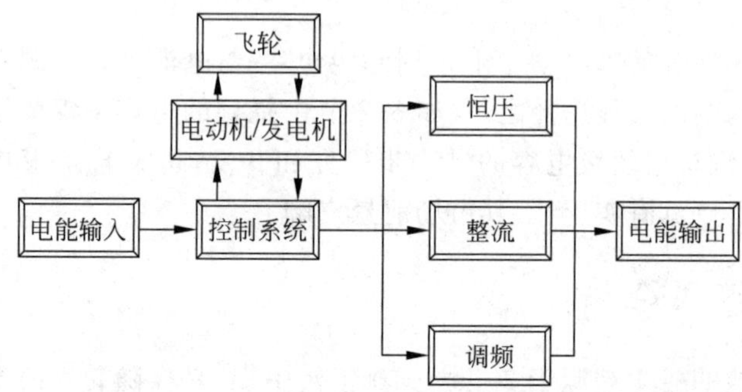

图 5-47　飞轮储能电池的工作原理

2. 飞轮电池的特性

飞轮电池是一种新型的机械储能装置,利用高速旋转的飞轮将能量以动能的形式存储起来。同蓄电池相比较,飞轮电池具有更高的能量密度和功率密度,充电时间短,使用寿命长,无过度充放电问题。因此,可将飞轮电池应用于电动汽车中,使飞轮电池和蓄电池共同提供或吸收汽车运行中的峰值功率。在特性上,飞轮电池兼顾化学电池、燃料电池和超导电池等储能装置的诸多优点,主要表现在如下方面。

(1) 能量密度高。储能密度可达 100～200W·h/kg,功率密度可达 5000～10000W/kg。

(2) 能量转换效率高。工作效率高达 90%。

(3) 工作温度范围宽。对环境温度没有严格要求。

(4) 使用寿命长。不受重复深度放电影响,能够循环几百万次运行,预期使用寿命 20 年以上。

(5) 低损耗、低维护。磁悬浮轴承和真空环境使机械损耗可以被忽略,系统维护周期长。

3. 飞轮电池的应用

在人造卫星、飞船、空间站等航空航天方面飞轮电池都有实际应用。飞轮电池一次充电可以提供同重量化学电池两倍的功率,同负载的使用时间为化学电池的 3～10 倍。同时,因为它的转速是可测可控的,故可以随时查看剩余电能。美国太空总署已在空间站安装了48个飞轮电池，联合在一起可提供超过150kW的电能。作为稳定电源，可提供几秒到几分钟的电能，这段时间可足以保证工厂进行电源切换，因此飞轮电池可作为不间断电源使用。一家德国公司制造了一种使用飞轮电池的UPS，在5s内可提供或吸收5MW的电能。

飞轮电池充电快，放电完全，非常适合车辆应用。现在由于成本和小型化的问题，仅在部分电动汽车和火车上有示范性应用，并且主要是混合动力电动车辆，车辆在正常行驶或制动时，给飞轮电池充电，在加速或爬坡时，飞轮电池则给车辆提供动力，保证发动机在最优状态下运转。20世纪80年代初，瑞士Oerlikon Energy公司研制成功了完全由飞轮电池供能的电动公交客车，飞轮直径1.63m，质量1.5t，可载乘客70名，在行驶过程中，需要在每个车站(站间距约800m)停车充电2min。1987年，德国开发了飞轮电池混合动力汽车，利用飞轮电池吸收90%的制动能量，并在需要短时加速等工况下输出电能补充内燃机功率的不足。1992年，美国飞轮系统公司(ASF)采用纤维复合材料制造飞轮，并开发了飞轮电池电动汽车，该车一次充电续航里程达到600km。

保时捷911GT3混合动力版采用高速飞轮代替蓄电池作为能源，如图5-48所示，其在系统布局和元件组成方面明显区别于普通混合动力汽车。其飞轮转速最高可达每分钟4万转，从而将机械能以旋转动能的形式储存起来。在车手制动时，前桥上的两个电动机充当发电机作用，为飞轮发电机提供能量。在出弯加速或超车时，车手可以将飞轮发电机中的能量释放。此时，飞轮在电磁力的作用下转速下降，它的动能转化为电能，提供给前桥两个电动机120kW的功率。在这套系统中，电力驱动前桥上的两个电动机将分别产生60kW/82hp的功率，成为车尾那台4.0L水平对置六缸发动机的补充。

图5-48 保时捷911GT3 Hybrid

1,5—混合动力控制系统；2—前桥双电机；3—高压电缆；4—飞轮电池

作为一种新兴的储能方式，飞轮电池拥有传统化学电池所无法比拟的优点，符合未来储能技术的发展方向。目前，飞轮电池除了上面介绍的应用领域以外，也正在向小型化、低廉化的方向发展。可以预见，伴随着飞轮技术和材料学的进步，飞轮电池将在未来的各行各业中发挥重要的作用。

复习思考题

1. 铅酸电池作为电动汽车的能量来源,有何优势和不足?
2. 镍氢电池和镍镉电池的性能有何异同?
3. 燃料电池有哪些种类?比较其与化学电池和内燃机的异同。
4. 超级电容的基本原理是什么?为什么可作为一种优秀的电动汽车能量源?
5. 锂电池之外还有哪些电池及储能装置?为何其在纯电动汽车电源领域的应用不如锂电池广泛?

第6章 动力电池管理系统

电动汽车的能量来源于动力电池，电池管理系统(battery management system，BMS)是用来对车辆电池组进行安全监控及有效管理，提高蓄电池使用效率的装置。对于电动车辆而言，通过该系统对电池组充放电的有效控制，可以达到增加续航里程、延长使用寿命、降低运行成本的目的，并保证动力电池组应用的安全性和可靠性。动力电池管理系统是电动汽车不可缺少的核心部件之一。中国企业在动力电池BMS领域，取得了非常优异的成绩。本章将重点介绍动力电池系统的构成、功能和工作原理。

6.1 电池管理系统概述

6.1.1 基本构成和功能

对电池管理系统功能和用途的理解是随着电动车辆技术的发展逐步丰富起来的。最早的电池管理系统仅仅进行电池一次测量参数(电压、电流、温度等)的采集，之后发展到二次参数(SOC、内阻)的测量和预测，并根据极端参数进行电池状态预警。现阶段电池管理系统除完成数据测量和预警功能外，还通过数据总线直接参与车辆状态的控制。

电池管理系统的主要工作原理可简单归纳为：数据采集电路采集电池状态信息数据后，由电子控制单元(ECU)进行数据处理和分析，然后电池管理系统根据分析结果对系统内的相关功能模块发出控制指令，并向外界传递参数信息。

电池管理系统是电池保护和管理的核心部件，图6-1所示为某电动汽车动力电池的BMS。在动力电池系统中，它的作用相当于人的大脑。它不仅要保证电池安全可靠地使用，而且要充分发挥电池的能力和延长使用寿命，作为电池和整车控制器以及驾驶者沟通的桥梁，通过控制接触器控制动力电池组的充放电，并向VCU上报动力电池系统的基本参数及故障信息。

典型的电池管理系统结构主要分为主控模块和从控模块两大块。具体来说，由中央处理单元(主控模块)、数据采集模块、数据检测模块、显示单元模块、控制部件(熔断装置、继电器)等构成。在功能上，电池能量管理系统主要包括数据采集、电池状态计算、能量管理、安全管理、热管理、均衡控制、通信功能和人机接口。图6-2所示为电池管理系统功能示意图。

图 6-1　某电动汽车电池管理系统外观

GB 38661 电动汽车用电池管理系统技术条件

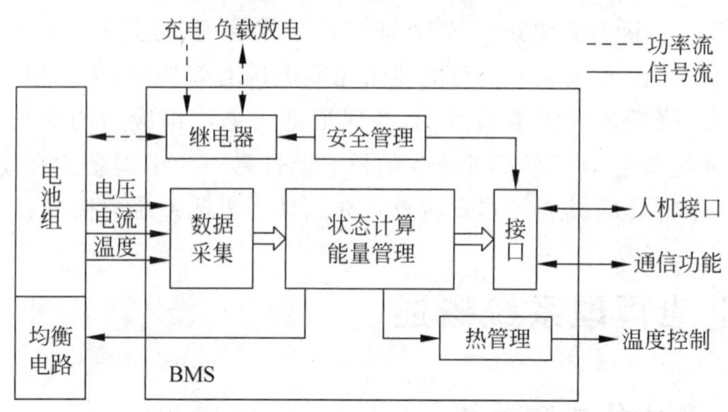

图 6-2　电池管理系统功能示意

1）数据采集

电池管理系统的所有算法都是以采集的动力电池数据作为输入，采样速率、精度和前置滤波特性是影响电池系统性能的重要指标。电动汽车电池管理系统的采样速率一般要求大于 200Hz(5ms)。

2）电池状态计算

电池状态计算包括电池组荷电状态（SOC）和电池组健康状态（SOH）两方面。SOC 用来提示动力电池组剩余电量，是计算和估计电动汽车续航里程的基础。SOH 用来提示电池技术状态、预计可用寿命等健康状态的参数。

3）能量管理

能量管理主要包括以电流、电压、温度、SOC 和 SOH 为输入进行充电过程控制，以 SOC、SOH 和温度等参数为条件进行放电功率控制两个部分。

4）安全管理

安全管理用于监视电池电压、电流、温度是否超过正常范围，防止电池组过充过放。现在对电池组进行整组监控的同时，多数电池管理系统已经发展到对极端单体电池进行过充、过放、过热等安全状态管理。

5）热管理

热管理是在电池工作温度超高时进行冷却，低于适宜工作温度下限时进行电池加热，使电池处于适宜的工作温度范围内，并在电池工作过程中总保持电池单体间温度均衡。对于大功率充放电和高温条件下使用的电池，电池的热管理尤为重要。

6）均衡控制

由于电池的一致性差异导致电池组的工作状态是由最差电池单体决定的。在电池组各个电池之间设置均衡电路，实施均衡控制，是为了使各单体电池充放电的工作情况尽量一致，提高整体电池组的工作性能。

7）通信功能

通过电池管理系统实现电池参数和信息与车载设备或非车载设备的通信，为充放电控制、整车控制提供数据依据是电池管理系统的重要功能之一，根据应用需要，数据交换可采用不同的通信接口，如：模拟信号、PWM 信号、CAN 总线或 I^2C 串行接口。

8）人机接口

人机接口根据设计的需要设置显示信息以及控制按键、旋钮等。

电池管理系统的主要工作原理简单归纳为，数据采集电路采集电池状态信息数据后，由电子控制单元进行数据处理和分析，然后电池管理系统根据分析结果对系统内的相关功能模块发出控制指令，并向外界传递参数信息。

6.1.2　数据采集方法

1. 单体电压采集

电池单体电压采集是动力电池组管理系统中的重要一环，其性能的好坏或精度决定了系统电池状态信息判断的精确程度，并进一步影响后续的控制策略能否有效实施。常用的单体电压检测方法如下。

1）继电器阵列法

如图 6-3 为基于继电器阵列法的电池电压采集电路原理框图，由端电压传感器、继电器阵列、A/D 转换芯片、光耦、多路模拟开关等组成。如果需要测量 n 块串联成组电池的端电压，就需要 $n+1$ 根导线引入电池组各节点中。当测量第 m 块电池的端电压时，单片机发出相应的控制信号，通过多路模拟开关、光耦和继电器驱动电路选通相应的继电器，将第 m 和 $m+1$ 根导线引入到 A/D 转换芯片。通常开关器件的电阻较小，引起的误差可忽略不计，只有分压电阻和模块转换芯片以及电压基准的精度能够影响最终结果的精度。所以，在所需要测量的电池单体电压较高且对精度要求也高的场合最适合使用继电器阵列法。

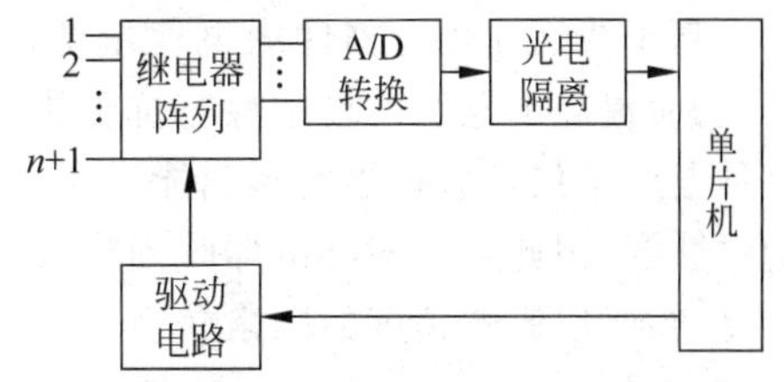

图 6-3　基于继电器阵列法的电池电压采集电路原理框图

2）恒流源法

恒流源电路进行电池电压采集的基本原理是，在不使用转换电阻的前提下，将电池端电压转化为与之呈线性变化关系的电流信号，以此提高系统的抗干扰能力。在串联电池组中，由于电池端电压也就是电池组相邻节点间的电压差，故要求恒流源电路具有良好的共模抑制能力，一般在设计过程中多选用集成运算放大器来达到目的。由于设计思路和应用场合的不同，恒流源电路有不同的形式。图 6-4 为运算放大器和场效应管组合构成的减法运算恒流电源。由运放的结构可知,该电路是具有高开环放大倍数并带有深度负反馈结构的多级直接耦合放大电路,其结构简单,共模抑制能力强,采集精度高,具有很好的实用性。

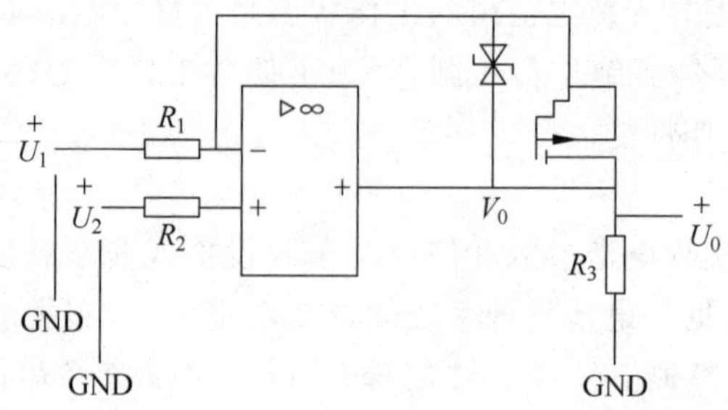

图 6-4　运算放大器和场效应管组合构成的减法运算恒流电路

3)隔离运放采集法

隔离运算放大器是一种能够对模拟信号进行电气隔离的电子元件,广泛用作工业过程控制中的隔离器和各种电源设备中的隔离介质。一般由输入和输出两部分组成,二者单独供电,并以隔离层划分,信号从输入部分调制处理后经过隔离层,再由输出部分解调复现。隔离运算放大器非常适合应用于电池单体电压采集,它能将输入的电池端电压信号与电路隔离,从而避免了外部干扰,可以提高单体电压采集的精度,可靠性强。虽然该电路性能优越,但是成本费用高,影响了它的应用的广泛性。

4)压/频转换电路采集法

当利用压/频(V/f)转换电路实现电池单体电压采集功能时,压/频变换器的应用是关键,它是把电压信号转化为频率信号的元件,具有良好的精度、线性度和积分输入等特点。该采集方法中,电压信号直接被转换为频率信号,随即就可以进入单片机的计数器端口进行处理,而不需要 A/D 转换。这种方法所涉及的元件比较少,但是电路中的电容器相对误差一般都比较大,从而影响了测量的精度。

5)线性光耦合放大电路采集法

基于线性光耦合器件的电池单体电压采集电路实现了信号采集端和处理端之间的隔离,从而提高了电路的稳定性与抗干扰能力。线性光耦两端需要使用不同的独立电源,因此该种电路不仅具有很强的隔离能力和抗干扰能力,还使模拟信号在传输过程中保持了较好的线性度,因此可以与继电器阵列或选通电路配合使用于多路采集系统中。但是其电路相对复杂,所以影响精度的因素较多。

2. 温度采集

温度对电池性能的影响是不可忽略的,比如电池在低温环境下性能会出现明显的衰减,不利于能量的输出,而电池温度过高则有可能引发热失控,形成安全隐患。因此,准确采集温度参数显得尤为重要。采集温度的关键在于如何选择合适的温度传感器。目前,被用作温度传感器的原件有很多,如热电耦、热敏电阻、热敏晶体管、集成温度传感器等。

1)热敏电阻采集法

热敏电阻采集法的原理是利用热敏电阻阻值随温度的变化而变化的特性,用一个定值电阻和热敏电阻串联起来构成一个分压器,从而把温度的高低转化为电压信号,再通过模/数转换得到温度的数字信息。虽然热敏电阻成本低,但是线性度不好,而且制造误差一般也较大。

2）热电耦采集法

热电耦的作用原理是双金属体在不同温度下会产生不同的热电动势，通过采集这个电动势的值就可以通过查表得到温度值。由于热电动势的值仅和材料有关，所以热电耦的准确度很高。但是由于热电动势都是毫伏等级的信号，所以需要放大，外部电路比较复杂。一般来说金属的熔点都比较高，所以热电耦一般用于高温的测量。

3）集成温度传感器采集法

由于温度的测量在日常生产、生活中运用越来越广泛，所以半导体生产商们都推出了许多集成温度传感器，如DS18B20（见图6-5）、TMP35等。这些温度传感器虽然很多都是基于热敏电阻式的，但在生产过程中进行了校正，所以精度可以媲美热电耦，而且直接输出数字量，很适合在数字系统中使用；由于批量生产，价格也非常便宜。

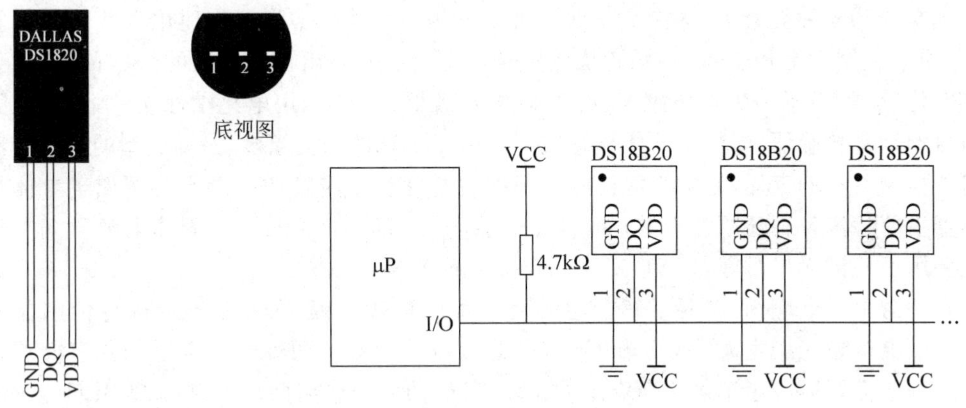

图6-5　DS18B20测温芯片外观及其典型应用电路

3. 电流采集

电池充放电电流大小对电池管理具有重要意义，可用于电量管理和功率估算、防止过充及过放电，是电池工作过程中的重要参数，因此需要对电流信号进行测量和实时监控。常用的电流检测方法有分流器、互感器、霍尔元件电流传感器和光纤传感器等4种，各种方法的特点见表6-1。

表6-1　不同电流采集方法特点对比

项　目	分　流　器	互　感　器	霍尔元件电流传感器	光纤传感器
插入损耗	有	无	无	无
布置形式	需插入主电路	开孔、导线传入	开孔、导线传入	—
测量对象	直流、交流、脉冲	交流	直流、交流、脉冲	直流、交流
电气隔离	无隔离	隔离	隔离	隔离
使用方便性	小信号放大，需隔离处理	使用较简单	使用简单	—
适合场合	小电流、控制测量	交流测量、电网监控	控制测量	高压测量，电力系统常用
价格	较低	低	较高	高
普及程度	普及	普及	较普及	未普及

以上各种采集方法中,光纤传感器昂贵的价格影响了其在控制领域的应用;分流器成本低、频响好,但使用麻烦,必须接入电流回路;互感器只能用于交流测量;霍尔传感器性能好,使用方便。目前,在电动车辆动力电池管理系统电流采集与监测方面应用较多的是分流器和霍尔传感器。

4. 烟雾采集

电动车辆在行驶或充电过程中由于外界及电池本身问题,可能由于过热、挤压和碰撞等原因而导致电池出现冒烟或起火等极端事故,如果不能及时发现并得到有效处理,势必导致事故进一步扩大,对周围电池、车辆以及车上人员构成威胁,严重影响到车辆运行的安全。为防患于未然,近年来烟雾检测被引入电池管理系统的监测,并越来越受到重视。

烟雾传感器种类繁多,从检查原理上可以分为三大类:①利用物理化学性质的烟雾传感器,如半导体烟雾传感器、接触燃烧烟雾传感器等;②利用物理性质的烟雾传感器,如热导烟雾传感器、光干涉烟雾传感器、红外烟雾传感器等;③利用电化学性质的烟雾传感器,如电流型烟雾传感器、电势型气体传感器等。由于烟雾的种类繁多,一种类型的烟雾传感器不可能检测所有的气体,通常只能检测某一种或某几种特定性质的烟雾。例如半导体烟雾传感器主要检测各种还原性烟雾,如 CO、H_2、C_2H_5OH、CH_3OH 等;固体电解质烟雾传感器主要用于检测无机烟雾,如 O_2、CO_2、H_2、Cl_2、SO_2 等。

在动力电池上应用,需要了解电池燃烧产生的烟雾过程,在此基础上进行传感器的选择。一般电池燃烧产生大量 CO 和 CO_2,因此可以选择对这两种气体敏感的传感器。在传感器结构上需要适应于车辆长期应用的振动工况,防止由于路面灰尘、振动等引起传感器的误动作。

动力电池管理系统中烟雾报警装置应安装于驾驶员控制台,在接收到报警信号时,迅速发出声光报警和故障定位,保证驾驶员能够及时发现和接收到报警信号。

6.2 动力电池电量及其均衡管理

6.2.1 电量管理系统

电池电量管理是电池管理的核心内容之一,对于整个电池状态的控制、电动车辆续航里程的预测和估计具有重要意义。

1. SOC 估算精度影响因素

由于动力电池荷电状态(SOC)的非线性,并且受到多种因素的影响,导致电池电量估计和预测方法复杂,准确估计 SOC 比较困难。估算精度的影响因素定性规律如下。

(1) 充放电电流。相对于额定充放电工况,动力电池一般表现为大电流可充放电容量低于额定容量,小电流可充放电容量大于额定容量。

(2) 温度。不同温度下电池组的容量存在着一定的变化,温度段的选择及校正因素直接影响到电池性能和可用电量。

(3) 电池容量衰减。电池的容量在循环过程中会逐渐减少,因此对电量的校正条件就需要不断地改变，这也是影响模型精度的一个重要因素。

(4) 自放电。由于电池内部的化学反应，会产生自放电现象，使其在放置时，电量发生损失。自放电大小主要与环境温度成正比，需要按实验数据进行修正。

(5) 一致性。电池组的建模和容量估算与单体电池有一定的区别，电池组的一致性差别对电量的估算有重要的影响。电池组的电量估算是按照总体电池的电压来估算和校正的，如果电池差异较大将导致估算的精度误差很大。

2. 精确估计 SOC 的作用

SOC 是防止动力电池过充和过放的主要依据，只有准确估算电池组的 SOC 才能有效提高动力电池组的利用效率，保证电池组的使用寿命。在电动汽车电池管理系统中，准确估算蓄电池 SOC 的作用如下：

(1) 保护蓄电池。过充电和过放电都可能对蓄电池产生永久性的损害，严重减少蓄电池的使用寿命。但只要提供准确的 SOC 值，整车控制策略就可以将 SOC 控制在合适的范围内(20%～80%)，起到防止电池过充或过放的作用，从而保护电池正常使用，延长电池寿命。

(2) 提高整车性能。若没有准确的 SOC 值，为保证电池的安全使用，整车控制策略就会保守使用电池，防止电池过充或过放电出现。可是这样不能充分发挥电池的性能，从一定程度上降低了整车的性能。

(3) 降低对动力电池的要求。在准确估算 SOC 的前提下，电池的性能可以被充分使用。也就是说，如果能够精确估计 SOC，在选择电池的时候，针对电池性能设计的余量可大大减小。例如，能够精确估计 SOC 时只需要 60A·h 的电池组，假如做不到估计准确，为了保证整车可靠，则可能需要采用 80A·h 甚至更高容量的电池组。

(4) 提高经济性。选择较低容量的动力蓄电池组可以降低整车的制造成本。同时，由于提高了系统的可靠性，后期的维护成本也可大大降低。

3. 常用的 SOC 估计算法

1) 开路电压法

开路电压法是最简单的测量方法，主要根据电池组开路电压判断 SOC 的大小。由电池的工作特性可知，电池组的开路电压和电池的剩余容量存在一定的对应关系，某动力电池组电压容量对应关系如图 6-6 所示。随着电池放电容量的增加，电池的开路电压降低。由此，可以根据一定的充放电倍率时电池组开路电压和 SOC 对应曲线，通过测量电池组开路电压的大小，插值估算出电池的 SOC 值。

该方法简单易行，但是由于不同充放电倍率时电池组的电压不一致，因此在电流波动较大的场合，这种方法的准确性将大打折扣。另外，不同工况下电池组的内阻大小不一样，将导致同样充放电倍率下不同时期的电池组电压不一致，使得测量方式的测量精度较低。同时，温度对电池组的放电平台影响也较大。因此，光靠电压来估算 SOC 值难以满足实际需求。

另一种电压估算方法是在电池组充放电状态转换时通过电压对电池组容量进行估算，根据经验模型，在充放电状态改变时用模型估计容量。这相当于引入电池的内阻进行校正，

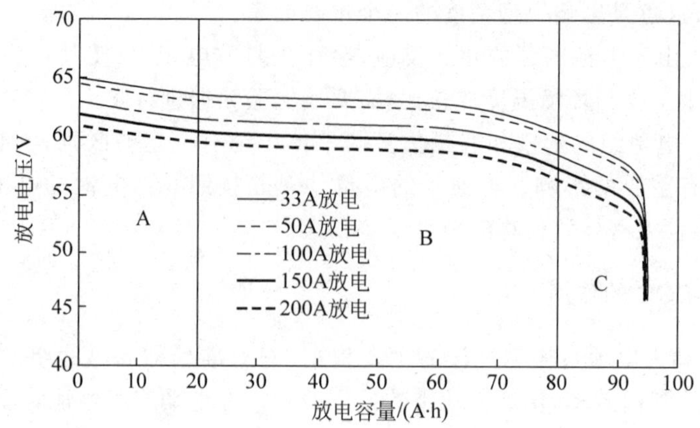

图 6-6 某动力电池组电压与容量的对应关系

比普通的电压和容量相对应的方式精度稍高些。

开路电压法对单体电池的估计要优于电池组,当电池组中出现单体电池不均衡,会导致电池组容量低时电压会很高,因此该方法不适合于个体差异大的电池组。

2) 容量积分法

容量积分法是通过对单位时间内流入流出电池组的电流进行累积,从而获得电池组每一轮放电能够放出的电量,确定电池 SOC 的变化。设电池满电状态下电池容量为 Q_m,完全放电后电池容量为 0,则有

$$\mathrm{SOC}=\frac{Q_m-\int_0^t i\,\mathrm{d}t}{Q_m} \tag{6-1}$$

该计算方法虽然可行,但是由于电池放电的特殊性,不同放电倍率状态下,Q_m 的值不同。在大电流放电时,电池电压下降到电池工作截止电压以下,但显示的 SOC 计算值大于 0;反之,在小电流放电时,SOC 显示值减小到 0 电池还能工作。

同时,电流积分法存在一定的误差,多次循环之后会出现一些误差累积,且该误差可能越来越大,因此需要进行校正。目前校正的方法大多是利用电池组电压来校正因电流积分而导致的累积误差。通过电池组放电到终止电压时,无论 SOC 值为多少都置为 0,这样可以避免长时间积分的累积误差。也有在电池组静态时采用电压法来校正,而在工作时用电流积分法。然而由于电压和容量对应关系受到温度、放电电流、电池组均衡性的影响,因此仅仅通过电压校正的方法仍需要进一步的优化。

3) 电池内阻法

电池内阻有交流内阻(常称交流阻抗)和直流内阻之分,它们都与 SOC 有密切关系。电池交流阻抗为电池电压与电流之间的传递函数,是一个复数变量,表示电池对交流电的反抗能力,要用交流阻抗分析仪来测量(见图 6-7)。但是,电池交流阻抗受温度影响大,电池处于静置后开路的状态,还是电池在充放电过程中进行交流阻抗测量存在争议,所以很少在实车测量上使用以判定 SOC 数值,然而由于交流阻抗和电池健康状态存在一定的对应关系,在电池状态监控及故障诊断上却有较大的应用价值。

直流内阻表示电池对直流的反抗能力,等同于在同一段时间内,电池电压变化量和电流变化量的比值。实际测量中,将电池从开路状态开始恒流充电或放电,相同时间里负载电压

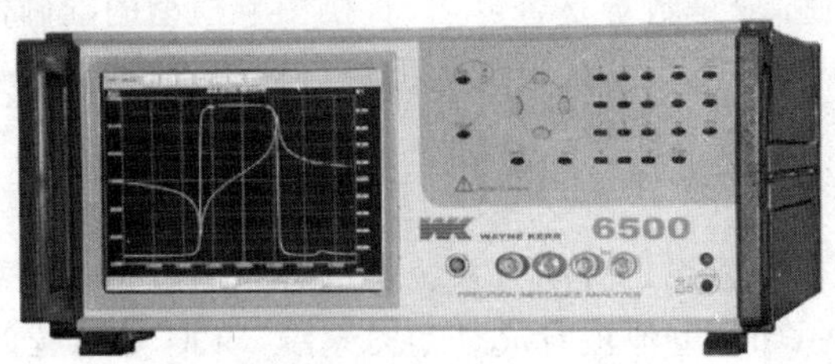

图 6-7 阻抗分析仪

和开路电压的差值除以电流值就是直流内阻。图 6-8 所示即为某电池直流内阻随 SOC 的变化规律。

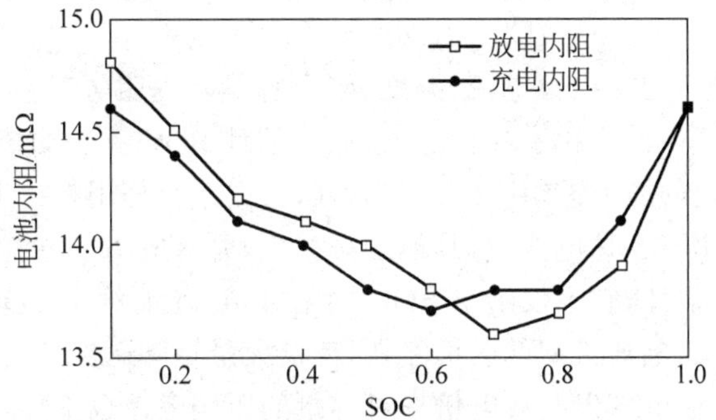

图 6-8 某电池直流内阻随 SOC 的变化规律

直流内阻的大小受计算时间段的影响，如时间段短于 10ms，只有欧姆内阻能够测量到；若时间段较长，内阻就会变得复杂。准确测量电池单体内阻比较困难，这就是直流内阻法的缺点。在某些电池管理系统中，会将内阻法与容量积分法组合使用来提高 SOC 估算的精度。

4）模糊逻辑推理和神经网络法

模糊逻辑推理和神经网络是人工智能领域的两个分支，模糊逻辑接近人的形象思维方式，擅长定性分析和推理，具有较强的自然语言处理能力；神经网络采用分布式存储信息，具有很好的自组织、自学习能力。这两者的共同点就是都采用并行处理结构，可从系统的输入、输出样本中获得系统输入输出关系。电池是高度的非线性系统，可利用模糊逻辑推理和神经网络的并行结构及学习能力估算 SOC。图 6-9 所示为估算 SOC 神经网络的典型结构。

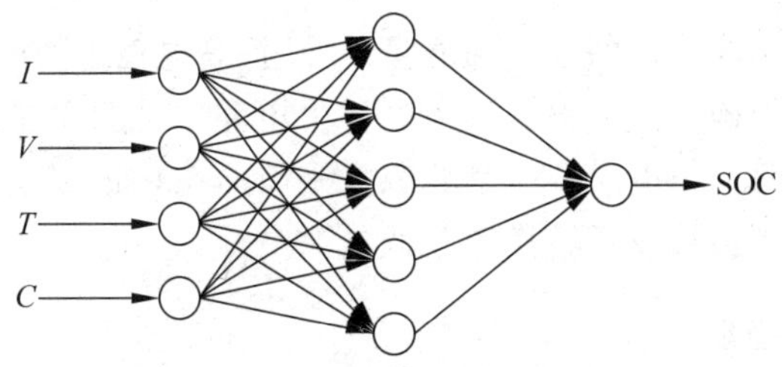

图 6-9 估算 SOC 神经网络结构图

该网络结构为多输入单输出的三层前馈网络。输入量为电流、电压、温度、充放电容量、内阻等，输出量为 SOC 值。中间层神经元个数取决于问题的复杂程度及分析精度。神经网络的输入量选择是否合适,变量数量是否恰当,直接影响模型的准确性和计算量。该方法适用于各种电池,但其缺点是需要大量的参考数据进行训练,估计误差受训练数据和训练方法的影响很大。

5) 卡尔曼滤波法

卡尔曼滤波理论的核心思想是对动力系统的状态做出最小方差意义上的最优估算。该方法应用于电池 SOC 估算时,电池被看成是动力系统,SOC 是系统的一个内部状态。电池模型的一般数学形式如下:

状态方程:

$$x_{k+1}=A_k x_k+B_k u_k+w_k=f(x_k,u_k)+w_k \tag{6-2}$$

观测方程:

$$y_k=C_k x_k+v_k=g(x_k,u_k)+v_k \tag{6-3}$$

系统输入量 u_k 通常包括电池电流、温度、剩余容量和内阻等变量,输出量 y_k 通常为电池的工作电压,电池 SOC 包含在系统状态 x_k 中。估计 SOC 算法的核心,是一套包括 SOC 估计值和反映估计误差的协方差矩阵的递归方程,协方差矩阵用来给出估计误差范围。

卡尔曼滤波法适用于各种电池,与其他方法相比,尤其适用于电流波动比较剧烈的混合动力汽车电池 SOC 的估计,它不仅给出 SOC 的估计值,还能给出 SOC 的估计误差。但是若想要得到的值更精确,电池模型就会更复杂,涉及大量矩阵运算,工程上实现成本过高,而且该方法对于温度、自放电率以及放电倍率对容量的影响考虑也不够全面。

总体来说,想要得到精确的 SOC 估值并不容易,其受多方面因素影响。以上五种方法的估算策略对比大致如表 6-2 所示。

表 6-2 不同 SOC 估算策略对比

估算策略	优点	缺点
开路电压法	简单易行	适应性不佳
容量积分法	模型简单	需校正误差
内阻法	模型简单	测量较困难
模糊推理和神经网络法	适合非线性模型	需要准确的模型
卡尔曼滤波法	精度比较高	模型复杂运算量大

6.2.2 均衡管理系统

为了平衡电池组中单体电池的容量和能量差异,提高电池组的能量利用率,在电池组的充放电过程中需要使用均衡电路。根据均衡过程中电路对能量的消耗情况,可以分为能量耗散型和能量非耗散型两大类电路。能量耗散型是将多余的能量全部以热量的方式消耗,非耗散型是将多余的能量转移或者转换到其他电池中。

1. 能量耗散型均衡管理

能量耗散型是通过单体电池的并联电阻进行放电分流从而实现均衡,如图 6-10 所示,这种电路结构简单,均衡过程一般在放电过程中完成,对容量低的单体电池不能补充电量,存在能量浪费和增加热管理系统负荷的问题。能量耗散型一般有两类。

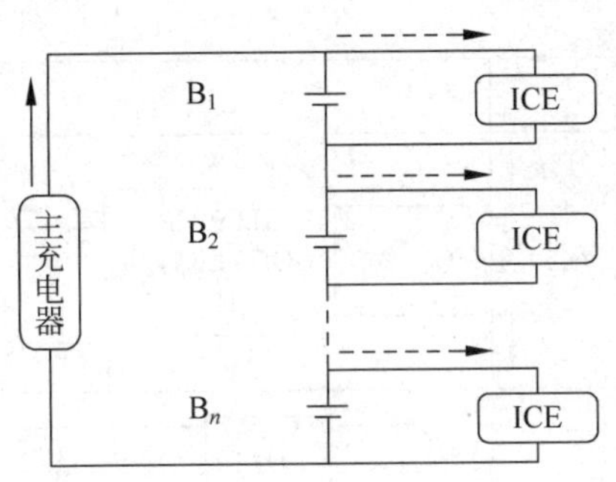

图 6-10 电阻分流式均衡原理图(ICE 为单体电池均衡器)

(1) 恒定分流电阻均衡放电电路 每个电池单体上都始终并联一个分流电阻。这种方式的特点是可靠性高,分流电阻的阻值大,通过固定分流来减小由于自放电导致的单体电池差异。其缺点在于无论电池充电还是放电过程,分流电阻始终消耗功率,能量损失大,一般在能够及时补充热量的场合使用。

(2) 开关控制分流电阻均衡放电电路 分流电阻通过开关控制,在放电过程中,当单体电池电压达到截止电压时,均衡装置能阻止其过放并将多余的能量转化成热能。这种均衡电路工作在放电期间,特点是可以对放电时单体电池电压偏高者进行分流。其缺点是由于均衡时间的限制,导致分流时产生的大量热量需要及时通过热管理系统耗散,尤其在容量比较大的电池组中更明显。例如,10A·h 的电池组,100mV 的电压差异,最大可达 500mA·h 以上的容量差异,如果以 2h 的均衡时间计,则分流电流为 250mA,分流电阻值约 14Ω,产生的热量为 2W·h 左右。

能量散耗型电路结构简单,但是均衡电阻在分流过程中不仅会消耗能量,还会由于电阻发热引起电路的热管理问题。由于这种电路是通过能量消耗的办法限制单体电池出现过高或过低的端电压,所以只适合在静态均衡中使用,其高温升特点降低了系统的可靠性,不宜用于动态均衡,并且只适合容量较小的电池组。

2. 非能量耗散型均衡管理

均衡原理

非能量耗散型电路的耗能相对于能量耗散型电路小很多,但电路结构相对复杂,可分为能量转换式均衡和能量转移式均衡两种方式。

1) 能量转换式均衡

能量转换式均衡是通过开关信号,将电池组整体能量对单体电池进行能量补充,或者将单体电池能量向整体电池组进行能量转换。其中单体能量向整体能量转换一般都是在电池组放电过程中进行,电路如图 6-11 所示。该电路是通过检测各个单体电池的电压值,当单体电池电压达到一定值时,均衡模块开始工作。把单体电池中的放电电流进行分流从而降低放电电压,分出的电流经模块转换把能量反馈回放电总线,达到均衡的目的。还有的能量转换式均衡可以通过续航电感,完成单体到电池组的能量转换。

电池组整体能量向单体转换的电路如图 6-12 所示。这种方式也称为补充式均衡,即在放电过程首先通过主放电模块对电池组进行放电,电压检测电路对每个单体电池进行监控。当任一单体电池的电压过高时,主放电电路就会关闭,然后补充式均衡放电模块开始对电池组放电。通过优化设计,均衡模块中放电电压经过一个独立的 DC-DC 变换器和一个同轴线

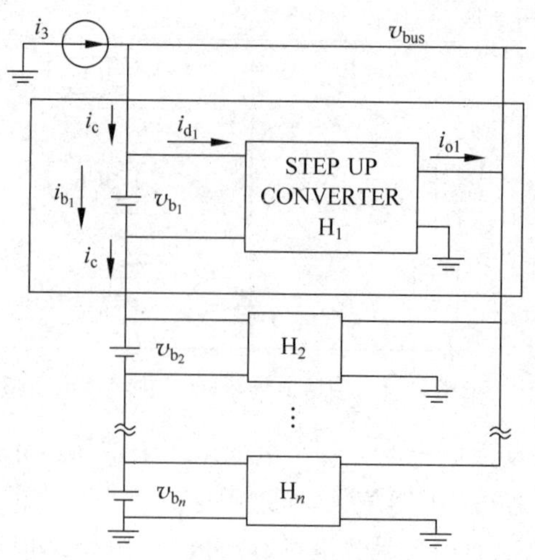

图 6-11　单体电压向整体电压转换方式

圈变压器，给每个单体电池增加相同的次绕组。这样，单体电压高的电池从辅助放电电路上得到的能量少，而单体电压低的电池从辅助放电电路上得到的能量多，从而达到均衡的目的。此方式的问题在于次绕组的一致性难以控制，即使副边绕组匝数完全相同，考虑到变压器漏感以及副边绕组之间的互感，单体电池也不一定获得相同的放电电压。同时，同轴线圈也存在一定的能量耗散，并且这种方式的均衡只有充电均衡，对于放电状态的不均衡无法起作用。

2）能量转移式均衡

能量转移式均衡是利用电感或电容等储能元件，把电池组中容量高的单体电池通过储能元件转移到容量比较低的电池上，如图 6-13 所示，该均衡方法一般应用于中大型电池组中。该电路是通过切换电容开关传递相邻电池间的能量，将电荷从电压高的电池传送到电压低的电池，从而达到均衡的目的。另外，也可以通过电感储能的方式，在相邻电池间进行双向传递。此电路的能量损耗很小，但是均衡过程中必须要有多次传输，均衡时间长，不适于多串的电池组。改进的电容开关均衡方式，可通过选择最高电压单体与最低电压单体电池间进行能量转移，从而使均衡速度增快。能量转移式均衡中能量的判断以及开关电路的实现较困难。

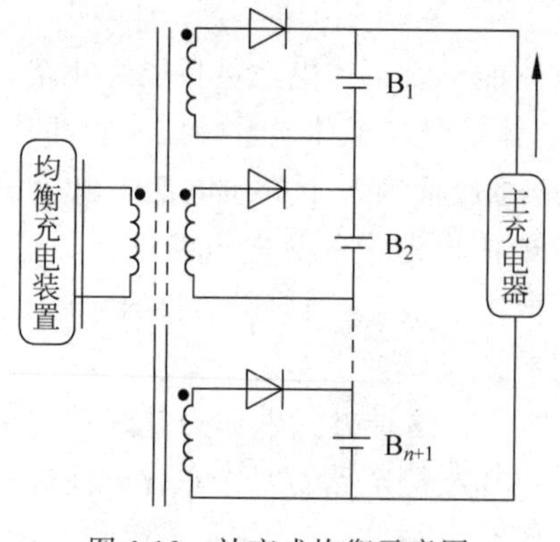

图 6-12　补充式均衡示意图

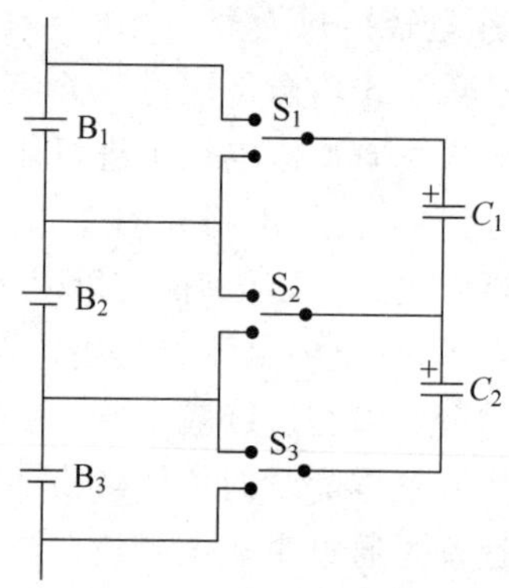

图 6-13　开关电容均衡示意图

3. 涓流充电法均衡管理

涓流充电式均衡方法是最简单的方法，不需要添加任何辅助电路。其方法是对串联电池组持续用小电流充电。由于充电电流很小，这时的过充电对慢充电池的影响并不严重。由于已经饱和的电池无法将更多的电能转化为化学能，多余的能量将会转化为热量；而对于没有充饱和的电池，却能继续接受电能，直至到达满充点。这样，经过较长的周期，所有的电池都会达到慢充状态，从而实现了容量均衡。但是这种方法需要很长的均衡充电时间，且会消耗较多能量来达到均衡。此外，这种方法亦不适合放电均衡管理。

4. 均衡管理应用中的问题

现有的电池均衡方案中，基本上是以电池组的电压来判断电池的容量，是一种电压均衡方式。这样，要达到对电池组均衡的目的，首先，对电压检测的准确性和精度要求很高，而电压检测电路漏电流的大小，直接影响了电池组的一致性。因此，设计出简单、高效的电压检测电路是均衡电路需要解决的一个问题。

同时，电压不是电池容量的唯一量度，电池内阻及连接方式的接触电阻也会导致电池电压的变化。因此，如果一味地按照电压进行均衡，将会导致过度均衡，从而浪费能量。极端情况下，有可能导致容量均衡的电池组出现不均衡。

6.3 动力电池热管理及安全管理

6.3.1 热管理系统

由于过高或过低的温度都将直接影响动力电池的使用寿命和性能，并有可能导致电池系统的安全问题，并且电池箱内温度场的长久不均匀分布将造成各电池模块、单体间性能的不均衡，因此电池热管理对于电动车辆动力电池系统而言是必需的。可靠、高效的热管理系统对于电动车辆的安全可靠应用意义重大。

1. 热管理系统概况

纯电动汽车动力电池热管理是指通过控制器、温度传感器、热传导装置、风扇、加热丝或空调等，对电池箱体内部各电池模块的温度进行干预，使其工作在较为理想的工作区间，以提高动力电池系统的工作性能和使用寿命。简言之，在电池模块温度较高时，控制器控制风扇开启或空调制冷；在电池模块温度较低时，控制器控制加热丝加热或空调制热。如图 6-14 所示为电动汽车专用 PTC 加热器的外观。

图 6-14 电动汽车专用 PTC 加热器

1) 动力电池系统的热状况

传统的燃油汽车，其蓄电池多用于启动发动机及提供车载低压电器用电需求，其能量和功率有限，因此燃油汽车的热管理主要在于发动机及其冷却系统，对于电池的热管理并没有引起重视。而新能源汽车对电池能量和功率需求较大，尤其在纯电动汽车中动力电池作为能量的唯一来源，其功率和能量需求是相当高的，而动力电池在充、放电的化学和物理过程中会产生各种热量，以锂离子电池为例，SEI膜的分解反应、嵌锂碳与溶剂的反应、嵌锂碳与氟化黏结剂的反应、电解液的分解反应、正极发生分解反应、锂金属的反应、正负活性物质的焓变、电流通过内阻都会产生热量，如果这些热量在车辆行驶过程中得不到良好的散发，将会造成动力电池性能、寿命甚至安全方面的严重后果。

同时，在低温环境尤其是在极端寒冷的条件下，电池系统由于温度低，会降低电池的能量释放甚至会出现不能正常充放电的情况，从而影响到车辆的正常使用。根据相关资料，研究某款电动汽车的电池容量-温度变化，可以知道在放电电流为100A的情况下，温度从20～0℃，再到－20℃，电池容量分别缩水了1.7%和7.7%。这意味着，电动汽车电池的容量会随电池运行环境的降低而发生缩减。因此低温对电池使用的影响是不可忽视的，必须对电池系统的热状况进行深入研究并进行相应的热管理。

2）热管理系统的主要功能

动力电池热管理系统主要有5项主要功能：①电池温度的准确测量和监控；②电池组温度过高时的有效散热和通风；③低温条件下的快速加热；④有害气体产生时的有效通风；⑤保证电池组温度场的均匀分布。

3）热管理系统的设计流程

性能良好的电池组热管理系统需要采用系统化的设计方法，目前有许多关于热管理系统的设计方法。美国国家可再生能源实验室的设计过程具有代表性，其设计包括7个步骤：①确定热管理系统的目标和要求；②测量或估计模块生热及其容量；③热管理系统首轮评估，选定传热介质，设计散热结构等；④预测模块和电池组的热行为；⑤初步设计热管理系统；⑥设计热管理系统并进行实验；⑦热管理系统的优化。

2. 传导介质设计

1）电池内热传递的方式

热传递方式主要有热传导、对流换热和辐射换热。电池和环境交换的热量也是通过辐射、传导和对流三种方式进行的。

（1）热辐射主要发生在电池表面，与表面的材质有关。

（2）热传导指物质与物体直接接触产生的热传递。而电池作为整体，电池和环境界面层的温度和环境热传导性质决定了环境中的热传导。

（3）热对流指电池表面的热量通过环境介质的流动交换热量，它也和温度差成正比。

对于单体电池而言，热辐射和热对流的影响很小，热量的传递主要是由热传导决定的。电池自身吸热的大小与自身的材料比热有关，比热越大，散热越多，电池的温升越小。如果散热量大于或等于产生热量，电池温度不会升高；如果散热量小于所产生的热量，热量将会在电池体内产生热累积，电池温度则升高。

2）传热介质的选择

传热介质对热管理系统的性能有很大的影响，要在设计热管理系统前确定。按照传热介质的不同，热管理系统的散热可分为空气散热、液冷散热和相变材料散热三种方式。

(1) 空气散热

利用空气作为传热介质对电池组进行散热是目前应用范围最广的散热方式,其原理是利用空气与电池间的对流换热实现对电池组的冷却,通常情况下可划分为自然对流换热和强制对流换热,通过设计不同的风道实现对电池系统的均衡散热。目前比亚迪 F3DM、日产 Leaf、丰田 Prius 等电动汽车中使用空气散热的方式对动力电池系统进行热管理。

空冷方式的主要优点有：结构简单,重量相对较轻；没有漏液的隐患；有害气体产生时能够有效通风；成本较低。其缺点在于其与电池壁面之间的换热系数低,冷却或加热速度慢。

(2) 液冷散热

以液体作为传热介质针对动力电池组进行散热,主要是通过在动力电池模组中安装液冷管道,通过液冷管道中的冷却液实现与电池表面的换热,从而达到冷却电池的目的。目前特斯拉 Roadster 纯电动车和德国大众 Golf 纯电动车等都采用液冷散热的方式对动力电池组进行热管理,通常冷却液介质为 50%的水和乙二醇混合物。

液冷方式的主要优点有：与电池壁面之间换热系数高,冷却、加热速度快,体积较小。其主要缺点有：存在漏液的可能,重量相对较重,维修和保养复杂,需要水套、换热器等部件,结构相对复杂。

(3) 相变材料散热

以相变材料作为散热介质,通过在电池模组内填充相变材料,当电池表面温度较高时,相变材料将会融化,吸收电池带来的热量,从而达到冷却电池的目的,这是一种被动散热。目前针对相变材料的研究主要集中在相变材料及其添加剂的研发上。

相变材料冷却既能实现动力设备在恶劣环境下电池有效降温,又能满足各电池单体间温度分布均衡,从而达到电池系统最佳运行条件,延长电池的使用寿命。电池热管理系统所采用的相变材料应当具备较大的相变潜热以及理想的相变温度,经济安全,循环利用效率高。

以上三种传热介质中,空冷和液冷应用较多,丰田公司 Prius 和本田公司 Insight 都采用空冷方式,通用公司 Volt 采用液冷,单体电池最大温差不超过 3℃。我国研制的电动车多采用空冷。相变材料应用尚处于试验阶段,尚没有电池热管理系统的应用。

3. 散热系统结构设计

电池内部不同模块之间的温度差异,会加剧电池内阻和容量的不一致性,如果长时间累积,会造成部分电池过充电或者过放电,进而影响电池的寿命与性能,并造成安全隐患。电池箱内部电池模块的温度差异与电池组布置有很大关系,一般情况下,中间位置的电池容量累积热量,边缘散热条件要好些。所以,在进行电池组结构布置和散热设计时,要尽量保证电池组散热的均匀性。

以空冷散热为例,一般有串行和并行两种通风方式来保证电池组散热的均匀性。在风道设计上,需要遵循流体力学和空气动力学的基本原理。

1) 空气流通方式

热管理系统按照是否有内部加热或制冷装置可分为被动式和主动式两种。被动系统成本较低,采取的设施相对简单；主动系统相对复杂,并且需要更大的附加功率,但效果较为理想。图 6-15～图 6-17 为空气散热主、被动结构示意图，其最大区别在于热介质的不同，两者各有优劣。

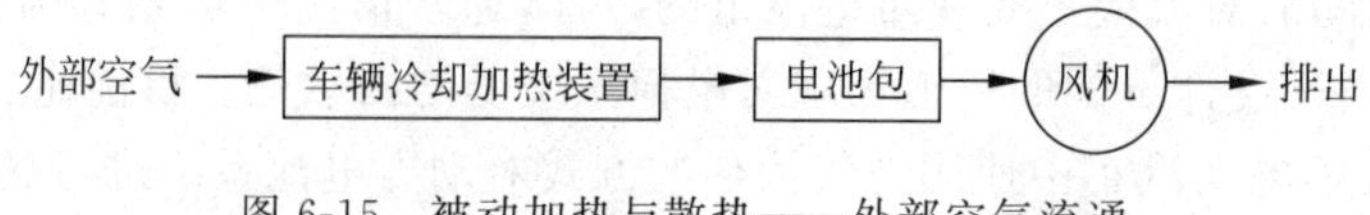

图 6-15　被动加热与散热——外部空气流通

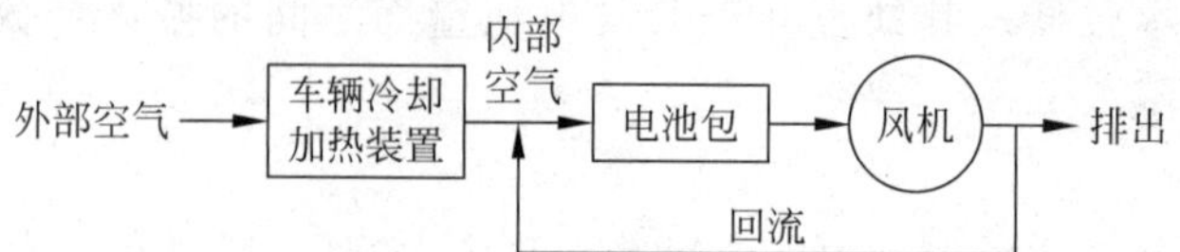

图 6-16　被动加热与散热——内部空气流通

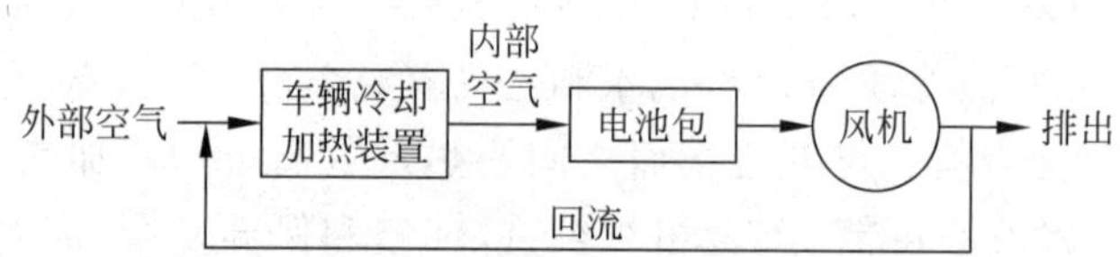

图 6-17　主动加热与散热——外部和内部空气流通

图 6-15 和图 6-16 所示空气流通方式属于被动系统。运用这种被动系统，由于引入环境空气的温度的不一致性，环境空气必须在一定温度内(10～35℃)才能正常进行热管理。考虑成本、质量、空间的布置，早期在温和气候条件下使用的车辆都是没有使用冷却单元并且只依靠空气来对电池散热。目前生产的一些混合电动汽车也是使用环境空气来被动冷却电池包，尽管空气是经过汽车空调(交流)冷却的，但它仍然被认为是一种被动系统。

2）风机选择

进行电池散热结构设计时，重点要确定风机种类和功率。以空冷为例，在保证一定散热效果的情况下，应该尽量减小流动阻力，降低风机噪声和功率消耗，提高整个系统的效率。可以用实验、理论计算和流体力学方法通过估计压降、流量来估计风机的功率消耗。当流动阻力小时，可以考虑选用轴向流动风扇；当流动阻力大时，离心式风扇比较合适。当然也要考虑风机占用空间大小和成本高低，寻求最优的风机控制策略也是热管理系统的功能之一。

3）测温点选择

电池箱内部电池组的温度分布一般是不均匀的，因此需要知道不同条件下电池组的热场分布以确定危险温度点。一般而言，测温传感器数量越多，测温越全面，但会增加系统成本和复杂性。根据不同的工程背景，理论上利用有限元分析、试验中利用红外热成像或者实时的多点温度监控的方法可以分析和测量电池组、电池模块和电池单体的热场分布，决定测温点的个数，找到不同区域合适的测量点。

一般在设计时，应保证温度传感器不被冷却风吹到，以提高温度测量的准确性和稳定性。电池设计要考虑预留传感器位置和空间，可在适当位置设计合适的孔穴。日本丰田 Prius 混合动力汽车的电池系统部件如图 6-18 所示，可以看到其温度监测由 3 个电池组温度传感器和 1 个进气温度传感器完成。

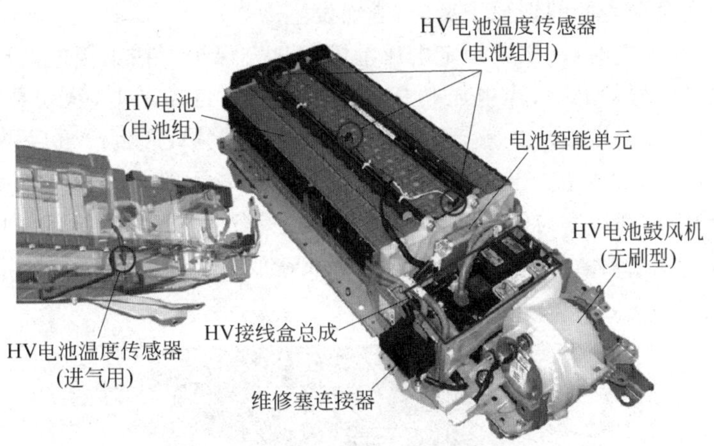

图 6-18　Prius 电池系统部件组成

6.3.2　安全管理系统

电动车辆安全管理系统主要具有烟雾报警、绝缘检测、自动灭火、过电压和过电流控制、过充电及过放电控制、防止温度过高、在发生碰撞的情况下关闭电池等功能。本节重点讲述电池系统的过充电和绝缘监测技术。图 6-19 展示了一个小型电池安全监控与预警系统，可实现锂电池电压、电流、温度、烟雾、明火等信息的采集和处理。

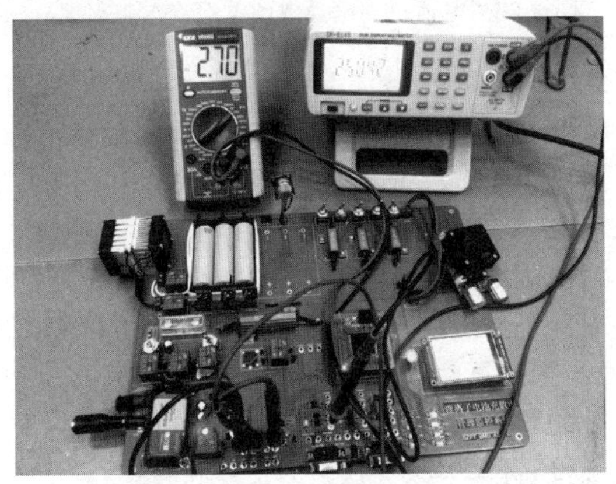

图 6-19　电池安全监控与预警系统

1. 防过充控制

电动汽车动力电池系统在充电过程中，使用过高的电压或充满后继续长时间充电，会对电池产生十分危险的损害。以锂电池单体为例，其充电电压在高于额定电压(一般是 4.2V)后，如果继续充电，由于负极的储存格已经装满了锂原子，后续的锂离子会堆积于负极材料表面。这些锂离子由于极化作用，会形成电子转移，形成金属锂，并由负极表面往锂离子来的方向长出树枝状结晶。这些没有电极防护的金属锂一方面极为活泼，容易发生氧化反应而发生爆炸；另一方面，形成的金属锂结晶会穿破隔膜，使正负极短路，从而引发短路，产生高温。在高温下，电解液等材料会裂解产生气体，使得电池外壳或压力阀鼓胀破裂，让氧气进入,并与堆积在负极表面的锂原子反应,进而发生爆炸。

因此锂电池在充电时,一定要设定电压上限和过充保护。在正规电池厂家出产的锂电池中,都装有这样的保护电路,当电压超标或电量充满时自动断电,这就是BMS安全管理中的防过充控制。如果该模块失效,将会失去对电池的保护,产生严重后果。图6-20即为2015年4月某电动大巴车在加电站过充而导致的起火事故现场。当天17时许,被认为正常充完电的车辆停放在原车位等待发车。但18时许,充电站工作人员却发现车辆后部有异味、冒烟,继而起火,直到消防人员扑灭火灾。火灾造成车辆严重损毁,并对新能源汽车的推广造成不良影响。

图6-20 电池过充电导致的电动汽车起火事故

事后调查报告显示:车辆动力电池充满电后,动力电池过充电72min,过充电量58kW·h,造成多个电池箱先后发生动力电池热失控、电解液泄漏,引起短路,导致火灾。事故原因在于BMS(电池管理系统)、充电机均未能发挥应有作用。首先,电池电量充满时,电池管理系统主控模块失效,没有主动传递停止充电信息,而始终上传失效前数据,使系统没有完成中断充电功能。其次,充电机接收到BMS上报信息,知晓电池单体电压限值3.75V和总电压限值600V,仍然持续充电,直至总电压超过了充电机自身的保护限值后,才停止充电,此时电池已经严重过充。

分析电动汽车出现过的起火事故可以发现,BMS中的安全管理,尤其是过压控制、防过充控制、烟雾报警、过温报警、自动灭火等措施的良好和有效,对于防止事故产生及进一步恶化意义重大。

绝缘检测

2. 绝缘检测

电动车辆动力电池系统电压常用的有288V、336V、384V以及544V等,已经大大超过了人体可以承受的安全电压,因此电气绝缘性能是电安全管理的一个很重要的内容,绝缘性能的好坏不仅关系到电气设备和系统能否正常工作,更重要的是还关系到人的生命财产安全。现在常用的绝缘检测方法包括以下几种。

1) 漏电直测法

在直流系统中,这是最简单也是最实用的一种检测漏电的方法。我们可以将万用表打到电流挡,串在直流正极与设备壳(或者地)之间,这样就可以检测到直流负极对壳体之间的漏电流，同样也可以串在负极与壳体之间检测直流正极对壳体之间的漏电流。

2）电流传感法

采用霍尔式电流传感器是对高压直流系统检测的一种常见方法，将电源系统中待侧的正极和负极一起同方向穿过电流传感器，当没有漏电流时，从电源正极流出的电流等于返回到电源负极的电流，因此，穿过电流传感器的电流为零，电流传感器输出电压为零，当发生漏电现象时，电流传感器的输出电压不为零。根据该电压的正负可以进一步判断该漏电流是来自于电源正极还是负极。但是应用这种检测方法的前提是待测电源必须处于工作状态，要有工作电流的流入和流出，它无法在电源系统空载的情况下评价电源对地的绝缘性能。

3）绝缘电阻表测量法

用绝缘电阻表测量绝缘电阻的阻值，绝缘电阻表俗称兆欧表，它大多采用手摇发电机供电，故又称摇表。它的刻度是以绝缘电阻为单位的，是电工常用的一种测量仪表。其工作原理图如图 6-21 所示。

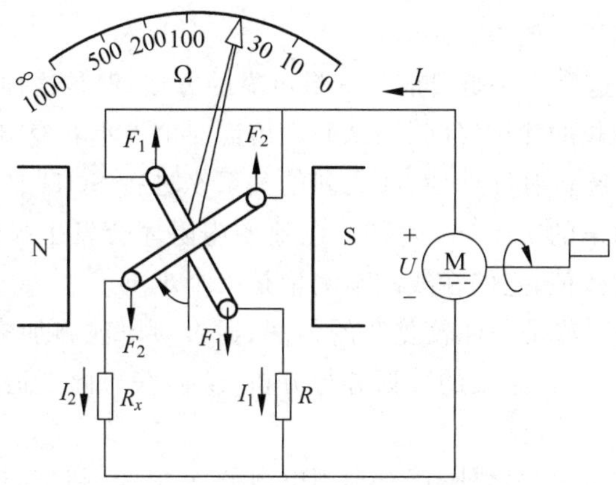

图 6-21　绝缘电阻表工作原理图

该仪表的工作原理是通过一个电压激励被测装置或网络，然后测量激励所产生的电流，利用欧姆定律测量出电阻。绝缘电阻表主要由两大部分构成：一部分是手摇发电机，另一部分是磁电式比率表。通过摇动手柄，由手摇发电机产生交流高压，经二极管整流，提供测量用的直流高压。再用磁电式比率表测量电压线圈和电流线圈中的电流比值，用指针指示器指明电阻刻度。

4）电路测量法

由于前面三种办法均需采用专有设备进行漏电流、绝缘测试，与电池系统集成存在困难，因此在电池管理系统中常用的是电路测量的方法。某电动汽车直流电压绝缘测量的原理如图 6-22 所示。

该检测电路中，正常情况下，绝缘电阻$>20\text{M}\Omega$，也就是没有漏电发生时，$U_1=U_2=1/2$电池总电压；当正极漏电时，$U_1<1/2$ 电池总电压，$U_2>1/2$ 电池总电压；当负极漏电时，$U_1>1/2$ 电池总电压，$U_2<1/2$ 电池总电压。通过对 U_1 和 U_2 两个电压的检测就可以获得电路中的漏电情况。

3. 健康状态监测

电动汽车动力电池的健康是电池管理的一个重要内容，但也是一个技术难度很大的问

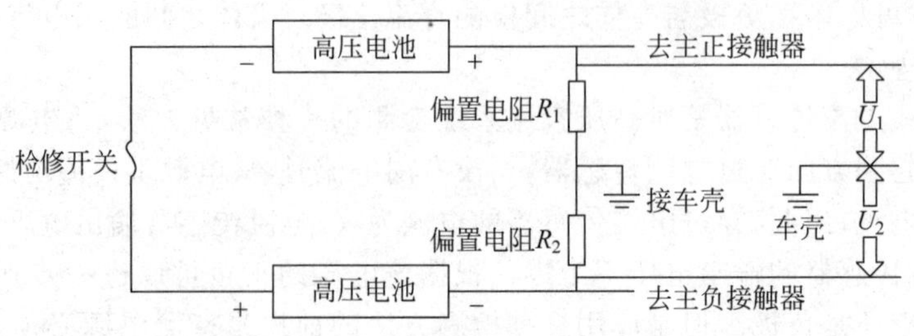

图 6-22　均衡电阻测量法工作原理图

题。由于动力电池的问题不可能从设计制造过程完全解决,在电动汽车使用运行过程对动力电池系统进行有效的状态监控可提前发现问题,并采取相应措施避免故障升级,对提高动力电池安全性具有特别重要的意义。目前对电池电压、电流、温度、SOC 等相关参数的获取相对容易实现,而对于反映电池健康状态的参数 SOH 开展准确监测却不容易。

电池健康状态的测试一般有 3 种方法。

(1) 完全放电法。这个方法是目前公认最可靠的方法,但是这种方法的缺点也很明显,需要电池离线测试和较长的测试时间,测试完之后需对电池重新充电。

(2) 内阻法。通过建立内阻与 SOH 之间的关系来进行 SOH 估算,这种方法的缺点在于当电池容量下降到原来的 70%～80%时,电池的内阻才会发生显著变化,同时电池的内阻本来就是毫欧级别的数值,它的在线准确测量是一个难点。

(3) 电化学阻抗法。这是一种较复杂的方法,通过对电池施加多个不同频率的正弦信号,然后根据模糊理论对已经采集的数据进行分析,从而获得此电池的健康状态,但这种方法运用过程较为复杂。

除以上健康状态测试方法之外,还有利用电池的 X 射线、超声、热成像、声发射、涡流等信息对电池进行监测的研究。

6.4　动力电池系统的数据通信

1. 电池管理系统的通信原理

数据通信是电池管理系统的重要组成部分之一。主要涉及电池管理系统内部主控板与检测板之间的通信,电池管理系统与车载主控制器、非车载放电机等设备间的通信等;在有参数设定功能的电池管理系统上,还有电池管理系统主控板与上位机的通信。CAN 通信方式是现阶段电池管理系统通信应用的主流,在国内外大量产业化的电动汽车电池管理系统以及国内外关于电池管理系统数据通信标准中均提倡采用该通信方式。RS-232、RS-485 总线等方式在电池管理系统内部通信中也有应用。

图 6-23 所示为某纯电动客车电池管理系统,该系统已经商业化应用。其中 RS-232 主要实现主控板与上位机或手持设备的通信,完成主控板、检测板各种参数的设定;RS-485 主要实现主控板与检测板之间的通信,完成主从板电池数据、检测板参数的传输;CAN 通信分为 CAN1 和 CAN2 两路,CAN1 主要与车载主控制器通信,完成整车所需电池相关数

据的传输；CAN2主要与车载仪表、非车载充电机通信，实现电池数据的共享，并为充电控制提供数据依据。

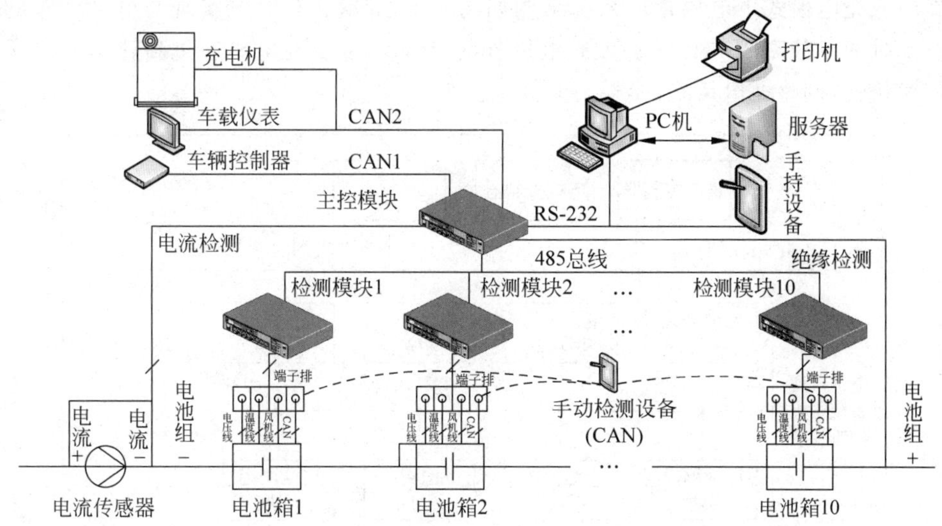

图6-23 某纯电动客车电池管理系统通信方式示意图

2. 运行模式下的通信

在车辆运行模式下电池管理系统的结构如图6-24所示。电池管理系统中央控制模块通过CAN1总线将实时的、必要的电池状态告知整车控制器以及电机控制器等设备，以便采用更加合理的控制策略，既能有效地完成运营任务，又能延长电池使用寿命。同时，电池管理系统(中央控制模块)通过CAN2将电池组的详细信息告知车载监控系统，完成电池状态数据的显示和故障报警等功能，为电池维护和更换提供依据。

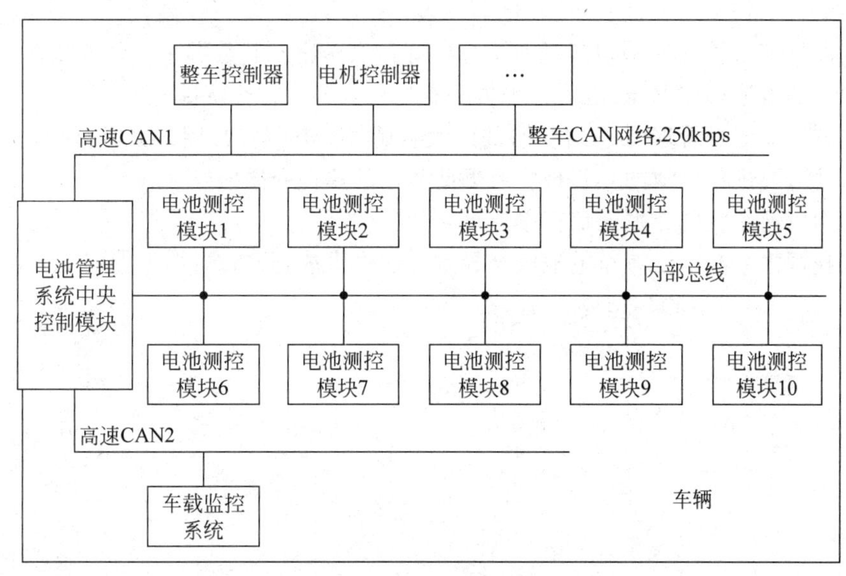

图6-24 车辆运行模式下的电池管理系统的结构

3. 应急充电模式下的通信

在应急充电模式下电池管理系统结构如图 6-25 所示。充电机实现与电动汽车的物理连接。此时的车载高速 CAN2 加入充电机节点,其余不变。充电机通过高速 CAN2 了解电池的实时状态,调整充电策略,实现安全充电。

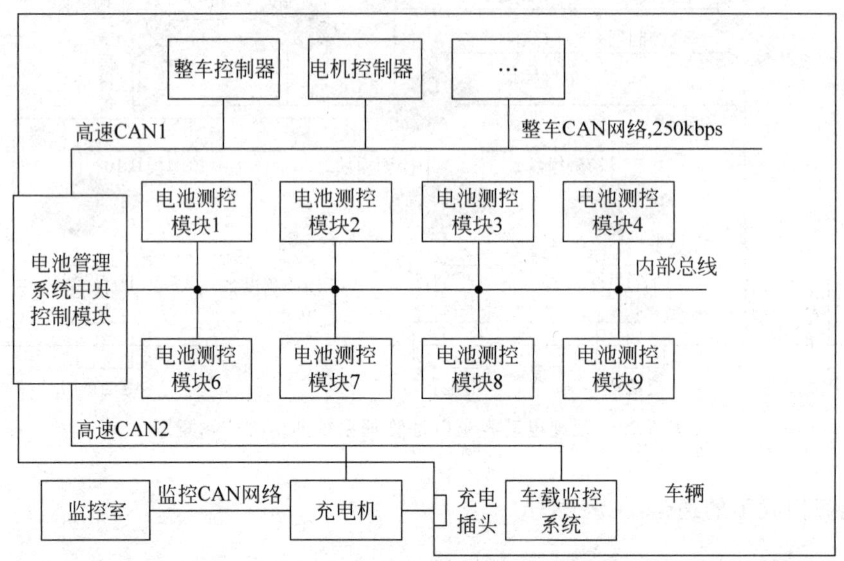

图 6-25 应急充电模式下电池管理系统结构图

复习思考题

1. 电池管理系统(BMS)包括哪些部分?有什么作用?其数据采集包括哪些?
2. 常用的电池单体电压、电流检测方法有哪些?各有什么优缺点?
3. 影响电池电量管理(SOC 估计)的因素有哪些?有哪些常用 SOC 估计算法?
4. 为什么要进行电池的热管理?有哪些常用的热传介质?
5. 动力电池系统的数据通信基本原理是什么?
6. 查找国内一起电动汽车电池安全导致的起火事故,分析事故产生原因。

第7章 动力电池充电设施

包括纯电动汽车在内的新能源汽车，其能量来源不同于传统内燃机汽车，其能源很大程度上是由电池系统（广义上包含燃料电池和储能装置）供应和管理的，混合动力汽车虽然能量来源包括燃油，但其中插电式混合动力汽车也存在充电问题。也就是说无论多大的电池容量，都必须解决电量消耗后的补充问题，这个工作目前主要是由充电设施来完成的（本章重点在于电动汽车的能量补充，不涉及燃料电池的燃料补给）。目前我国电动汽车普及的限制性因素除了电池能量密度等技术及成本制约外，充电设施也是一个重要的瓶颈因素。在本章充电操作部分将重点培养规范意识和安全意识，开展劳动教育。

7.1 电动汽车能量补给方式

电动汽车电池能量消耗后的补给方式主要有换电和充电两种，下面分别进行叙述。

7.1.1 换电模式

与电动汽车充电模式相比，电池更换方式具有电池更换时间快、电能补充速度快、自动化程度高等特点。电池更换站一般包括供配电系统、充电系统、换电系统、监控系统等部分，根据其主要服务的车辆类型和服务能力可划分为三类：第一类电池更换站指具备商用车和乘用车更换电池能力，并具备辐射本地区的电池配送功能；第二类电池更换站指具备乘用车或商用车电池更换能力，并具备一定的电池配送功能；第三类电池更换站指通过第一类、第二类电池更换站配送获得电池，具备乘用车电池更换能力。总体而言，电池更换站所要具备的核心功能就是为电动车辆进行电池箱的快速更换。

1. 换电设备

换电系统的主要设备包括电池箱、电池架、换电机器人、堆垛机器人等。如图7-1所示为电动汽车自动充换电站机器人正在工作的场景。

电池箱是由若干单体电池、箱体、电池管理系统及相关安装结构件（设备）等组成的成组电池，具备符合标准的电池箱结构、电池箱监控设备、电池箱接插件、电池箱环

换电过程

图 7-1 换电机器人工作场景

控设备等。电池箱是电动汽车和换电机器人、电池架和堆垛机器人之间直接衔接的设备，所以电池箱的设计需要综合考虑其与电动汽车整车设计、换电机器人抓取方式设计、电池架的存储方式、堆垛机器人的堆垛方式相配合，主要设计内容包括电池内外箱的尺寸、结构、材质、电气防护性能、承重耐冲击性能、接插件、电池成组方式、电池管理系统等。

电池的内外箱尺寸应该在配合汽车厂商整车的底盘、结构设计的同时，力求达到标准化、统一化和系列化。电池箱的结构一般采用抽屉式，材质的选择可以多样，但基本要求是应具备绝缘防护、防火、防水、防尘、温度控制、防振、动力可靠传输、电安全防护等性能，并且考虑成组电池及电池箱在电动汽车上长期处于一种高频振动的状态之下，所以需要特别考虑电池箱体的耐冲击、防损害变形的方法，包括电池箱的锁止机构设计、电池箱承重材料的选择等；同时，电池箱的接插件在保证可靠动力传输的前提下，也需要采取长期浮动、自动复位等可操作的设计方法，保证在高频振动条件下接插件可长期有效工作。

电池架指带有充电接口的立体支架，可实现对电池箱进行存储、充电、监控等功能，具备符合标准电池箱要求的安装位置，具有良好的稳固性、承重能力、绝缘能力、可扩展性等，满足大规模电池箱充电和存储的需求。换电机器人是完成电动汽车电池箱更换服务的机器。

2. 换电方式和过程

换电方式是指换电机器人、堆垛机器人、电池箱、电池架之间相互配合完成电池箱从电池架到电动汽车之间更换放置的方法和过程。根据服务的车型对象特点的不同，可分成为小型车辆服务的换电方式及为大型车辆服务的换电方式；根据换电实现的智能化程度，可分为全自动换电和半自动换电两种方式。

换电过程包括两个动作，即把用过的电池箱从车上取下和将充好电的电池放进车上的电池箱位置内。但这两个动作在实现过程中需要考虑诸多的因素：首先是定位技术，由于电动汽车停车的人为不可控、电动汽车的一致性等因素的影响，电池箱每次停靠的位置不可能完全一致，这就需要换电机器人对电池箱的位置进行精确可靠的定位识别；其次是机器人的校正技术，可以柔性控制实现整个电池取放过程，实现 x、y、z 三个方向的动作调整，从而解决汽车的不一致性以及汽车停放过程中的偏差；再次是机器人对电池箱的装卸技术，一般电池箱的质量都会超过 200kg，如何以一种平稳快速的方式装卸电池箱是对机器人的基本要求；最后是电池箱的识别技术，对每个电池箱进行标签识别，方便对电池的状态进行管理，确保机器人的准确操作。

为发挥换电优势，换电时间应严格遵循相关技术规范，小型乘用车的换电时间不大于5min，大型公交车换电时间不大于10min。在换电方式和流程的设计中，应该充分考虑换电机械的性能和换电流程的合理安排，将换电时间控制在规范要求以内。

3. 换电站建设

电池更换站作为一种民用、公用设施，其在站址的选择方面首先应当遵循规划相协调的原则，充分与土地及规划相关部门沟通，保证电池更换站的建设与城乡建设规划相契合；满足当地城市规划的要求，宜避免与相邻民居、企业和设施的相互干扰。其次，针对电池更换站的大用电量、大谐波的特点，电池更换站规划布局应充分考虑其所在电网运行特点和容量。再次，电池更换站的布局应当充分考虑用户需要，参考成熟的加油网点的布局建设，科学合理地规划服务半径和服务能力。

电池更换站的选址应符合环境保护和防火安全的要求，对进出线走廊、给排水设施、防排洪设施、站内外道路等合理布局，统筹安排，充分利用就近的交通、消防、给排水及防排洪等公用设施，宜避免与相邻民居、企业和设施的相互干扰。电池更换站应根据工艺布置、建设规模统筹规划，近远期结合，以近期为主。分期建设时，应根据发展需求，合理规划，分期或一次性征用土地。

7.1.2 充电模式

由于换电模式前期投资巨大，其电池安全性与责任界定困难，同时不同的电池标准导致换电运营商与汽车生产商合作困难。事实上，换电模式更适合于某些细分市场，如公共交通、物流车队等。但是对于主流的私家车市场，换电模式并不合适，因此现阶段电动汽车的能源补给方式以充电模式占优。

1. 充电设施

电动汽车充电设施可以分为交流充电桩、充电站两大类。交流充电桩按照安装方式的不同分为落地式和壁挂式两种(见图 7-2)。落地式充电桩适合在各种停车场和路边停车位进行地面安装；壁挂式充电桩适合在空间拥挤、周边有墙壁等固定建筑物上进行壁挂安装，如地下停车场或车库。

车载充电器

电动车交流充电器

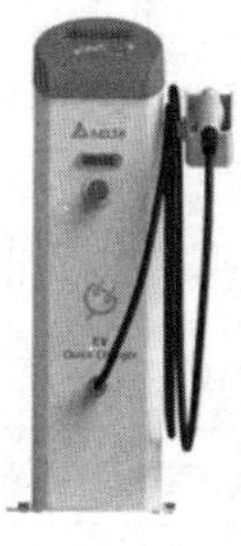

交流充电柱

电动车直流快速充电机

图 7-2 电动汽车充电装置

交流充电桩按提供的充电接口数不同分为一桩一充式和一桩两充式两种。一桩一充式交流充电桩提供一个充电接口,适用于停车密度不高的停车场和路边停车位;而一桩两充式交流充电桩提供两个充电接口,可同时为两辆电动汽车充电,适用于停车密度较高的停车场所。

充电站充电设施一般包括供电系统、充电设备、监控系统、配套设施等,如图7-3所示。供电系统主要为充电设备(交流充电桩、充电机等)、监控和照明等负荷提供工作电源,主要由一次设备(包括开关、变压器及线路等)和二次设备(包括检测、保护及控制装置等)组成。

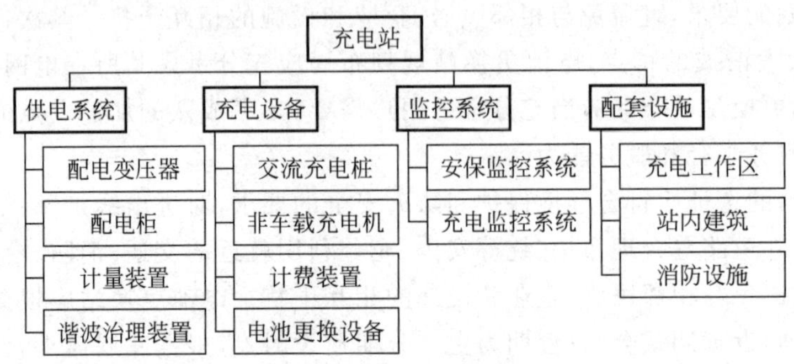

图7-3 充电站组成结构

充电站建设形式

2. 充电站建设

交流充电桩建设可利用停车场原有的配电设施,采用单相电源供电,充电桩电气接口、电气连接件符合相关技术标准要求,设计规范一致。充电桩包括人机操作界面及交流充电接口,具备相应的测量、计量、控制和保护功能,满足为具有车载充电机的电动汽车提供交流电能。

根据功能、容量及充电设备的数量,电动汽车充电站的建设规模分为以下三类。

(1) 大型充电站。配电容量不小于500kW,且充电设备的数量不少于10台,具备为大型电动公交和环卫等社会车辆、工程和商务等集团单位车辆、出租和个人等微型车辆充电的能力。

(2) 中型充电站。配电容量不小于100kW,且充电设备的数量不少于3台,具备为工程和商务等集团单位车辆、出租和个人等微型车辆充电的能力。

(3) 小型充电站。配电容量不小于100kW,且充电设备的数量不少于3台,具备为出租和个人等微型车辆充电的能力。

在建设方式上,大、中型充电站建设采用配电变压器,两路电源供电;小型充电站采用单路低压电源供电,不设配电变压器。充电设备电气接口、通信规约、电气连接件符合相关技术要求,设计规范一致。充电站的一般功能配置如表7-1所示。

表7-1 充电站功能单元配置表

序号	功能单元	大型充电站	中型充电站	小型充电站	备注
1	配电变压器	1	2	3	
2	高压配电装置	1	2	3	
3	低压配电装置	1	1	1	
4	计量装置	1	1	1	提供分路计量及关口计量

续表

序号	功能单元	大型充电站	中型充电站	小型充电站	备　注
5	谐波治理装置	2	2	2	依据充电设备谐波配置情况综合选择
6	充电设备	1	1	1	
7	计费装置	2	2	2	
8	电池更换设备	2	2	2	
9	配电监控系统	1	2	2	
10	充电监控系统	1	1	2	
11	安保监控系统	1	1	2	烟雾报警监视、视频监视
12	充电工作区	1	1	1	充电车位及相关附属设施
13	站内建筑	1	1	2	
14	消防设施	1	1	1	
15	其他服务设施	2	2	2	

注：1 为必备；2 为可选；3 为不需要。

3. 运营模式

1）国际主流运营模式分析

目前国际上主流的充电桩运营模式有三种：第一是以政府为中心的电动汽车充电桩运营模式；第二是以电网企业为中心的运营模式；第三是以电动汽车生产商为中心的电动汽车充电桩运营模式。三种模式各有利弊。

（1）以政府为中心的运营模式，顾名思义，就是说电动桩的建设经费主要来源于政府的投资，政府作为主持者，联系汽车生产商、电网企业、设备供应商来建设电动充电桩。此模式适用于电动汽车发展的初期阶段，对于运营经费较大的不适用。电动充电桩的运营初期所建设的充电桩较少，政府出资投到建设上的资金较少，这样在政府的政策和资金的大力支持下，电动汽车的早期商业化发展很快得到提升。但随着电动汽车生产的发展，所要建设的电动充电桩越来越多，政府要投入的资金越来越多，政府仅有的财政难以支撑。而且仅靠政府的资金支撑来建设，没有市场竞争，建设的效率就会大打折扣。

（2）以电网企业为中心的电动汽车充电桩运营模式是电动汽车充电桩的资金来源以电网企业为主。电网企业为整个建设过程中的负责主体，所建设的充电设施具有完全商业化的性质。适合汽车商业化规模较大、有固定的充电用户、投资的渠道通畅。电网企业在投资电动汽车充电桩的建设过程中有较好的技术支持、能源供应、网络传输优势。但相比之下也存在缺点，比如电网企业没有较为稳定的终端客户，会出现盲目投资的现象，而且电网企业也没有相关的经验，因此在建设过程中会走不少弯路。

（3）以汽车生产商为中心的充电桩运营模式是电动汽车充电桩建设的资金主要来源于汽车生产商，汽车生产商是建设中的主要负责主体。汽车生产商为了提高销量，自己出钱建充电桩来刺激消费者以提高成交量，达到最终双赢的目的。大家所熟知的通用、丰田都是自己出资建设充电桩的企业。此模式适用于已经成熟化的电动汽车生产，基础设施、商业化条件各方面都很成熟的条件下生产商把充电桩作为一种售后服务来吸引消费者，巩固消费人群的稳定。但是随着充电桩的需求量增多，汽车生产商在技术、能源供给方面就会吃力，不利于达到双赢。

2）我国充电桩运营模式选择

近几年，我国电动汽车充电桩建设获得了较大的发展。结合现状考虑，我国充电桩运营不能单单选择主流模式中的某一种，而是要相互结合。目前较为理想的为汽车厂商与电网企业的联盟模式。电网企业提供电力资源，汽车厂商拥有稳定的终端客户消费群体和相当丰富的经验，二者强强联手互补不足。此模式的核心思想为以客户需求为中心、市场需求为导向，核心企业与成员企业以合同的方式形成联盟。企业之间互相信任，有良好的合作意识，共同承担风险，共享收益。

要想大力发展充电桩的建设就需要投入大量的资金，电网企业与汽车生产商合作可以减轻资金的负担。汽车生产商要付给电网企业租用电网的费用，投资建设的成本在两家企业的联盟下会大大降低。电网企业主要负责制定建设充电桩过程中的技术把定，制度、方法的建立负责充电网络的布线和供电；汽车生产商主要负责给电动汽车用户安装充电桩，提供好的售后服务。

7.2 电池充电特性及充电机

电动汽车的充电机一般分为车载和非车载两种。车载充电机应尽可能做得体积小、质量轻，以减小充电机对续航里程的不良影响，因此车载充电机主要用于小功率和充电时间长的场所。对于非车载充电机则没有体积和质量的限制，这类充电机主要用于大功率和快速充电的目的。带车载充电机的现代电动汽车也可以利用非车载充电机进行充电。

7.2.1 电池充电特性

在考量充电机之前，首先必须明白电动汽车蓄电池的充放电特性。事实上，蓄电池充电机的设计正是以电池的充电特性为基础。下面简要介绍三种常用的电动汽车蓄电池特性，分别为铅酸电池(Pb-Acid)、镍氢电池(Ni-MH)和锂离子电池(Li-Ion)。

1. 铅酸电池

铅酸电池一般在任何充电率下充电都不会产生过度的冒气、过电压或过热等现象。铅酸电池在充电初期可以用大电流充电，但当蓄电池基本达到满充时，充电电流必须限定在一个安全的范围内。图 7-4(a)显示了蓄电池的端电压与 SOC 以及充电率之间的关系，从图中可以看出，深度放电的电池(如 20%SOC)在蓄电池的端电压相对较低且低于冒气电压(约为 2.4V)充电时，具有较高的充电效率，但当蓄电池基本达到满充时，如果继续保持大的充电电流，蓄电池的端电压就会增加得过高而导致过充和冒气。

目前电动汽车铅酸电池广泛采用一种多步恒流的充电方式。这种方式的主要特点是它能减少过充，并通过三步分步充电来提高系统的充电效率。如图 7-4(b)所示，整个充电过程分为四步，即 S1、S2、S3 和 S4。在 S1 过程的充电率为 $C/6$，直到达到冒气电压，然后切断充电电流，使电池端电压下降到预定的电压值 2.2V。S2 和 S3 的充电电流大约为 S1 的 75%和 50%，一旦达到冒气电压，充电终止。S4 的充电电流大约为 S1 的 25%，充电过程一直持续到电池电压在 15min 内不再上升为止。当四步主充电过程完成之后，便进入脉冲均衡充电过程。该过程的充电电流大约为 S1 的 25%，当电池电压下降到另一个预定值 2.13V 时，均衡充电过程就会开始，该过程一直持续到在 10min 内电池电压没有明显的上升。均衡充电过程一共要重复三次，以保证所有的单体电池都被充满，这样可以延长电池的寿命。充电过程的最后阶段是涓流充电，目的是补偿蓄电池的自放电所引起的损失。涓流充电的充电率可以与均衡充电过程相同或者用 $C/100$ 的充电率，只要开路电压低于 2.13V，涓流充电过程就会开始，此过程将一直持续到电池电压在 5min 内没有明显的上升。

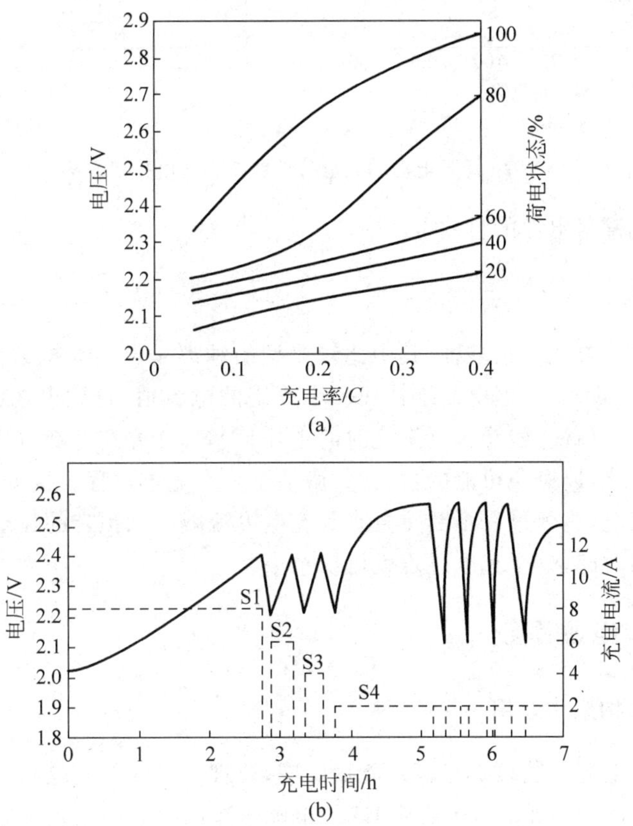

图 7-4　铅酸电池的充电特性曲线及其多步充电法

2. 镍氢电池

镍氢电池一般采用恒流充电方式。由于镍氢电池对过充非常敏感，所以对充电电流必须加以限制以避免出现温升过快。镍氢电池在不同充电率下的典型充电特性曲线如图 7-5(a) 所示。

适当的充电控制对于避免镍氢电池的过充电非常重要，下面介绍三种在过充电之前就能中止充电过程的充电方法，分别为电池电压降法或者称为零电压降法、温度控制法(TCO)和温升控制法，如图 7-5(b)所示。相对而言，温升控制法更可取一些，因为它可以消除周围环境温度的影响并能延长电池寿命，这种方法一般采用 1℃/min 作为停止充电的条件。不过这几种方法可以综合在一起使用，以便取长补短。如，在 1℃/min 时的温升变化比率的监测可以与 60℃时的 TOC 相互补充使用，充电停止之后，可以采用 $C/20$ 充电率的

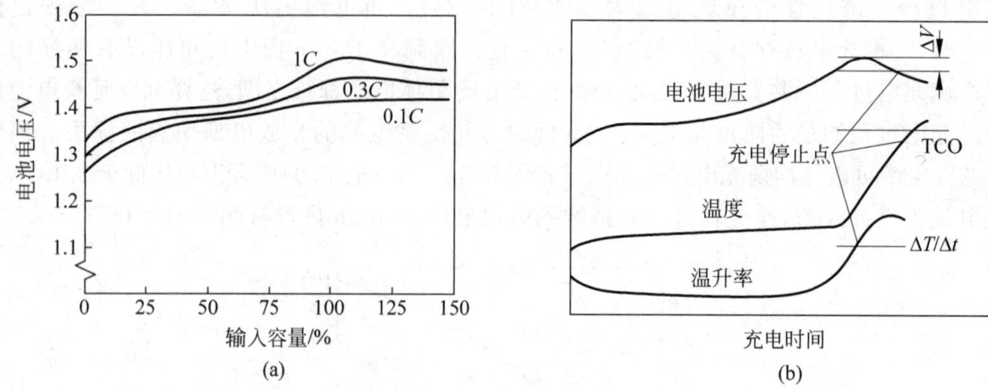

图 7-5　镍氢电池的充电特性曲线和充电控制方法

涓流充电方式补充镍氢电池的自放电。

3. 锂离子电池

锂离子电池充电方式有很多种，其中比较典型的锂离子电池充电方法是多步恒流充电方式，在充电的初始阶段，充电电流维持在一个额定的电流值，直到电池组中单体电池的电压都达到预定的电压值（一般是接近满充时的电压值），每个单体电池中安装的电子控制电路就会分流充电电流，以避免可能的过充，并激活下一个充电过程。接下来的充电过程采用较低的恒流进行充电，这个过程不断重复直到充电电流减小到预定的最小值，再使用最小充电电流充电一定的时间，整个充电过程就可以结束。

7.2.2　整车电源系统

1. 电源系统的构成和功用

电动汽车整车电源系统负责车辆的能量供应，要理解电池的充电，必须将之放置在整车电路中进行分析。图 7-6 所示为比亚迪 E5 纯电动汽车的整车高压系统电路框图，从系统框图可以看出，电池有两种充电方式（直流充电和交流充电），通过高压电控总成和充电设备相连接。DC-DC 变换器将系统高压转换为低压并为车载低压蓄电池（未画出）充电，供应整车低压用电设备。高压蓄电池通过高压电控总成输出电能，供应给电机系统（含电机驱动器）、空调系统、PTC 加热器等高压用电设备。

纯电动汽车电源系统由高压电源、低压电源、充电系统、高压电缆、电源管理系统、高压配电系统、热管理系统和预充电系统 8 个部分组成。比亚迪 E5 纯电动汽车电源系统安装位置图如图 7-7 所示。

电动汽车电源系统的功用有：

（1）电动汽车起动时，电源系统向电机以及其他电气设备供电；

（2）当动力电池电压高于或低于设定的电动势时，电源管理系统会切断动力电池同时发出警告；

（3）当动力电池断路或损坏时，电源管理系统会切断动力电池，保护乘员的人身安全；

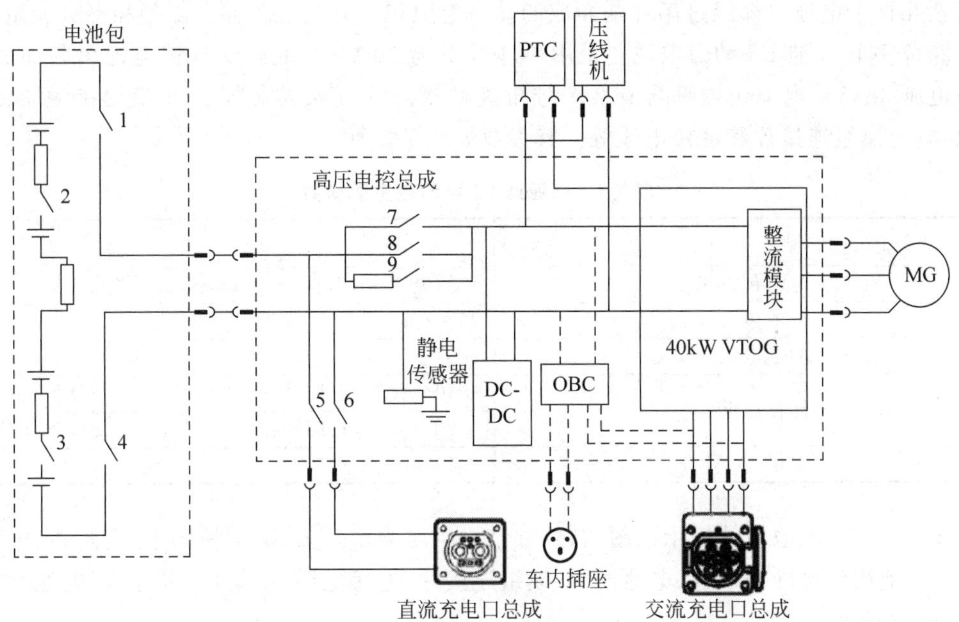

图 7-6 比亚迪 E5 纯电动汽车整车高压电气系统框图

1—正极接触器；2—电池包分压接触器 1；3—电池包分压接触器 2；4—负极接触器 1；5—直流充电正极接触器；6—直流充电负极接触器；7—主接触器；8—交流充电接触器；9—预充接触器

图 7-7 比亚迪 E5 电动汽车电源系统结构图

（4）能吸收整车电气系统电路中出现的瞬时过电压，稳定电网电压，保护电子元件不被损坏；另外，对电子控制系统来说，电源系统也是电子控制装置内的不间断电源。

2. 重要部件介绍

下面分别介绍比亚迪 E5 电源系统各主要部分的组成及结构原理。

1）高压电源（动力电池包）

为了使电动汽车有更好的驾驶性能和更远的续航里程，纯电动汽车的高压电源是由几十甚至几百个电池单体经过串并联而成的动力电池包。其功能为储存能量和释放能量。

2017款比亚迪E5动力电池包采用单体容量为70A·h的磷酸铁锂电池串联而成,其单体电压3.3V;电池包内部含有2个分压接触器、1个正极接触器、1个负极接触器、采样线束、电池模组连接片和链接电缆等。其参数如表7-2所示。

表7-2 比亚迪E5电池包主要参数

项 目	参 数
电池包结构	13个电池组串联,13个电池信息采集器
电池包容量	75A·h
额定电压	646V
储存温度	−40~40℃,短期储存(3个月)20%≤SOC≤40%
	−20~35℃,长期储存(<1年)30%≤SOC≤40%
重量	≤490kg

图7-8为其电池包结构示意图,其外部结构主要为密封盖板、钢板压条、密封条、电池托盘;内部结构包含冷却水管、电池模组、模组连接片、连接电缆、采集器、采样线、电池组固定压条、密封条等。

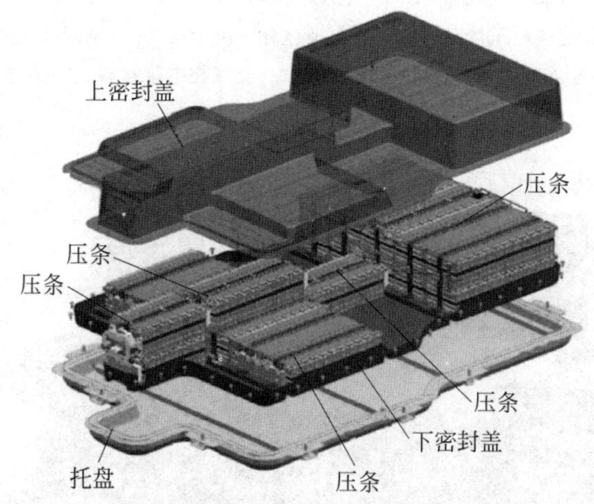

图7-8 比亚迪E5电动汽车电池包结构

2) 低压电源

比亚迪E5低压电源是由车载12V磷酸铁锂电池和DC-DC变换器(集成于高压电控总成内)并联提供的,DC-DC变换器替代传统燃油车挂接在发动机上的12V发电机,和起动电池并联给各用电器提供低压电源。DC-DC变换器在直流高压输入端接触器吸合后开始工作,输出电压一般标称为13.8V。DC-DC变换器在上OK电时、充电时(包括交流充电、直流充电)、智能充电时都会工作,以辅助低压铁电池为整车提供低压电源。现代电动汽车由许多子系统组成,如空调器、收音机、主控制器、BMS、喇叭、车灯系统、动力转向系统、电动汽车窗、化霜器和雨刷等。低压负载工作电压的范围为9~16V。超出此范围,低压系统就不能正常工作,会处于欠压或过压状态。低压电源的配电方式是通过车辆点火钥匙开关将低压12V电源分配给低压负载。图7-9为比亚迪E5纯电动汽车低压电源连接结构示意图。

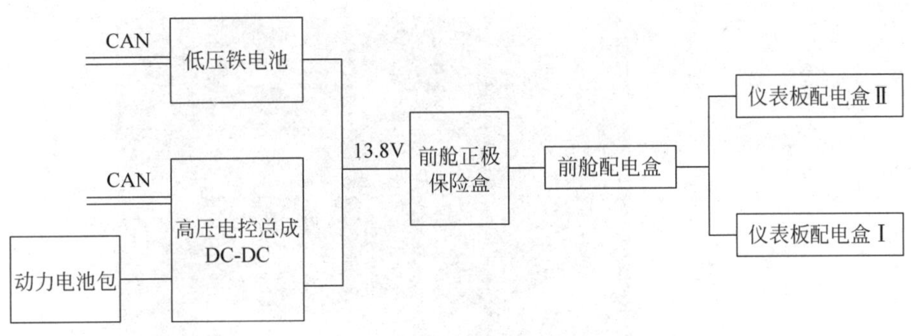

图 7-9 比亚迪 E5 电动汽车电池低压电源连接结构示意

3）高压电控总成

高压电控总成，又称“四合一”，源于车辆高度集成化的设计，内部集成双向交流逆变式电机控制器模块、车载充电器模块、DC-DC 变换器模块和高压配电模块，另内部还装有漏电传感器。其内部模块分布如图 7-10 所示，主要功能如下：

（1）控制高压交/直流电双向逆变，驱动电机运转，实现充、放电功能（VTOG、车载充电器）；

（2）实现高压直流电转化为低压直流电为整车低压电气系统供电（DC-DC）；

（3）实现整车高压回路配电功能以及高压漏电检测功能（高压配电模块、漏电传感器）；

（4）实现 CAN 通信、故障处理记录、在线 CAN 烧写以及自检等功能。

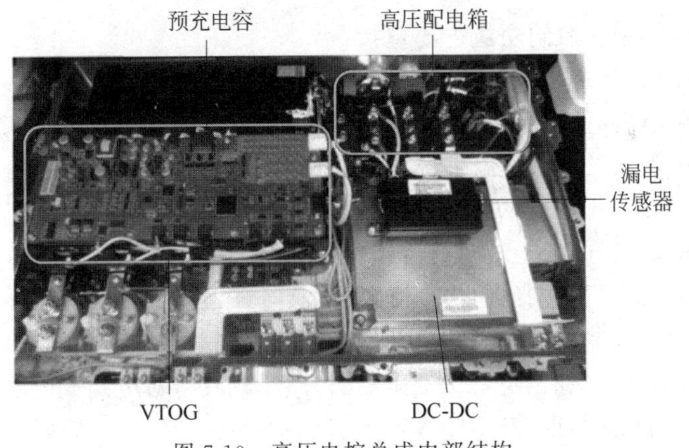

图 7-10 高压电控总成内部结构

4）高压配电系统（集成于高压电控总成内）

高压配电系统的功能是将电池包的高压直流电通过继电器、熔断丝等配电器件分配给整车高压电器使用，其上游是电池包，下游包括双向交流逆变式电机控制器（VTOG）、DC-DC 变换器、PTC 水加热器、电动压缩机、漏电传感器；同时，也将 VTOG 和车载充电器的高压直流电分配给电池包。它主要由铜排连接片、接触器、霍尔电流传感器、预充电阻、动力电池包正、负极输入接触器构成，如图 7-11 所示；接触器吸合、断开由电池管理器控制。

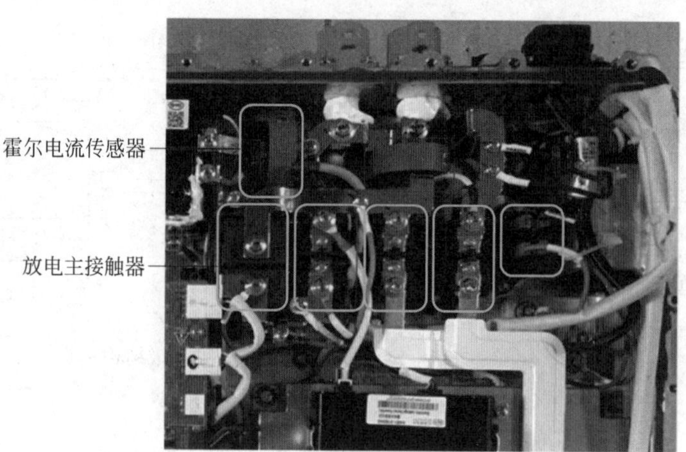

图 7-11　高压电控总成内部结构

如图 7-11 所示 5 个接触器，图中从左至右依次为放电主接触器、交流充电接触器、直流充电正极接触器、直流充电负极接触器、预充接触器。其电路连接情况如图 7-12 所示。

5）双向交流逆变式电机控制器 VTOG（高压电控总成内）

比亚迪 E5 纯电动汽车采用控制器类型为电压型逆变器，VTOG 主要包括控制板、驱动板、采样板、泄放电阻、预充电阻、电流霍尔、接触器等元器件。其主要功能有驱动控制和充、放电控制。

如图 7-13 所示，驱动控制功能主要包括：

（1）采集加速踏板、制动、挡位、旋变信号等控制电机正向、反向驱动；

（2）具备高压输出电压和电流控制限制功能；

（3）具备电压跌落、过流、过温、IPM 过温、IGBT 过温保护、功率限制、转矩控制限制等功能；

（4）具备电控系统防盗、能量回馈控制、主动泄放、被动泄放控制等功能。

充、放电控制功能主要包括：交、直流转换，双向充、放电控制功能；自动识别单相、三相相序并根据充电电流控制充电方式，根据充电设备识别充电功率，控制充电方式；断电重启功能，即在电网断电又供电时，可继续充电。另外，车辆具有对电网放电功能、对用电设备供电功能及对车辆充电功能，即 VTOG、VTOL 和 VTOV。

6）预充电系统（高压电控总成内）

预充电管理是新能源汽车中必不可少的重要环节，其中，电动汽车预充电的主要作用是给电机控制器（即逆变器）的大电容进行充电，以减少接触器接触时火花拉弧，降低冲击，增加安全性。在车辆起动时，电池管理器先吸合预充接触器，电池包的高压电经过预充接触器串联的限流电阻后加载到 VTOG 母线上，VTOG 检测到母线上的电压达到与电池单节累加电压总和相差小于 50V 时，通过 CAN 通道向电池管理器反馈一个预充完成信号，电池管理器收到预充完成信号后控制主接触器吸合，断开预充接触器，具体如图 7-14 所示。

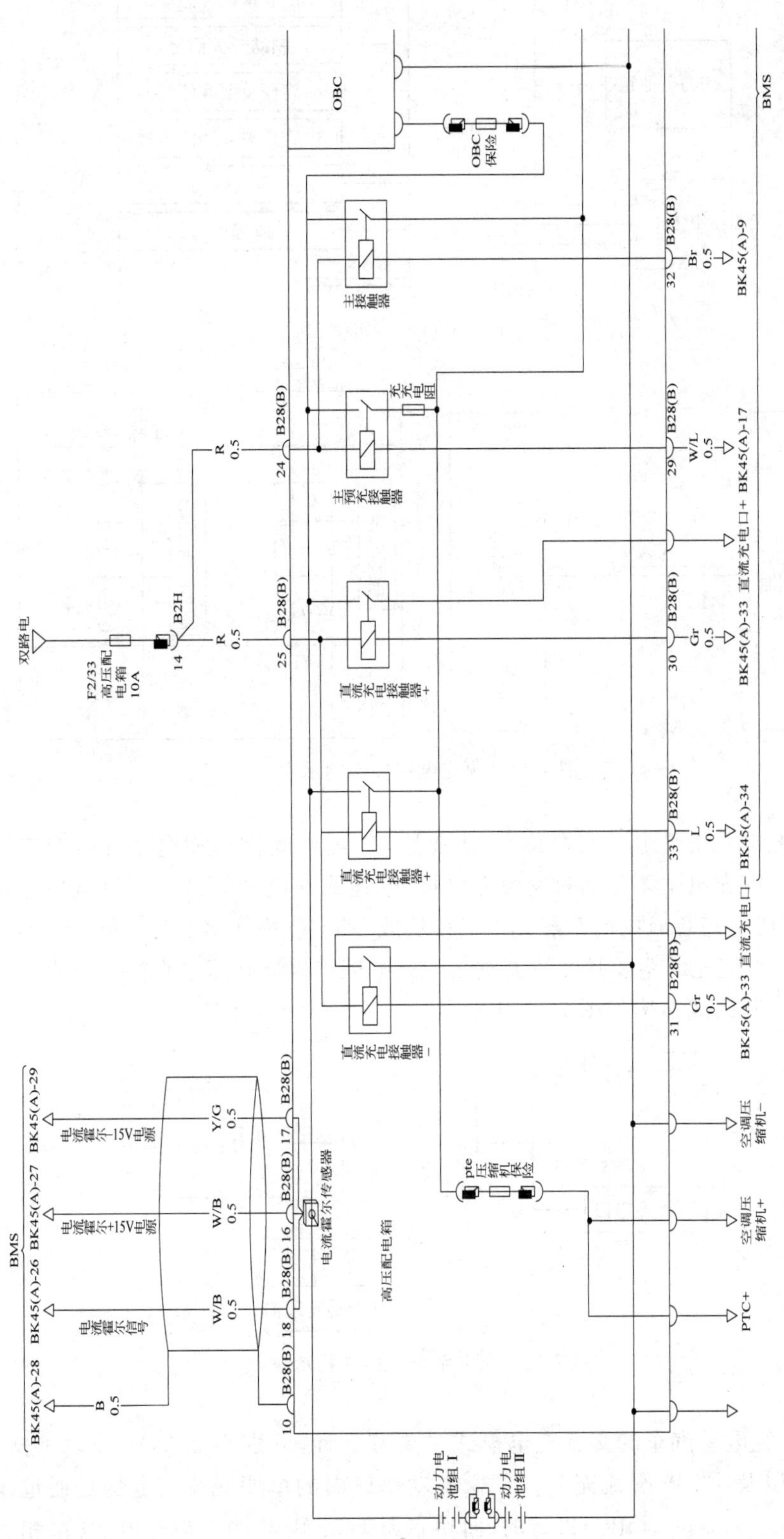

图 7-12 高压电控总成电路原理

充电控制过程

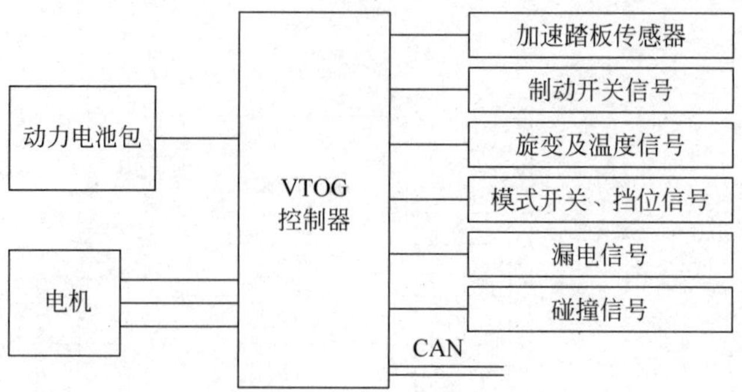

图 7-13 VTOG 功能示意

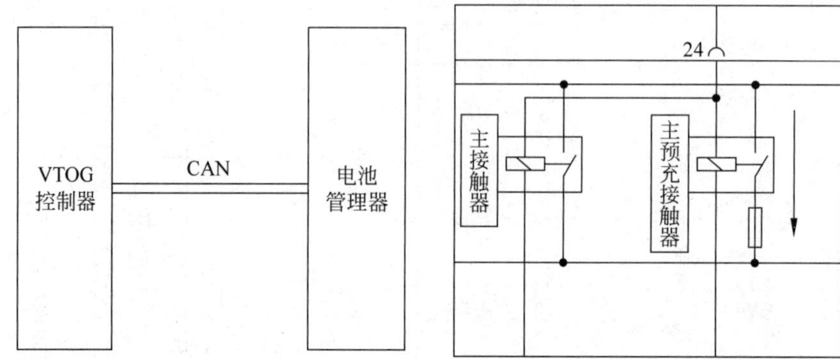

图 7-14 预充电连接控制示意

动力电池充电系统是电动汽车特有,比亚迪 E5 纯电动汽车充电系统有交流充电和快充直流充电。交流充电主要是通过交流充电桩、壁挂式充电盒以及家用供电插座接入交流充电口,通过高压电控总成内的车载充电机模块或 VTOG 模块将交流电转为直流高压电给动力电池充电;直流充电主要是通过充电站的充电柜将直流高压电直接通过直流充电口给动力电池充电。其组成结构如图 7-15 所示。

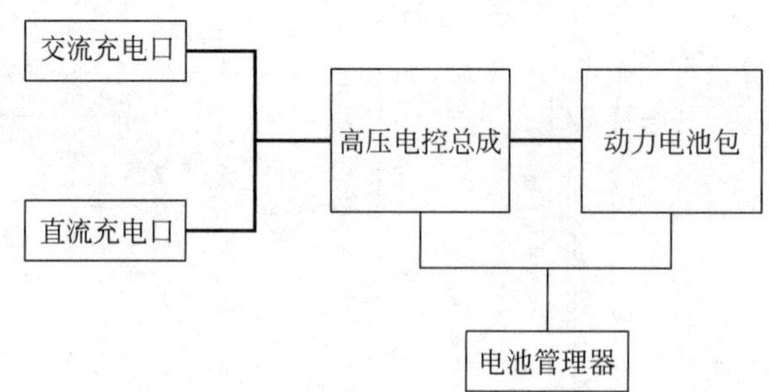

图 7-15 充电系统连接结构示意

比亚迪 E5 纯电动汽车的交流充电模式主要有三种,分别为 3.3kW 及以下交流充电、7kW 交流充电以及 40kW 交流充电。3.3kW 功率以内的单相交流充电均是通过车载充电机(on-board charger assy,OBC)进行的,而功率大于 3.3kW 的交流充电(含单相和三相交流)是通过 VTOG 进行的。小功率充电时,OBC 的效率要高于 VTOG。(注:比亚迪于

2018 年以后放弃了其三相交流快充技术在车型上的应用。)

7) 高压电缆

高压电缆是电动汽车的专用电缆,它包括高压电缆和高压电缆专用接口。其功能是保证能传大电流、大电压同时又能满足电缆散热性能、绝缘性能良好。

8) 电池管理系统

电池管理系统是保障电动汽车能量输出的主要组成部分,主要有集中式和分布式两种结构形式。比亚迪 E5 采用分布式电池管理系统,由电池管理控制器(BMC)、电池信息采集器(BIC)、电池采样线组成。电池管理控制器的主要功能有充放电管理、接触器控制、功率控制、电池异常状态报警和保护、SOC/SOH 计算、自检以及通信等;电池信息采集器的主要功能有电池电压采样、温度采样、电池均衡、采样线异常检测等;电池采样线的主要功能是连接电池管理控制器和电池信息采集器,实现二者之间的通信及信息交换。

电池管理控制器安装于高压电控总成后部,电池信息采集器及采样线安装于电池包内部,位置如图 7-16 所示。

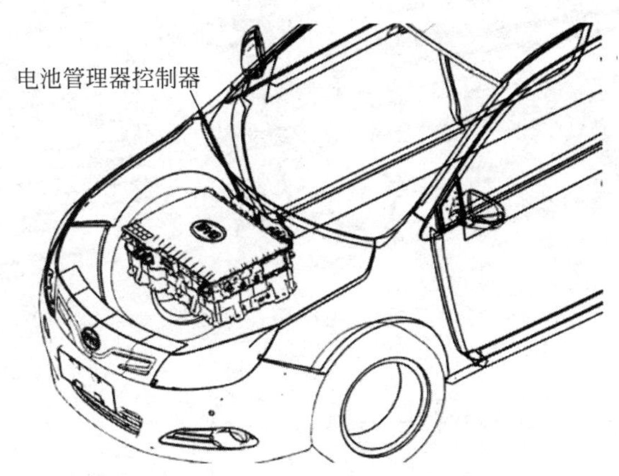

图 7-16 电池管理器控制器安装位置示意

9) 漏电传感器 LS(位于高压电控总成内)

比亚迪 E5 纯电动汽车上配有漏电传感器模块,安装于高压电控总成内部,其主要用于替代电池管理系统中的绝缘监控模块。它本身也是一个动力网 CAN 模块,通过监测与动力电池输出相连接的正极母线与车身底盘之间的绝缘电阻来判定高压系统是否存在漏电,漏电传感器将绝缘阻值信息通过 CAN 信号发送给电池管理器,采取相应保护措施。其系统框图如图 7-17 所示。

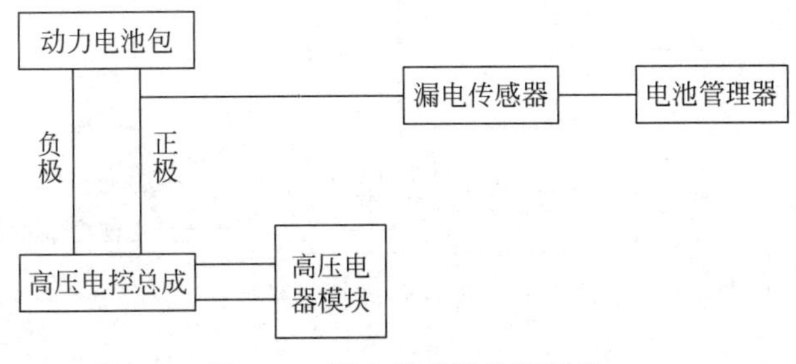

图 7-17 漏电传感器连接示意

10）电池热管理系统

由于采用了锂电池，为了保证电池始终处在一个比较合适的温度范围内工作，2017 款以后的比亚迪 E5 纯电动汽车配备了一套独立的电池智能温控管理系统，以确保动力电池在复杂的温度环境之下可以获得稳定可靠的性能。这套智能温控管理系统通过液体介质保温和降温，能有效保证电池温度均一性。

在冷却方式上，比亚迪在电池内增加了散热回路（见图 7-18），通过板式换热器与空调回路相连，电池进出水和电池极耳处都布有温度传感器，结合电池温度实时调节空调压缩机的功率来控制电池进水温度及流量，以此来控制电池温度在适宜的工作温度。其原理如图 7-19 所示。在加热方式上，比亚迪在电池散热回路里串联 PTC 水加热器，通过调节水加热器的功率，控制进水温度及流量，以此来控制电池在冬季也能工作在适宜温度，确保充电速度和放电动力性。

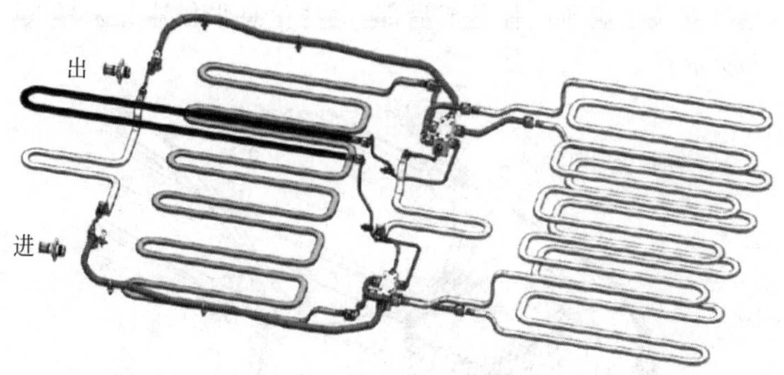

图 7-18　电池包冷却管路

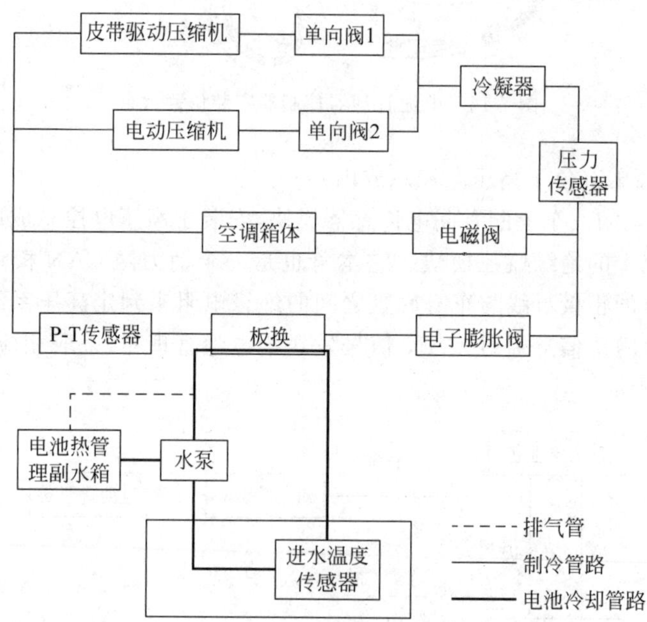

图 7-19　电池包散热管路示意

7.2.3 电池充电机

1. 功能与分类

充电机是与交流电网连接，为动力电池等可充电的储能系统提供直流电能的设备。一般可由功率单元、控制单元、计量单元、充电接口、供电接口及人机交互界面等部分组成。可实现充电、计量等功能，并扩展具有反接、过载、短路、过热等多重保护功能及延时起动、软起动、断电记忆自起动等功能。

充电机技术涉及两个方面：①充电机的集成和控制技术，主要是通过研究充电过程对电池使用寿命、温度、安全性等方面的影响，选择合理的拓扑结构，采取合适的充电方式，实现充电过程的动态优化及智能化控制，从而实现最优充电；②充电监控技术，主要是规范充电机和充电站监控系统之间的通信协议，实现对多台充电机状态和充电过程的实时监控，并达到和其他监控系统、运营收费系统通信的功能。

根据充电机是装在车内还是车外，充电机可分为车载和非车载两种。图7-20为比亚迪E5车载充电机安装位置示意图，可以看到其集成于高压电控总成内。车载充电机一般设计为小充电率，它的充电时间长(一般是5～8h)。由于电动汽车车载质量和体积的限制，车载充电机要求尽可能体积小、质量轻(一般小于5kg)。因为充电机和电池管理系统(负责监控蓄电池的电压、温度和荷电状态)都装在车上，所以它们相互之间容易利用电动汽车的内部线路网络进行通信，而且蓄电池的充电方式是预先定义好的。而非车载充电机一般设计为大充电率，没有质量和体积的限制。由于非车载充电机和电池管理系统在物理位置上是分开的，它们之间必须通过电线或者无线电进行通信。根据电池管理系统提供的关于电池的类型、电压、温度和荷电状态的信息，非车载充电机选择一种合适的充电方式为蓄电池充电，以避免蓄电池的过充和过热。

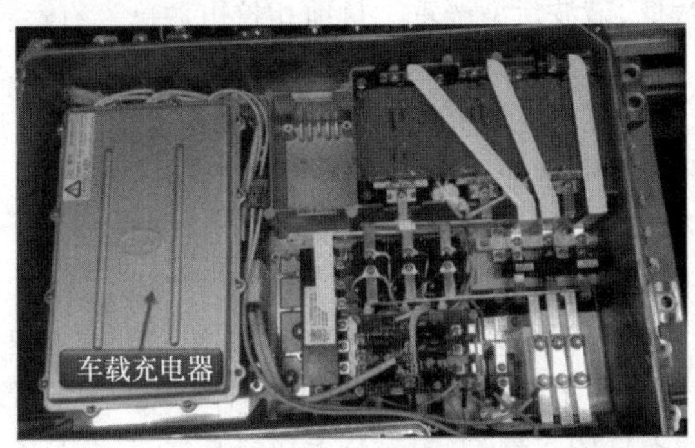

图7-20 比亚迪E5车载充电机位置示意

电动汽车充电机分类方式见表7-3。根据给电动汽车蓄电池充电时的能量转换方式的不同，充电机可分为接触式和感应式。前者是将一根带插头的交流动力电缆线直接插到电动汽车的插座中给电池充电，后者是通过电磁感应耦合的方式进行能量转换而给电池充电的。接触式充电机具有简单高效的优点，而感应式充电机使用方便，而且即使在恶劣的气候环境下进行充电也无触电的危险，两种充电机分别适合于户内和户外充电。车载/非车载充电机和接触/感应式充电机这两种分类方法并不矛盾，原理上车载和非车载充电机都可以是接触式或感应式的,下面分别进行具体介绍。

表 7-3 电动汽车充电机类型

分类标准	充电机类型	
安装位置	车载充电机	非车载充电机
输出电流	直流充电机	交流充电机
连接方式	传导式充电机(接触式)	感应式充电机(非接触式)

2. 充电连接方式

1) 传导式充电

传导式充电即接触式充电,是采用插头与插座的金属接触来充电,具有技术成熟、工艺简单和成本低廉的优点,如图 7-21 所示,这也是目前绝大多数电动汽车所采用的充电方式。这种方式的缺点是:导体裸露在外面不安全,而且会因多次插拔操作,引起机械磨损,导致接触松动,不能有效传输电能。对于传导式充电,目前国内常采用的充电电源主要有以下几种:相控电源、线性电源、开关电源。

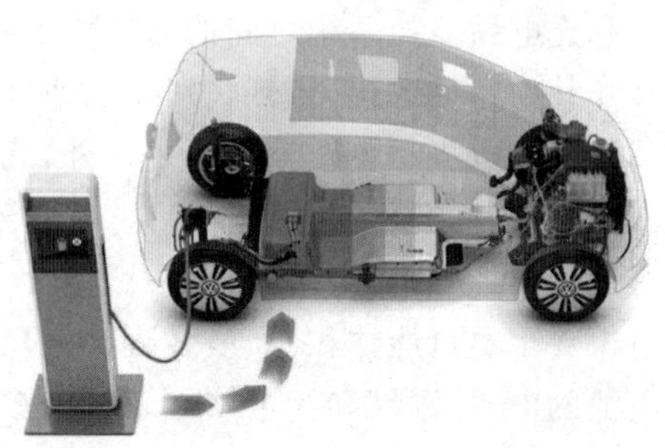

图 7-21 电动汽车接触式充电

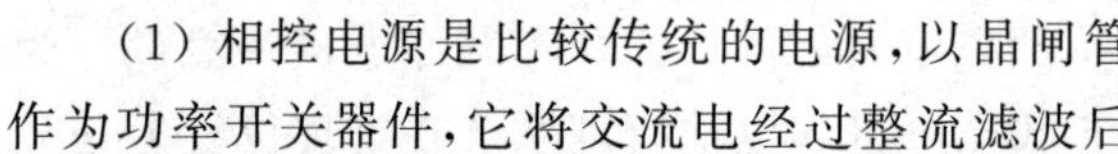

(1) 相控电源是比较传统的电源,以晶闸管作为功率开关器件,它将交流电经过整流滤波后输出直流,通过改变晶闸管的导通相位角来控制整流器的输出电压。以晶闸管为相控电源的优点是价格便宜,耐流、耐压能力强,能实现大功率。相控电源所使用的变压器是工频电源变压器,它的体积庞大,由此造成相控电源本身体积庞大、效率低下。并且该类电源的动态响应能力差、功率因数低、谐波污染严重。目前相控电源已经有逐步被淘汰的趋势。

(2) 线性电源是一种常见的电源,它是采用功率调整管实现连续控制的线性稳压电源。线性电源的功率调整管总是工作在放大区,流过的电流是连续的,由于调整管上损耗功率较大,需要采用大功率调整管并安装配置体积很大的散热器。

(3) 开关电源具有体积小、动态响应快、效率高等特点,近年来得到广泛研究与关注,特别在通信、电力等领域中得到了较普遍的应用。随着电力电子技术和自动控制技术的发展,尤其是大功率高压场效应管等新型高频开关器的出现,使得开关的速率大大提高,关断时间加快,存储时间缩短,从而提高了开关频率,减少了功率变换器中的变压器体积和质量,以及减少了电感、电容等无源器件的容量,大大提高了功率密度,具有高效化、小型化的特点。

2) 感应式充电

感应式充电即非接触式充电,充电装置和汽车接收装置之间不采用直接电接触方式,而是采用分离的高频变压器组合而成,通过感应耦合,无接触式地传输能量。采用感应耦合方式充电,可以避免接触式充电的缺陷。非接触式充电装置的类型主要分为三种:电池感应式方式、磁共振方式和微波方式。图 7-22 所示电动汽车即采用了感应式无线充电技术。

(1) 电池感应式方式。电池感应式通过送电绕组和接收绕组之间传输电力,是最接近实用化的一种充电方式。当送电绕组中有交变电流通过时,发送(一次)、接受(二次)两绕组

图 7-22 采用无线充电技术的电动汽车

无线充电过程

之间产生交替变化的磁束,由此在二次绕组产生随磁束变化的感应电动势,通过接收绕组端子对外输出交变电流。

(2) 磁共振方式。磁共振传送方式由美国麻省理工学院(MIT)于 2007 年研制成功,自问世以来,一直备受世界各国的普遍关注。它主要由电源、电力输出、电力接受、整流器等主要部分组成,原理与电磁感应方式基本相同。与电磁感应充电方式的不同之处在于,磁共振方式加装了一个高频驱动电源,采用兼备线圈和电容的 LC 共振电路,而并非由简单线圈构成送电和接收两个单元。目前的传输距离可达 400mm 左右,传输效率可达 95%。

(3) 微波方式。使用 2.45GHz 的电波发生装置传送电力,发送装置与微波炉使用的"磁控管"基本相同。传送的微波也是交流电波,可用天线在不同方向接收,用整流电路转换成直流电为汽车电池充电。为防止充电时微波外漏,充电部分装有金属屏蔽装置。使用中,送电与接收之间的有效屏蔽可以防止微波外漏。目前存在的主要问题是,磁控管产生微波时的效率过低,造成许多电力转变为热能被白白消耗掉。

3. 充电电流类型

根据充电电流类型,充电机分为交流充电机和直流充电机。

1) 交流充电

交流充电一般是指采用小电流(通常在(0.1~0.3)C)在较长的时间内对蓄电池进行慢速充电,这种充电又称为普通充电。常规蓄电池均采用小电流的恒压恒流三段式充电,一般充电时间长达 5~10h。

2) 直流充电

由于交流充电的充电时间一般较长,给实际车辆使用带来许多不便。直流快充模式的出现,为电动汽车的商业化提供了技术支持。直流充电又称为应急充电,是指以较大的电流(一般(1~5)C)在 12min~1h 的短时间内,为电动汽车进行充电的一种方式。

以上两种充电方式的对比如表 7-4 所示。

表 7-4 交流和直流充电的对比

项目	交流慢充	直流快充
优点	(1) 充电装置和安装成本较低; (2) 可充分利用电力低谷时段进行充电,降低充电成本,保证充电时段电压相对稳定	充电时间短,便利性好

续表

项目	交流慢充	直流快充
缺点	充电时间长，难以满足车辆紧急运行的需求	(1) 充电效率较低，充电装置安装成本和工作成本高； (2) 充电电流大，对充电技术和方法要求高，对电池寿命有较大影响

4. 充电机性能要求

为实现安全、可靠、高效的动力电池组充电，充电机需要达到如下的基本性能要求。

(1) 安全性。电动汽车充电时，保证操作人员的人身安全和蓄电池组充电安全。

(2) 易用性。充电机要具有较高的智能性，不需要操作人员对充电过程进行过多的干预。

(3) 经济性。充电机的成本降低，对降低整个电动汽车使用成本，提高运行效益，促进电动汽车的商业化推广有重要的作用。

(4) 高效性。保证充电机在充电全功率范围内高效率，在长期的使用中可以节约大量的电能。提高充电机能量转换效率对电动汽车全寿命经济性有重要作用。

(5) 对电网的低污染性。由于充电机是一种高度非线性设备，在使用中会产生对电网及其他用电设备有害的谐波污染，需要采用相应的滤波措施降低充电过程对电网的污染。

5. 充电机操作步骤

下面以比亚迪 EVA080KG/01 纯电动汽车充电机为例介绍充电机操作。

(1) 将电动汽车停到指定位置，并使电动汽车挡位置于 OFF 挡。

(2) 打开车身上充电口的防护盖，检查充电口，确保充电口无尘、无水、无异物(见图 7-23)。

图 7-23　比亚迪 E5 充电接口开启示意

(3) 将充电枪从充电盒正面的插座上取下(国标枪需要按住充电枪轻触开关按钮)。

(4) 连接充电枪与电动汽车充电口，连接指示灯(connect)点亮(指示灯见图 7-24)。

(5) 插好充电枪，连接指示灯(connect)点亮后；触摸屏进入请刷卡界面，在此界面用户

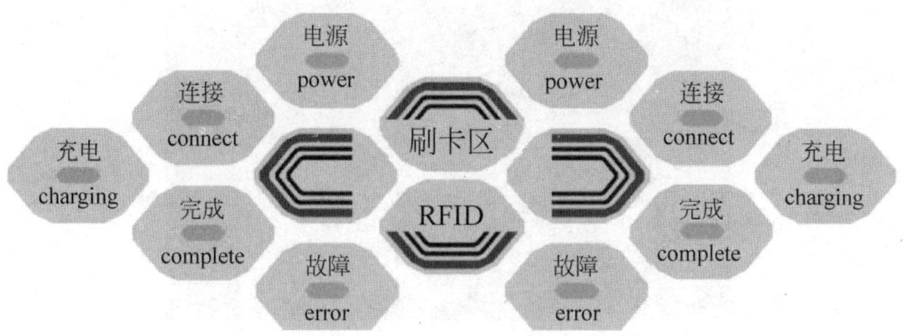

图 7-24　充电盒指示灯

可以通过“语言”按钮选择不同的显示语言，如图 7-25 所示。

图 7-25　选择显示语言界面

(6) 如果您是刷卡用户，则需进行刷卡才能对电动汽车进行充电，刷卡后，系统进入启动界面，充电盒与电动汽车进行通信。

如果您希望使用按钮充电功能，则需在界面上单击“启动充电”按钮，系统即进入启动界面，见图 7-26。

图 7-26　启动充电过程界面

(7) 完成上述选择后，充电盒开始为电动汽车充电。充电过程中，充电界面的 SOC 进度条闪烁，充电指示灯(charging)闪烁，如图 7-27 所示。

(8) 当充电完成时，充电盒自动停止充电，SOC 显示为 100%，如图 7-28 所示，此时完成指示灯(complete)闪烁。

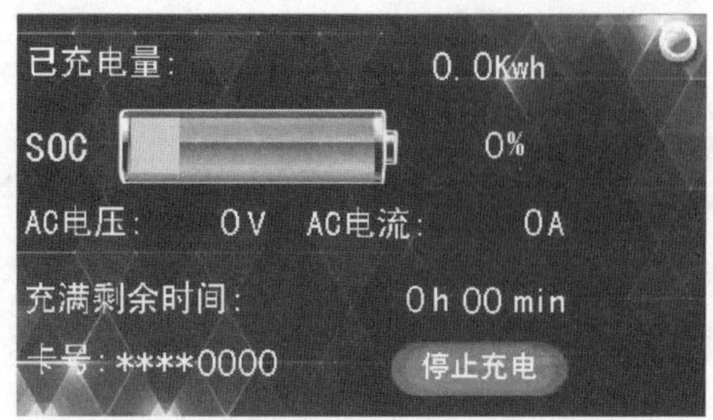

图 7-27　电池充电界面

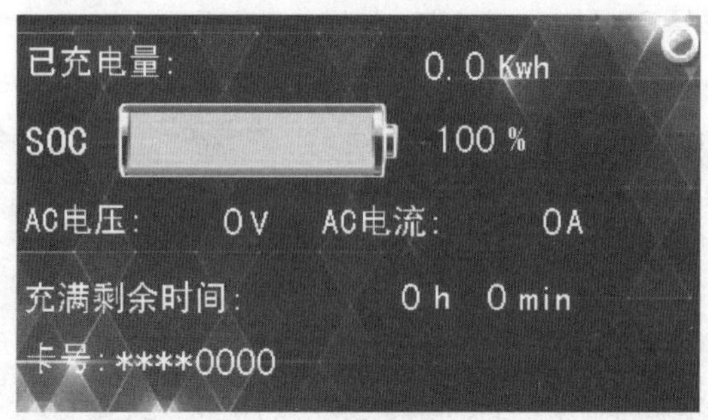

图 7-28　完成充电界面

(9) 将充电枪从充电口中拔出(国标枪需要按住充电枪轻触开关按钮),此时,触摸屏显示"谢谢使用"界面,待 3s 后触摸屏背景灯熄灭进入休眠状态。

(10) 将充电枪放回充电盒插座内,盖上电动汽车充电口的防护盖,完成一次充电操作。

如果在充电过程中需要停止充电,请再次刷卡或点击屏幕上的停止充电按钮。注意充电盒的启停控制需要使用同一张卡,启动充电和停止充电时必须使用同一张卡进行刷卡,刷卡启动后其他卡无法对充电盒进行操作,管理员卡除外。

7.3　充电站布局与运行

充电站(charge station)主要是指快速高效、经济安全地为各种电动车辆提供运行中所需电能的服务性基础设施。为提高车辆的使用效率和使用方便性,充换电结合的充电站还要建设换电设施。

7.3.1　充电站布局

充电站的主要功能决定了其总体布局。一般来说,一个功能完备的充电站由配电区、监控区、充电区、更换电池区和电池维护区等五个基本部分组成(后两个部分为换电站特有),如图 7-29 所示。根据充电站规模和服务功能不同,在功能设置上存在一定差异。不需要对电池进行更换操作的充电站不需要设置更换区和大量电池的存储设备。下面分别对配电区、充电区和监控区进行说明。

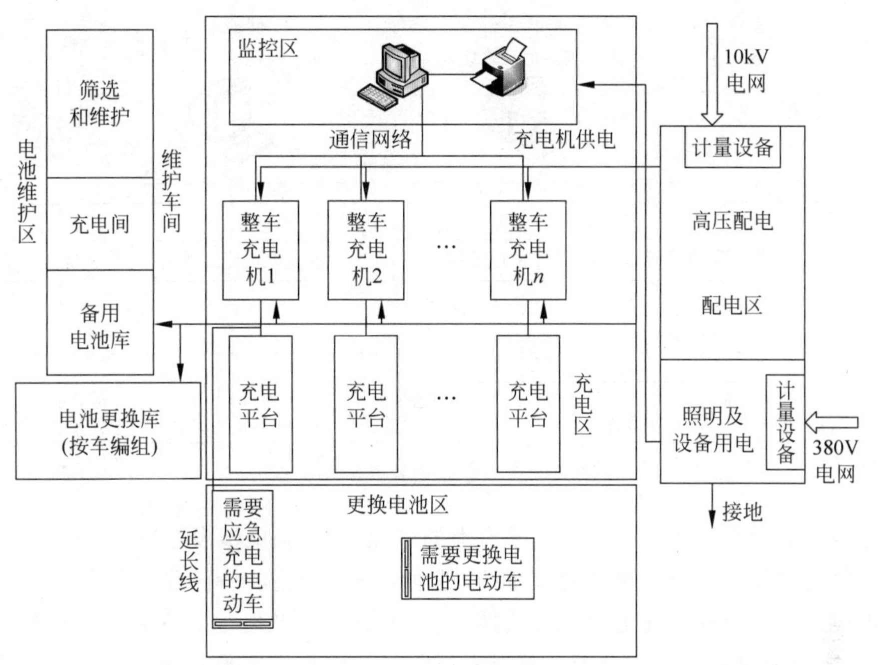

图 7-29 充电站布局

充电站总体结构

1. 配电区

配电区为充电站提供所需要的电源，不仅给充电机提供电能，而且要满足照明、控制设备的需要，内部建有变配电所有设备、配电监控系统，相关的控制和补偿设备也需要加以考虑。配电室是整个充电站正常运行的基础。根据配电功率的需要，一般采用充电负荷、监控和办公负荷分开供电的形式。

2. 充电区

充电区完成动力电池组电能的补给，是整个充电站的核心部分，它配备各种形式的充电机，建设充电平台以及充电站监控系统网络接口，可满足多种形式的充电需求，提供方便、安全和快捷的全方位充电服务。

3. 监控区

监控区用于监控整个充电站的运行情况，包括充电参数监控、烟雾监控等，并可以扩展具备车辆运行参数监控、场站安保监控等功能，并完成管理情况的报表打印。各监控子系统可通过局域网和 TCP/IP 协议与中央监控室以及上一级的监控中心进行连接，实现数据汇总、统计、故障显示以及监控功能。充电站监控系统构架如图 7-30 所示，一般采用并行结构。

配电监控系统要通过现场总线实现配电站供电系统信息的交换和管理，除实现常规的二次设备继电保护、安全自动装置、测量仪表、操作控制、信号系统等功能外，还需要和监控系统实现通信，保证当充电系统故障时，配电系统能够采取适当的措施进行处理。

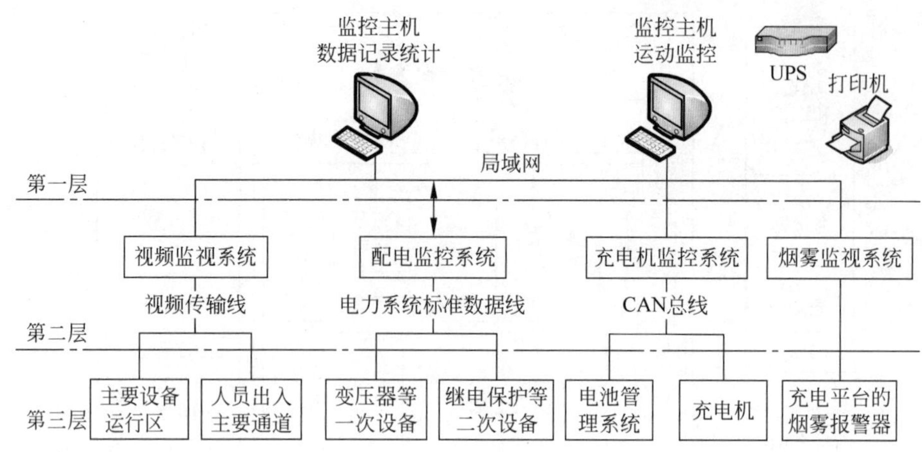

图 7-30　充电站监控系统构架图

烟雾报警监视系统主要监视充电平台上的电池状态,当电池发生冒烟、燃烧等危险情况时发出报警。该系统独立于电池管理系统,是电池安全措施的一部分。

充电机监控系统完成充电过程的监控,充电机数据以及电池数据通过通信传输到监控计算机,监控计算机完成数据分析以及报表打印等。监控计算机也可以通过通信对充电机的启停以及输出电流、电压实现控制。

视频监视系统对整个充电站的主要设备运转以及人员进行安全监视。

仍以 6.3.2 节中提到的电动大巴车充电站起火事件为例,分析其故障原因。事后调查显示该次事故是一次系统性失败:BMS(电池管理系统)、充电机及数据监控平台均未能发挥应有作用。

首先,电池电量充满时,电池管理系统主控模块失效,没有主动传递停止充电信息,而始终上传失效前数据,使系统没有完成中断充电功能。

其次,充电机接收到 BMS 上报信息,知晓电池单体电压限值 3.75V 和总电压限值 600V,仍然持续充电,直至总电压超过了充电机自身的保护限值后才停止充电,此时电池已经严重过充。

再次,充电系统运营单位、数据监控平台、整车企业对监控数据未给予重视,在充电过程中监控数据出现异常时,没有及时采取措施。如果能够实时分析监控数据,及时采取必要措施,这一事故是有可能避免的。

由此可见充电站监控系统对于保证电动汽车充电安全的重大意义,只有设计科学完善、施工运行良好、日常规章制度落实到位,才有可能减少甚至杜绝事故的发生。

GB 29781 电动汽车充电站通用要求

7.3.2　充电站运行

充电站的运行包括多方面的内容,下面以相关国家标准为依据,先介绍充电站的通用要求,然后重点强调并给出充电站的安全管理。

1. 充电站通用要求

GB/T 29781—2013《电动汽车充电站通用要求》规定了电动汽车充电站的选址原则、

供电系统、充电系统、电能计量、行车道、停车位、安全要求、标志和标识。下面以环境、供电和安装布置为例说明。

1）环境要求

（1）充电站的总体规划应与当地区域总体规划和城乡规划相协调，并应符合环境保护和防火安全的要求。

GB 50966 电动汽车充电站设计规范

（2）充电站的规划宜充分利用就近的供电、交通、消防、给排水及防洪等公用设施，并对站区、电源进出线走廊、给排水及防洪设施、进出站道路进行合理布局、统筹安排。

（3）城区内的充电站，宜靠近城市道路，不宜选在城市干道的交叉路口和交通繁忙路段附近。

（4）充电站与党政机关办公楼、中小学校、幼儿园、医院、大型图书馆、文物古迹、博物馆、大型体育馆、影剧院等重要或人员密集的公共建筑应具有合理的安全距离。

（5）充电站不应靠近有潜在危险的地方，当与有爆炸或火灾危险的建筑毗邻时，应符合GB 50058的有关规定。

（6）充电站不宜设在或有腐蚀性气体的场所，当无法远离时，不应设在污染源盛行风向的下风侧。

（7）充电站不应设在有剧烈振动或高温的场所。

（8）充电站不应设在地势低洼和可能积水的场所。

（9）充电区域应具备一定的通风条件。

（10）某些可能发生严重潮湿天气的区域，应具有对空气湿度进行监测和处理的设备和手段。

2）供电系统技术要求

（1）根据充电站的规模、容量和重要性，可选择采用不同的供电方式：配电容量大于等于500kV·A的充电站，宜采用双路10kV电源供电方式；配电容量大于等于100kV·A、小于500kV·A的充电站，宜采用双路电源供电方式，根据具体情况可采用10kV或0.4kV；配电容量小于100kV·A的充电站，宜采用0.4kV供电方式。

（2）供电系统的容量应满足充电站内充电、照明、监控、办公等用电的要求，并留有一定裕度。

（3）充电站供电系统应符合GB 50052的要求；变压器室、配电室应符合GB 50053的要求；低压配电部分应符合GB 50054的要求。

（4）用于充电站的配电变压器宜采用Dynll联结方式。

（5）充电站在公用电网接入点的电能质量应符合以下规定：功率因数应达到0.9以上；谐波电压限值不应超过GB/T 14549—1993中第4章规定的允许值；谐波电流允许值不应超过GB/T 14549—1993中5.1、5.2的规定。

3）充电系统安装布置要求

（1）充电设备的布置应便于充电车辆停放和充电人员操作。

（2）在多车同时充电时，各充电机及车辆应不影响其他充电机、车辆的充电。

（3）充电设备安装在室外时，应安装防雨、雪的顶棚。

（4）充电设备安装在室内时，为防止温度过高，宜安装通风设施。

（5）充电设备宜安装在距地面一定高度的地方，满足防雨、防积水要求。

(6) 充电设备的布置宜尽量缩短充电电缆长度,以节约材料和能耗。

2. 充电站安全管理

充电站设施管理是充电系统运营的重要内容,安全管理是充电站正常运营的基础和前提,下面根据 GB/T 29781—2013《电动汽车充电站通用要求》及相关文件,介绍相关内容。

1) 充电站监控系统

充电站监控系统包括充电监控系统、供电监控系统和安防监控系统。

监控室的布置应当满足:宜单独设置,当组成综合建筑物时,监控室宜设在一层平面,并且应为相对独立的单元。监控室宜与充电场所毗邻布置。监控室不宜与高压配电室毗邻布置,如与高压配电室相邻,应采取电磁屏蔽措施。监控室应采取防静电措施。监控室门的位置和数目应考虑操作员的人数以及与监控室外的功能区域的联系,并满足国家有关安全规范(如消防)的要求。窗户设置应在操作员的视野之内,窗户的尺寸大小或视频监视设备的配置应能使监控室的操作者对充电场所的环境一目了然。

(1) 充电监控系统。充电监控系统实现对充电设备运行和充电过程的监视、保护、控制、管理和事故情况下的紧急处理,以及数据的存储、显示和统计。电动汽车充电站充电监控系统由监控主站、监控终端及通信网络构成。监控主站实现充电设备相关信息的收集和实时显示,充电设备的远程控制,以及数据的存储、查询和统计等。监控终端(特指非车载充电机和交流充电桩)采集充电设备状态及充电运行数据,上传至监控主站,并接收和执行监控主站的控制命令。

(2) 供电监控系统。供电监控系统应实时采集和记录供电系统运行信息,对供电状况、电能质量、开关状态、设备运行参数等进行监视和控制。

(3) 安防监控系统。安防监控系统包括充电站环境监控、设备安全监控、防火、防盗及视频监控等。应在发生危及安全的事件时发出声光告警,并能显示、记录、回放事件前后的监控信息,信息保存时间应满足相关管理要求。

2) 充电站防火

(1) 建筑物防火。充电站建(构)筑物构件的燃烧性能、耐火极限、站内的建(构)筑物与站外的民用建(构)筑物及各类厂房、库房、堆场、储罐之间的防火间距应符合 GB 50016—2006 第3章的规定。变压器室、配电室、蓄电池室的门应向疏散方向开启;当门外为公共走道或其他房间时,应采用乙级防火门;中间隔墙上的门应采用由不燃材料制作的双向弹簧门。监控室、办公室、休息室的门应采用不燃材料,向外开启;门应通向无爆炸、无火灾危险的场所;非抗爆结构设计的窗应朝无爆炸、无火灾危险的方向设置。电缆从室外进入室内的入口处、电缆竖井的出入门处、电缆接头处、监控室与电缆夹层之间以及长度超过 100m 的电缆沟或电缆隧道,均应采取防止电缆火灾蔓延的阻燃或分隔措施。

(2) 电力设备防火。变压器室、配电室、户外电力设备的耐火等级、与其他建(构)筑物和设备之间的防火间距应符合 GB 50229—2006 第11章的规定。电力设备的消防安全要求应符合 DL 5027 的有关规定。电力电线不应和热力管道,输送易燃、易爆及可燃气体管道或液体管道敷设在同一管沟内。对于带电设备,应配置干粉灭火器、卤代烷灭火器或二氧化碳灭火器,但不得配置装有金属喇叭喷筒的二氧化碳灭火器。根据不同的储能装置,应配置专用灭火器;如没有专用灭火器,应根据起火物质特性配备用于隔离的措施(如干砂覆盖）。

（3）消防设施及警报装置。充电站应配置必要的消防设施，并不得移作他用。消防设施放置或装设地点的环境条件应符合其生产厂的规定和要求。灭火器的配置应符合 GB 50140 的要求。消防用砂应保持充足和干燥。消防砂箱、消防桶和消防铲、斧把上应涂红色。灭火剂的选用应以提高灭火有效性、降低对设备和人体的影响为原则。充电站应设置火灾自动报警系统，当发生火灾或受到火灾威胁时，应立即切断电源。室内可能出现可燃气体或有毒气体时，应设置相应的检测报警器。

3）充电站防雷

（1）充电站的防雷要求应符合 GB 50057、DL/T G20 的有关规定。

（2）充电站配置专用电力变压器时，电力线宜采用具有金属护套或绝缘护套电缆穿钢管埋地引入充电站，电力电缆金属护套或钢管两端应就近可靠接地。

（3）信号电缆应由地下进出充电站，电缆内芯线在进站处应加装相应的信号避雷器，避雷器和电缆内芯线均应作保护接地，站区内不应布放架空缆线。

（4）充电站供电设备的正常不带电的金属部分、避雷器的接地端均应作保护接地，不应作接零保护。

（5）电气设备内部防雷地线应和机壳就近连接。

复习思考题

1. 电动汽车有哪些能量补给方式？各有什么优缺点？
2. 电动汽车充电机有哪些类型？怎样分类？
3. 充电方式中为什么有“交流慢充、直流快充”这种说法？该怎样理解？
4. 充电站由哪些部分组成？各有什么作用？
5. 利用充电机对电动汽车充电通常有哪些步骤？
6. 电动汽车充电站的安全管理包括哪些内容？

第8章 动力电池的维护

电动汽车是一个高集成性、高技术性的机电产品，其维护要遵循相关的规则来有序进行。动力电池作为电动汽车的核心部件，其成本在整车成本中占1/3左右。电池性能好坏直接关系到整车的使用，电池的故障也占电动汽车故障的很大比例。因此，本章树立规范操作意识，注重“工匠”精神培养，重点介绍动力电池系统的维护保养知识，并简要讲解动力电池的故障分析方法。

8.1 动力电池系统日常保养

GB 18344 汽车维护、检测、诊断技术规范

虽然电动汽车和传统汽车驱动方式有些差别，但依然要进行日常的保养维护。两者保养最大的区别就是，传统汽车主要针对发动机系统进行的保养，需要定期更换机油机滤等；而电动汽车主要是针对电池组和电动机进行日常的养护。本章重点关注动力电池系统的日常保养，对电机、电器、车身及机械系统不专门论述。

8.1.1 保养制度

1. 定义和分级

汽车保养，主要是针对传统的汽车修理维护中拆卸修理法而言的，是指汽车运行中的保养护理，是由传统的汽车维护作业演化而来的，强调对汽车进行预防性的各种保养与维护，并对传统养护的突破与创新，达到“在运行中保养，免拆卸维护”。它是一种全要素的、系统性的、全面的养护，是一种快捷、优质、高效的全新汽车服务。

根据电动车辆预防为主、定期检测、强制维护的维护原则，动力电池保养分为日常维护、一级维护、二级维护，要由专业维护人员执行。

日常维护是以清洁、补给和安全性能检视为中心内容的维护作业，动力电池日常维护主要针对蓄电池电量。一级维护是除日常维护作业外，检查动力电池工作状态（主要是电池单体电压一致性），用专用设备进行SOC值校准。二级维护指除一级维护作业外，更加细致地检测调整动力电池工作状况和冷却系统。封存、启用维护指车辆电池的封存和启用维护。

2. 维护周期

动力电池系统的维护周期根据营运及非营运电动汽车的使用频率进行划分，具体周期见表8-1；非定期维护保养周期则根据具体情况而定。

表8-1 营运/非营运电动汽车维护作业周期(里程/时间)

序号	维护类别	营运电动汽车间隔里程/时间	非营运电动汽车间隔里程/时间
1	日常维护	每个运行工作日	—
2	一级维护	5000～10000km或1个月	5000～10000km或6个月
3	二级维护	20000～30000km或6个月	20000～30000km或1年

注：维护作业间隔里程/时间，以先到者为保养周期要求。

3. 保养工具

SZDBZ 201 电动汽车维护和保养技术规范

电动汽车电池保养除了使用一般的拆装、清洁工具外，还包括万用表、绝缘性测试仪以及专用诊断工具，如内阻仪、电池性能测试仪、电池在线均衡仪等。由于动力电池属于高压系统，在保养时操作者还要务必注意进行安全防护。

4. 保养项目及要求

1）日常维护保养项目

对动力电池外表进行清洁，保持整洁，观察故障灯状态是否正常，对蓄电池电量进行检视并补给。

2）一级维护保养项目及要求

一级维护保养时，除了对高低压蓄电池、高压控制盒、DC-DC变换器等的检视、清洁、紧固、添加、导线连接、充电等情况进行日常维护外，还需要用专用设备进行检测和校准，具体项目及要求见表8-2。

表8-2 动力电池系统一级维护作业项目及要求

序号	项　　目	作业内容	技术要求
1	高压蓄电池系统冷却风道滤网	拆卸、清洁、检查滤网	清除积尘，如有损坏或达到产品说明书要求更换条件的，更换滤网
2	动力蓄电池系统状态	用专用动力蓄电池维护设备(或外接充电)对单体电池一致性进行维护	动力蓄电池系统中电池单体一致性应满足产品技术要求
3	动力蓄电池系统SOC值校准	采用动力蓄电池专用诊断设备(或外接充电)对系统SOC值进行校准	系统SOC误差值小于8%
4	外接充电互锁	外接充电检查	当车辆与外部电路(例如：电网、外部充电器)连接时，不能通过其自身的驱动系统使车辆移动
5	高压绝缘状态	使用兆欧表检测蓄电池高压输入、输出与车体之间的绝缘电阻	绝缘电阻≥5MΩ

3）二级维护保养项目及要求

二级维护是在一级维护的基础上，进一步对电池系统相关数据进行分析，对电池箱风扇、过滤网、绝缘情况、高压配电箱等进行检查。具体作业项目及要求见表8-3。

表 8-3 动力电池系统二级维护作业项目及要求

序号	项目类别	作业内容	技术要求
1	蓄电池系统	系统连线	各部位线路固定可靠、整齐
		温度	温度采集数据正常
		单体电压	单体电压数据正常,电压在规定范围内
		总电压	系统总电压在规定范围内
2	电池箱	冷却风扇工作状态	工作正常
		通风冷却滤网除尘	滤网无堵塞,箱体内无灰尘
		高压线束连接端紧固	连接牢固、可靠
		箱体安装固定检查	螺栓紧固力矩符合要求
3	绝缘检查	正极(输入、输出)对车体绝缘电阻	≥5MΩ
		负极(输入、输出)对车体绝缘电阻	≥5MΩ
4	高压配电箱	高压零部件工作状态	高压零部件工作正常

JT 1344 纯电动汽车维护、检测、诊断技术规范

电动汽车在完成动力电池系统二级维护后,应进行竣工检验。各项目参数应符合产品使用说明书,如使用说明书不明确时,应以国家标准、行业标准及地方标准为准;竣工检验不合格的应进行进一步的检验、诊断和维护,直到达到维护竣工技术要求为止。竣工检验应在整车高压上电情况下检查、检测,技术要求符合表 8-4 的规定。

表 8-4 动力电池系统二级维护竣工技术要求

序号	检查对象	检查项目	技术要求
1	动力蓄电池系统	总电压	符合规定
		外接充电状态	使用直流充电机外接充电时,无充电中断现象,充电 SOC 显示 100%,系统应自动终止充电
		电池工作状态	正常,专用诊断仪检查,无动力蓄电池故障指示
		电池通风工作状态	正常
		高压配电箱中各电器件状态	电器件安装牢固、无烧蚀或损坏
2	电源辅助系统	DC-AC 逆变器工作状态	符合规定
		DC-DC 直流电源变换器工作状态	符合规定
		车载充电机工作状态	交流外接充电时,无充电中断现象,充电 SOC 显示 100%,系统应自动终止充电
3	高压系统绝缘	检查整车高压系统输入、输出端与车体之间的绝缘电阻	绝缘电阻≥5MΩ

8.1.2 保养操作

1. 常规检查方法

在讲述动力电池系统常规保养时,需要指出的是通常电池系统的保养是和其他系统一起进行的,因此这里除了电池舱外,还涉及充电接口、车载充电机、DC-DC 变换器以及低压蓄电池等其他电源系统的保养。下面以某纯电动汽车为例介绍电动汽车电源系统常规保养。

1）低压蓄电池

（1）将汽车停好，拉起手刹，用三角铁塞住车轮，戴好高压绝缘手套，断开高压维修开关。

（2）检查项目：蓄电池外观、电池连接线（见图8-1）。

（3）检查方法：检查电池壳体是否破损、接脚是否牢固、连接线是否破损；检查蓄电池连接线是否牢固、有无破损点。

（4）检查标准：蓄电池壳体无破损、连接线牢靠、线束无裸露点。

图8-1　蓄田池检查

2）充电接口

（1）将汽车停好，拉起手刹，用三角铁塞住车轮，戴好高压绝缘手套，断开高压维修开关。

（2）检查项目：充电接口（如图8-2(a)、(b)所示）。

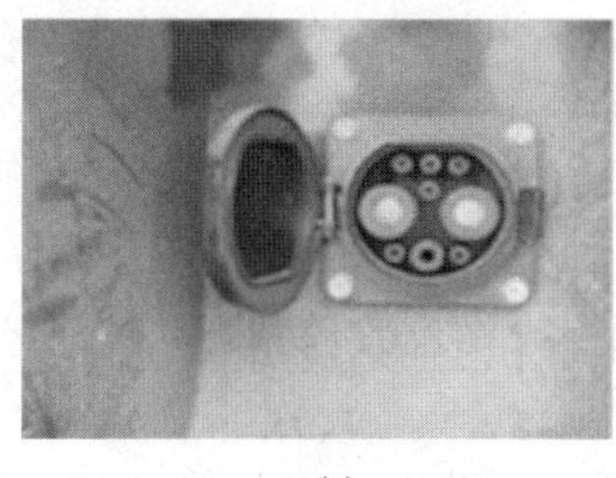

(a)

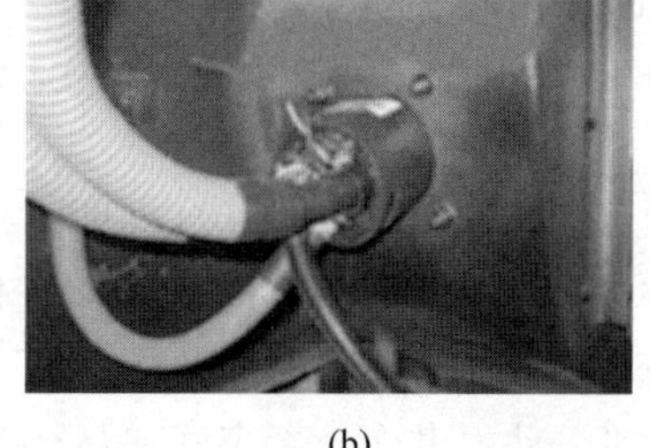

(b)

图8-2　充电接口检查

(a) 充电接口固定螺钉；(b) 充电接口内部高低压线束

（3）检查方法：检查充电接口螺丝是否紧固，金属件有无灼烧、腐蚀痕迹；检查充电接口内部高低压线束是否紧固、螺丝是否松动、线束是否有干扰。

（4）检查标准：充电接口外部连接紧固、金属件无锈蚀、无滑丝；接口内侧线束紧固、无干扰、无破损，无油液、水汽痕迹及摩擦痕迹。

3）车载充电机

（1）将汽车停好，拉起手刹，用三角铁塞住车轮，戴好高压绝缘手套，断开高压维修开关。

（2）检查项目：外壳螺丝、动力线束（见图8-3）。

（3）检查方法：使用绝缘工具检查充电机外壳螺丝紧固情况；戴绝缘手套检查动力线束接头有无松动、灼烧情况。

（4）检查标准：风扇运转灵活，挡风圈上无异物；充电机外壳完好，螺丝无松动；动力线束外罩完好，线束接头紧固并且无灼烧痕迹。

图 8-3 车载充电机检查

4）DC-DC 变换器

(1) 将汽车停好，拉起手刹，用三角铁塞住车轮，戴好高压绝缘手套，断开高压维修开关。

(2) 检查项目：DC-DC 变换器(见图 8-4)。

(3) 检查方法：检查变换器外壳是否存在破损、密封完好，无锈蚀等情况，固定是否牢靠；检查线束接插件是否牢固、无破损。

(4) 检查标准：风扇运转灵活，挡风圈上无异物；运行无异响，底座连接牢靠，线束无破损。

5）动力电池

(1) 将汽车停好，拉起手刹，用三角铁塞住车轮，戴好高压绝缘手套，断开高压维修开关。

(2) 检查项目：外壳螺丝、动力线束(见图 8-5)。

(3) 检查方法：使用绝缘工具检查动力电池外壳螺丝紧固情况；戴绝缘手套检查动力线束接头有无松动、灼烧情况。

(4) 检查标准：动力电池外壳完好，螺丝无松动；动力线束外罩完好，线束接头紧固并且无灼烧痕迹。

图 8-4 DC-DC 变换器检查

图 8-5 动力电池检查

2. 保养操作步骤

前文所述属于日常检查内容，下面介绍更进一步的操作步骤，可解决目视发现的小问题。

1）清理蓄电池接线柱

清理蓄电池接线柱的步骤如下：

(1) 关闭点火开关并拔掉钥匙。

（2）用扳手从接线柱上松开并拆卸蓄电池电缆卡夹。务必首先断开蓄电池负极（－）接线柱。

（3）用钢丝刷或接线柱清理工具清理接线柱。

（4）检查蓄电池接线柱上是否有白色或浅蓝色粉末，如果有，证明接线柱已经腐蚀。

（5）用碳酸氢钠水溶液清除腐蚀物。碳酸氢钠水溶液将起泡并变为棕色。

（6）当停止起泡时，用清水将溶液冲干净，然后用布或纸巾将蓄电池擦干。

（7）重新连接并紧固正极（＋）接线柱，然后连接负极（－）接线柱。

2）蓄电池的保养

维修装配蓄电池时注意轻拿轻放，避免电池酸液外泄或者爆炸产生安全事故，蓄电池装配前应首先检查是否有电。为了延长车辆蓄电池的寿命，必须遵守以下做法：

（1）保持蓄电池顶面清洁、干燥。

（2）保持接线柱和接头清洁、紧固并涂上凡士林或接线柱润滑脂。

（3）如果车辆将长时间不用，应从蓄电池负极（－）接线柱上断开电缆并每6周给断开的蓄电池充一次电。

3）高压控制盒的检查保养

（1）配电箱固定螺栓连接牢固，无松动，减振垫完好无破损，外壳接地线端头无锈蚀、固定螺栓牢固无松动。

（2）外部接线牢固，无松动，线束自带保护罩应安装到位。

（3）用干布或鸡毛掸除尘，保持干燥、干净。内部各部位接线桩铜排的连接紧固无松动，清除接线桩表面的氧化物。线束捆扎牢靠和无破损及刮擦。

（4）内部各保险电阻值正确，连接部位无明显锈蚀痕迹。

（5）检测铜排对底盘绝缘电阻，测量使用500V兆欧表，绝缘电阻均应大于20MΩ。

4）动力电池舱的检查与保养

（1）用干布或鸡毛掸除尘，保持干燥、干净。电池箱体清洁、密封以及电池绝缘性能检测。

（2）电池管理系统性能检测与精度校正。

（3）电池模块均衡充电。由于动力电池组使用一段时间后单体容量会有所差异，影响整个电池组的总容量，因此每5000km将车进行一次均衡充电保养（最好在电量快耗尽时保养）。

3. 电池在线均衡

下面以BBS 5V5A-8S在线均衡充放电仪（见图8-6）为例，介绍使用均衡充放电仪对锂电池组进行均衡充放电的方法。

1）均衡充电仪设备组成

设备均衡模块共包含8个均衡电源模块，相互隔离，实现串联电池组单体电池独立回路的充电功能。每一个模块电流输出量程为100mA～5A，电压量程为10mV～5V，通过恒流恒压充电模式，实现每串电池充电末端电压对齐。均衡模块与计算机控制系统通过RS-232通信，以实现指令控制和数据监控、记录等功能。

系统包含一套工业控制计算机和一套电池组均衡仪软件。软件通过RS-232通信控制

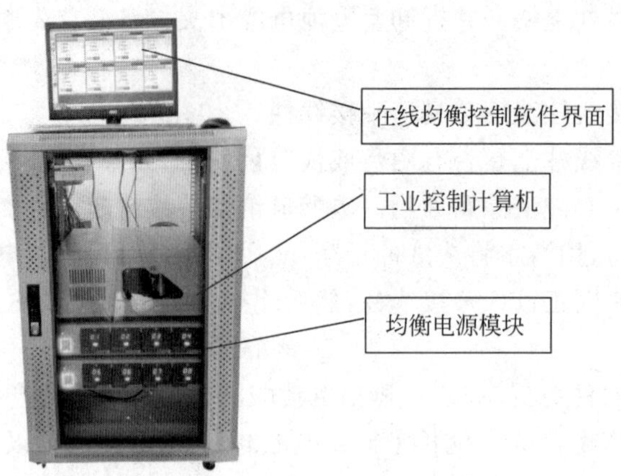

图 8-6　电池在线均衡仪

均衡模块，实现控制指令发送、数据采集和统计整理，生成测试报告。可实时记录充电数据，自动保存。其外部连接端口用于实现与外部待均衡电池组的物理连接，以实现均衡充电和信号采集。

2）联机和参数设置

在主机打开 Rp_Balance 软件。选择 Rp_Balance 软件“选项”菜单下的“优化自动联机”命令，打开如图 8-7 所示的“设置自动联机”对话框。在箱号命令栏中，从下拉列表框中选择从“001”到计算机连接的设备的最大箱号(即最多几个均衡充电仪)。在串行口命令栏中，从下拉列表框中选择 COM1，到下拉列表框中选择计算机连接设备时的最大串口号。

图 8-7　“设置自动联机”对话框

根据自己的需求，在量程范围内，设定充电电流参数。设置恒压充电电压大小时，一般设置为电池的满充电压。例如磷酸铁锂 3.65V，最大不能超过 3.9V。

设备在进行充电的过程中分为 CC(恒流)和 CV(恒压)两个过程。在充电伊始保持充电电流为设定的恒定值，当电池电压达到设置的电压值时，保持电压值不变而电流值不断地减小，形成一个涓流充电的过程。整个过程中 CC 大约占 70%的时间，CV 大约占 30%的时间。

充电或者放电是根据实际被测电池电压和设定的电压决定的，设备支持充电均衡和放电均衡，设置的电压如果高于被测试的电池电压，即充电均衡；反之，如果设置的电压低于被测试的电池电压，即放电均衡。

3）充放电均衡操作

（1）正确地连接好被充电池与充放电仪的连接线。

（2）用鼠标选中需要启动的通道，然后右键选择启动，此时弹出“通道启动”对话框。可以通过以下两种方法启动电池充放电过程。

第一种，直接调入模板：单击“通道启动”对话框下的“调入过程”按钮，在弹出的对话框中选择后缀名为.tpl的充放电模板。然后单击“通道启动”对话框下的“启动”按钮，设备将按照选择的模板制程对电池进行充放电。

第二种，自己动手制程：在“通道启动”对话框中，双击“工作模式”下的文本框打开工作模式选择下拉菜单。在下拉菜单中选择按顺序执行的充放工作模式。若要更改工作模式，在下拉菜单中选择需要的工作模式即可。

（3）充放电过程设置完毕后，单击“启动”按钮即可启动均衡设备按照刚设置的程序对电池进行充放电均衡。

4）在线均衡注意事项

（1）操作者必须具有初级电工以上资质，有一定的计算机应用基本知识。在使用中应格外注意人员、设备的安全。

（2）蓄电池在线均衡仪周围不得存在易燃易爆物品，并确保空气中不含有易燃易爆气体。

（3）蓄电池在线均衡仪属于电力测试设备，在使用过程中应轻拿轻放，切勿乱扔乱摔，否则其结果轻者会导致外壳变形，重者会导致内部元件出现故障，影响正常使用，造成人身或设备事故。

（4）避免喷溅液体进入蓄电池在线均衡仪表面及内部，以免进入内部发生短路故障，造成使用时发生人身或设备事故。

（5）正常判断条件和例外限制条件中的各项限制都是或的关系。当设置多项正常判断条件时，只要满足其中一个条件就跳转执行下一步。类似的，当设置多项例外限制条件时，只要其中一个条件得到满足则整个充放电过程将会停止。

4. 动力电池拆装及处置规则

1）电池拆装

对高压蓄电池系统进行拆装之前必须做好充分的准备工作：在地面或车辆附近明显位置放置警示牌；拆除及安装高压部件应使用专用工具，并穿戴绝缘手套（绝缘等级为1000V/300A以上）和绝缘鞋（见图8-8）。

对高压蓄电池进行操作时遵守以下准则：严禁非专业人员进行移除及安装；未经过高压安全培训的维修人员，不允许对电池部件进行维护；对高压蓄电池进行作业前，必须确认车辆钥匙处于lock挡位并将12V电源断开；高压蓄电池接线断开后，使用万用表对其电压进行测量，电压安全才可以进行下一步的操作。

图 8-8　电池拆装安全防护工具

拆卸蓄电池时,总是最先拆下负极(—)电缆;装上蓄电池时,总是最后连接负极(—)电缆。拆下或装上蓄电池电缆时,应确保点火开关或其他开关都已断开,否则会导致半导体元器件的损坏。切勿颠倒蓄电池接线柱极性,以防 ECU 单元遭到损坏。在整个拆装过程中一定要以先拆的配件后装、后拆的配件先装为原则,拆装过程中必须使用专用工具。

下面以比亚迪 E5 液冷电池包拆装为例,介绍电动汽车电池包拆装步骤。

(1) 断开 12V 蓄电池电源负极。

(2) 拆开储物盒上盖,戴上绝缘手套,拔掉维修开关(见图 8-9)。

图 8-9　拔维修开关

(3) 将车辆举升到合适的高度,使用专门的支撑托架托着电池包。

(4) 拆除电池包前端底盘副车架上的加强杆(见图 8-10)。

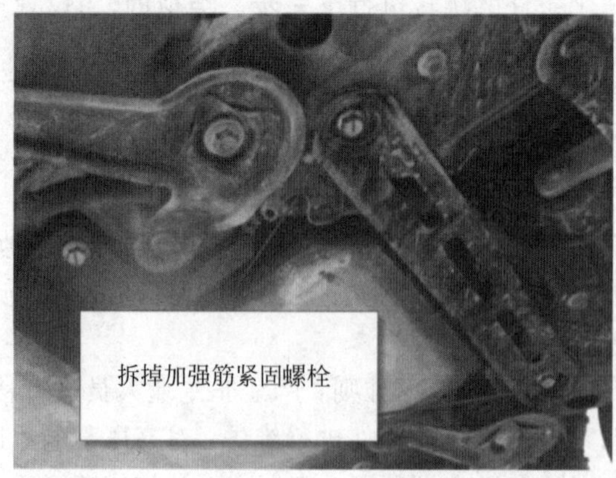

图 8-10　拆电池加强杆

(5) 拔掉动力电池包进出水口液冷管路接头(见图 8-11)。

图 8-11 拔液冷管路接头

(6) 戴上绝缘手套,拔掉动力电池端低压接插件、高压接插件(见图 8-12)。

图 8-12 拔高、低压接插件

(7) 使用 M18 的套筒将电池包周边的 10 个紧固件拆掉,拆下动力电池包。

(8) 将动力电池包使用举升设备落下或使用电池支撑托架将车辆举升后,将电池推出。

(9) 将拆卸下来的动力电池包退回指定部门进行返修处理。

E5 动力电池包安装步骤如下。

(1) 断开低压 12V 蓄电池负极。

(2) 拔掉维修开关。

(3) 将电池包叉到举升设备或是支撑托架上。

(4) 使用导向杆使电池包安装点与车身对齐。

(5) 安装电池包固定螺栓 10 个,螺栓力矩要求为 135N·m,按标准力矩拧紧螺栓后画上漆标。

(6) 安装动力电池包端低压线束接插件、高压接插件。

(7) 接上液冷管路进出水口接插件,并画上漆标。

(8) 从副仪表台位置安装上维修开关。

(9) 接上 12V 蓄电池负极。

(10) 加注电池冷却液(加注冷却液按照电池冷却系统维修保养售后排气说明操作)。

(11) 重新标定 SOC。

(12) 上电确认车辆无故障返修完毕。

(13) 入库车辆要求 SOC≥30%以上,如 SOC<30%需要进行充电。

2）储存与运输

根据相关标准，蓄电池应储存在温度为5～40℃的干燥、清洁及通风良好的仓库内。蓄电池应不受阳光直射，距离热源不得少于2m。蓄电池不得倒置及卧放，并避免机械冲击或重压。

蓄电池运输荷电状态应低于40%，在运输中不得受剧烈机械冲撞、暴晒、雨淋，不得倒置。蓄电池在装卸过程中应轻搬轻放，严禁摔掷、翻滚和重压。

3）事故处置原则

对于事故车辆动力电池，应按如下原则处置：

（1）注意高压蓄电池单元的操作说明，在断开高压车载网络之前，绝不允许触碰敞开的高压导线和高压组件。

（2）损坏情况（机械损坏、热损坏）下可能释放出金属化合物、碳、电解液物质及其分解物。

（3）损坏的高压蓄电池单元，必须放置于耐酸和不受气候（阳光、雨水）制约的收集容器中，存放在室外时要在不经授权不可进入的安全位置，不要吸入溢出的气体。

（4）避免将流出的物质排入排水沟、矿井和下水道。按照工作说明收集流出的物质并处理，此时应穿戴耐腐蚀的个人防护装置。

（5）动力电池失火情况下要通知消防队，立即清空该区域并封锁事故现场。在不会伤及人员的前提下尝试灭火（采用水和泡沫）。

8.2 动力电池系统故障分析

熟悉汽车电路原理，了解汽车电气系统线路的连接关系及各部件的结构原理，是汽车电路故障分析及检修的基础，而掌握汽车电路分析的基本方法及要点，则有助于准确迅速地排除汽车电路的故障。动力电池系统的故障分析同样如此。下面先介绍汽车电路故障分析的一般方法。

8.2.1 故障分析方法

1. 综合分析法

根据所出现的故障现象，分析可能的故障原因，然后对可能的故障部位逐个进行检测。针对故障现象对故障原因进行分析，对可能的故障范围和部位有了大致的了解，就可避免对无关电路和部件的盲目检测而费工费时，也可避免对可能的故障电路和部件漏检而不能及时排除故障。因此，故障分析细致全面，有助于迅速准确地排除故障。比如，电动汽车失去动力，可逐个分析排除电源系统哪个部分有故障。

2. 直观检测法

直观检查无需检测仪器和其他工具，通过人的视觉“看”、听觉“听”和触觉“摸”等方法诊断所检部位正常与否，对一些显露的可能故障部位是一种简捷有效的故障检查方法。具体来说有三个方面，用眼睛仔细观察可能故障部件有无较为显露的故障，比如导线和部件有无破损断脱；用耳朵仔细听可能故障部位的声响，判断所检部件是否有故障，比如，接通电源或断开电路时仔细听有关部件有无动作声响等；用手触摸可能故障部位有无异常，比如，插接器连接有无松动、线路连接处是否因连接不良而导致有异常的温度（电流较大的电路连接点）等，均可以通过手触摸的感觉来判断。

3. 电压检测法

电压检测法是汽车电路分析及故障检修中最常用的检测手段，它是通过电压表测量相关检测点的电压来诊断电路和部件故障与否。通过电压检测法能判断以下两点：①检查电路的通断性；②检查部件性能。比如蓄电池测量电压偏低，可判断很可能是由于DC-DC变换器不能正常为其充电造成的。

4. 电阻检测法

电阻检测法也是汽车电路分析及故障检修中最常用的检测手段，它通过用欧姆表测量相关线路和部件内部电路的电阻来判断电路和部件是否正常。通过电阻检测法能判断以下两点：①检查电路的通断性；②检查部件是否有故障。比如，某块电池单体的内阻出现异常变大，可以知道该电池出现故障。

5. 替代法与排除法

替代法是用一个新的或确认为良好的同类型部件替代被检测部件，看系统的工作情况。如果系统工作恢复正常，则说明该部件有故障，需予以更换；如果系统故障依旧，则该部件所连接的线路或相关部件有故障。检测与该部件所连接的电路和相关部件，当所有与故障现象相关的电路和部件均确认为良好时，则可认为该部件有故障，需予以更换。比如，某充电桩不能为电池充电，如果换另一个充电桩可以充电，则可判定该充电桩有故障。

8.2.2　充电系统常见故障

以某车载充电器为例，其面板有三个指示灯（见图8-13）：①交流电源指示灯（绿色），当接通交流电后，电源指示灯亮起；②工作状态指示灯（绿色），当充电机接通电池进入充电状态后，充电指示灯亮起；③报警指示灯（红色），当充电机内部有故障或者错误的操作亮起。

图8-13　车载充电器及其指示灯

充电系统常见故障有：

1. 12V 低压供电异常

当充电机 12V 模块异常时，BMS、仪表等由于没有唤醒信号唤醒，无法与充电机进行通信。判断方式：当 12V 未上电，最简单的判断方式就是交流上电的时候，电池没有发出继电器闭合的声音，一般都是 12V 异常。需要检查低压保险盒内充电唤醒的保险及继电器，以及充电机端子是否出现退针的情况。

2. 充电机检测电池电压不满足要求

此问题是在充电过程中，BMS 可以正常工作，但充电机工作开始前需要检测动力电池电压，当动力电池电压在工作范围内，车载充电机可以正常工作，否则充电机认为电池不满足充电的要求。判断方法：此情况常见的为高压插件端子退针或高压保险熔断，或者电池电压超过工作范围。

3. 充电机与充电桩握手不正常

充电机工作过程中会检测与充电桩之间的握手信号，当判断到 CC(充电连接确认)的开关断开，充电机认为此时将要拔掉充电枪，此时会停止工作，防止带电插拔，提升充电枪端子寿命。当充电枪未插到位，可能出现此情况。

4. 无法充电的故障

这是指充电桩输入电压正常，由于施工时电源线不符合标准所引起无法充电的故障。车辆在低温环境下，充电桩开始时与充电机连接正常，由于车辆动力电池低温下需将电芯加热至 0～5℃时才能进行正常充电，加热过程中，负载较小，电压下降并不多，进入充电过程时，负载加大，输入电压下降，充电桩为充电机提供的电源电压低于 187V 时，充电机无法正常工作，充电机停止工作后，负载减小，测量时电压又恢复正常。这种情况一定要在充电机进入充电过程时测量当时准确电压，来找到故障所在。

8.2.3 动力电池系统故障

1. 电池系统的工作过程

在进行动力电池故障分析前，首先要了解动力电池系统为整车上电以及充电的过程。

上电过程如下：

(1) 启动钥匙打在 ON 挡，蓄电池 12V 供电、全车高压有控制器的部件(动力电池、电机控制器、整车控制器、空调控制器、DC-DC 变换器)低压上电唤醒、初始化、自检，无故障，上报整车控制器(VCU)；动力电池内部动力母线绝缘检测合格，各个继电器状态合格，各个电池模组电压温度状态合格，上报整车控制器。

(2) 整车控制器控制动力电池负极母线继电器闭合。

(3) 动力电池内部主控盒控制预充电继电器闭合，动力电池首先为负载端各个电容充电，电池管理系统检测到电容充满电后，主控盒闭合正极母线继电器，然后断开预充电继电器。

(4) 此时仪表上出现 READY 灯符号。

动力电池充电的过程如下:

(1) 车辆停止后,启动钥匙在 OFF 挡,12V 蓄电池 ON 挡供电断开;车辆高压系统包括整车控制器,处于休眠状态。

(2) 车辆充电时,启动钥匙要求在 OFF 挡,充电枪连接正常后,首先充电机(慢充和快充)送出自有的 12V 低压电,唤醒整车控制器,仪表盘出现充电插头信号,表示充电枪连接正常。

(3) 整车控制器的 12V 低压,唤醒动力电池管理系统和 DC-DC 变换器,动力电池内部自检合格后,通过 CAN 先向充电机发出充电请求信号,闭合正负母线继电器,开始充电。

(4) 充电过程中主控盒与从控盒采集的电池电压和温度信息,随时通过内部 CAN 线通信,主控盒把信息通过对外 CAN 总线与整车控制器和充电机通信,把动力电池的充电要求信息传给充电机,充电机随时调节充电电流和电压,保证充电安全合理。

(5) 当充电结束拔出充电枪后,整车控制器让高压系统下电。

2. 故障级别及其显示

根据动力电池的故障严重程度,可以将其划分为三个等级。

(1) 三级故障:表明动力电池性能下降,电池管理系统降低最大允许充/放电电流。

(2) 二级故障:表明动力电池在此状态下功能已经丧失,请求其他控制器停止充电或者放电;其他控制器应在一定的延时时间内响应动力电池停止充电或放电请求。(其他控制器响应动力电池二级故障的延时时间建议少于 60s,否则会引发动力电池上报一级故障。)

(3) 一级故障:表明动力电池在此状态下功能已经丧失,请求其他控制器立即(1s 内)停止充电或放电。如果其他控制器在指定时间内未作出响应,电池管理系统将在 2s 后主动停止充电或放电(即断开高压继电器)。

动力电池的故障会在仪表上显示“请检查动力系统”。根据故障的程度不同,亮起的指示灯亦不同,如图 8-14 所示。表 8-5 给出比亚迪纯电动汽车仪表指示及警告灯注解。电动汽车动力电池系统常见故障描述及常规解决方案可参见表 8-6。

图 8-14 比亚迪 E5 仪表盘

表 8-5　仪表盘故障指示灯说明

故障灯图标	名　称	故障灯图标	名　称
	驻车制动故障警告灯		ESP OFF 警告灯(装有时)
	驾驶员座椅安全带指示灯		防盗指示灯
	充电系统警告灯		主告警指示灯
	前雾灯指示灯	ECO	ECO 指示灯(装有时)
	后雾灯指示灯		动力电池电量低警告灯
	智能钥匙系统警告灯		动力电池故障警告灯
	ABS 故障警告灯		胎压故障警告灯(装有时)
	电机冷却液温度过高警告灯		电子驻车状态指示灯
	ESP 故障警告灯(装有时)		OK 指示灯
	车门状态指示灯		动力系统故障警告灯
	SRS 故障警告灯		动力电池过热警告灯
	EPS 故障指示灯		动力电池充电连接指示灯
	小灯指示灯		巡航主指示灯(装有时)
	远光灯指示灯	SET	巡航控制指示灯(装有时)
	转向指示灯		

表 8-6　电动汽车动力电池系统常见故障及解决方案

序号	故 障 描 述	常规解决办法(按照序号进行操作)
1	SOC 异常。如无显示,数值明显不符合逻辑	1. 停车或者关闭车钥匙后重新启动 2. 检查仪表显示其他故障报警有无点亮,并做好现象记录 3. 联系专业售后人员进行复查,维修人员确认无误后正常使用
2	续航里程低于经验值	联系维护人员,检查充放电过程,看容量是否衰减,BMS 控制是否正常
3	电池过热报警/保护	1. 10s 内减速,停车观察 2. 检查报警是否消除,检查是否有其他故障,并做好记录 3. 若报警或保护消除,可以继续驾驶;否则,联系售后人员 4. 运行中若连续 3 次以上出现停车,减速故障消除时,联系售后人员
4	SOC 过低报警/保护	1. SOC 低于 30%报警出现时减速行驶,寻找最近的充电站进行充电 2. 停车休息 3～5min 后行驶,检查故障是否能自动消除 3. 若故障不能自行解除,且仍未驶达充电站的,联系售后人员解决

续表

序号	故障描述	常规解决办法(按照序号进行操作)
5	电压/电流明显异常	1. 关闭车钥匙,迅速下车并保存适当距离 2. 联系专业技术人员处理
6	钥匙打ON/START后不工作	1. 检查并维护低压电源 2. 若打ON后能工作,检查仪表盘上故障显示,并记录 3. 若打START后仍不能工作,联系专业人员
7	不能充电	1. 检查SOC当前数值 2. 检查充电线缆是否按照正确方法连接 3. 若有环境温度超出使用范围,停止使用 4. 联系维修人员
8	运行时高压短时间丢失	检查系统屏蔽层是否有效,检查继电器是否能正常动作,检查主回路是否接触良好
9	电池外箱磨损破坏	联系专业人员维护

3. 故障诊断举例

电动汽车由于电池系统或因充电产生的故障种类很多,要根据故障现象及电路原理结合相关知识进行具体分析处理,下面举例说明。

1) 行驶中仪表提示“请检查动力系统”故障案例分析

(1) 故障现象: E5行驶中仪表提示请检查动力系统,OK灯亮,车辆可以行驶。

(2) 原因分析: ①高压系统故障; ②线束故障; ③BMS故障。

(3) 诊断过程

① 利用诊断仪器读取车辆故障码,BMS报一般漏电,故障码无法清除(见图8-15);

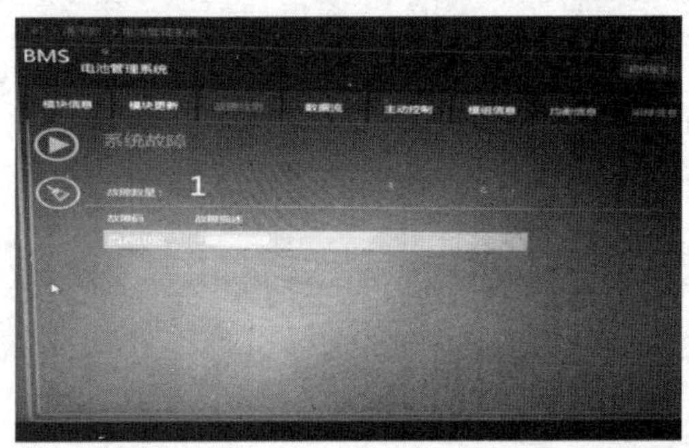

图8-15 诊断仪读取故障码

② 检查各个高压系统,断开PTC加热模块高压插头,短接PTC高压互锁端子后(见图8-16),车辆可以上电,系统不再报漏电故障,仪表无故障信息提示;

③ 更换PTC加热模块故障排除。

(4) 诊断小结

① BMS报一般漏电车辆可以行驶,报严重漏电车辆无法行驶;

② 判定一个高压模块或高压线束漏电时,尽量再将高压模块或线束插头插上去确认故

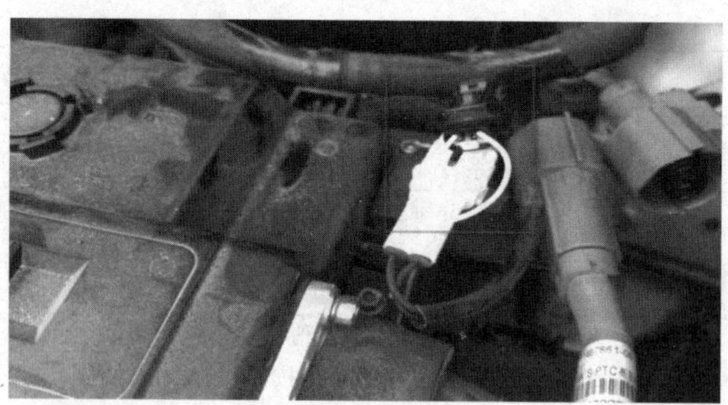

图 8-16　短接 PTC 互锁

障是否再现,避免零部件误判;

③ PTC 正极或负极对地绝缘阻值一般为 1MΩ 以上。

2) 直流充电桩无法充电故障案例分析

(1) 故障现象：E5 车主反映汽车在直流充电桩无法充电,显示启动充电未能成功,尝试更换多个充电桩也无法充电,可以使用交流充电桩充电。

(2) 原因分析：①直流充电口故障；②直流充电低压通信线路故障；③电池管理器故障或者控制直流充电的低压线路故障。

(3) 诊断过程

① 首先测试插充电枪后仪表只有充电连接指示灯亮,再无其他充电的相关信息,充电桩上显示充电启动未能成功,但交流可以充电,由此可以暂定电池管理器能正常工作,故障应该在直流充电过程中涉及的元器件或线束；

② 由于汽车点亮充电连接指示灯,充电桩上却显示充电未能成功启动,所以将故障定位于充电过程中的 CAN 线信息交互失败上(充电通信端子定义如图 8-17 所示)；

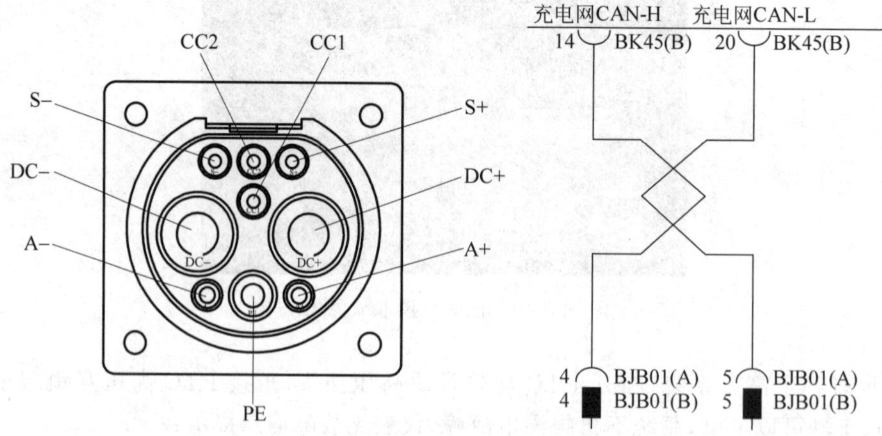

图 8-17　直流充电通信示意

③ 插上充电枪充电,测量电池管理器 BK45(B)接插件的 14 号针脚无电压,测量 20 号针脚 2.9V 电压,CAN 线电压正常应为 2.5V 左右,测量电池管理器 BK45(B)接插件的 14 号针脚到充电口 S－端子不导通,电池管理器 BK45(B)接插件的 20 号针脚到充电口 S＋端

子导通正常；

④ 测量充电口的S－端和S＋端到前舱线束BJB01(B)接插件4号端子和5号端子都导通正常,可以排除直流充电口故障,再测量前舱线束BJB01(A)-5号端子到电池管理器BK45(B)-20号端子导通正常,BJB01(A)-4号端子和电池管理器BK45(B)-14号端子不导通,判定为该线束断路故障导致,更换前舱线束后故障排除。

(4) 诊断小结

该故障诊断需要非常了解整个直流充电的过程才能在有限的信息下做出正确的判断。直流充电流程分析:插枪后充电柜检测到CC1-1千欧电阻后确认枪插好,直流充电柜控制吸合直流充电继电器,电池管理器得到双路电可以工作,车辆检测到CC2-1千欧电阻后确认充电柜连接正常,电池管理器控制点亮仪表充电连接指示灯并与直流充电柜进行CAN通信,通信无异常后,直流充电柜输出高压电为车辆充电。

根据直流充电流程,该车辆电池管理器已经控制点亮仪表充电连接指示灯,说明CC1、CC2已经完成,判断为CAN通信未完成,怀疑CAN线路或充电口故障导致。新能源车辆经常会遇到故障码U02A200:与主动泄放模块通信故障,该故障码形成原因是:每次高压上电不成功或者充电不成功时,电池管理器内就会报主动泄放模块通信故障,所以维修时不能根据此故障码来确定故障点。

复习思考题

1. 电动汽车动力电池系统的保养工具有哪些?有哪些保养项目?

2. 为什么要进行动力电池系统的在线均衡?有哪些注意事项?

3. 电动汽车电路故障的一般分析方法是什么?什么是电压检测法?

4. 充电系统和动力电池系统的常见故障有哪些?

5. 某纯电动汽车在行驶中发生龟速行驶现象,叙述如何找出故障原因,需要遵循哪些步骤?

参考文献

[1] 王震坡，孙逢春. 电动车辆动力电池系统及应用技术[M]. 北京：机械工业出版社，2012.

[2] 徐艳民. 电动汽车动力电池及电源管理[M]. 北京：机械工业出版社，2015.

[3] 苏树辉，毛宗强，袁国林. 国际氢能产业发展报告[M]. 北京：世界知识出版社，2017.

[4] 黄永和，于凯. 中国新能源汽车产业发展报告[M]. 北京：社会科学文献出版社，2018.

[5] EV-VOLUMES. 全球 2019 年电动汽车保有量或将突破 850 万辆[EB/OL]. 2019-03-25/2019-08-18.

[6] 863 计划先进能源技术领域专家组. 中国新能源汽车产业发展报告[M]. 北京：中国石油出版社，2010.

[7] 王芳，夏军. 电动汽车动力电池系统安全分析与设计[M]. 北京：科学出版社，2016.

[8] [美]Ryan O'hayre，等. 燃料电池基础[M]. 王晓红，等译. 北京：电子工业出版社，2007.

[9] 侯明，衣宝廉. 燃料电池技术发展现状与展望[J]. 电化学，2012，18(01)：1-13.

[10] [意]Gianfranco Pistoia. 锂离子电池技术研究进展与应用[M]. 赵瑞瑞，等译. 北京：化学工业出版社，2017.

[11] 胡信国. 动力电池技术与应用[M]. 北京：化学工业出版社，2013.

[12] 张凯，何军. 电动汽车应用技术[M]. 北京：清华大学出版社，2016.

[13] 朱小春. 电动汽车网络与电路分析[M]. 北京：清华大学出版社，2017.

[14] 许晓慧. 电动汽车及充换电技术[M]. 北京：中国电力出版社，2013.

[15] 马银山. 电动汽车充电技术及运营知识问答[M]. 北京：中国电力出版社，2012.

[16] 龚华生. 电池使用维修指南[M]. 北京：机械工业出版社，2011.

[17] 刘卓然，陈健，林凯，等. 国内外电动汽车发展现状与趋势[J]. 电力建设，2015(7)：25-32.

[18] 宋永华，阳岳希，胡泽春. 电动汽车电池的现状及发展趋势[J]. 电网技术，2011(4)：1-7.

[19] 李建秋，方川，徐梁飞. 燃料电池汽车研究现状及发展[J]. 汽车安全与节能学报，2014(1)：17-29.

[20] 赵云峰，万杰，朱自萍，等. 太阳能电池在汽车上的应用分析[J]. 农业装备与车辆工程，2011(4)：39-42.

[21] 曹秉刚，曹建波，李军伟，等. 超级电容在电动车中的应用研究[J]. 西安交通大学学报，2008(11)：1317-1322.

[22] 齐晓霞，王文，邵力清. 混合动力电动车用电源热管理的技术现状[J]. 电源技术，2005(3)：178-181.

[23] 杨雪佳. 电动汽车充电桩运营模式研究[J]. 科技资讯，2016(9)：81，83.

[24] 汪真. 电动汽车保养知识介绍[J]. 电动自行车，2016(3)：51-52.

[25] 李正国. 电动汽车整车故障诊断与分析[M]. 北京：清华大学出版社，2019.

[26] 中华人民共和国国家质量监督检验检疫总局. 中华人民共和国国家标准：电动汽车充电站通用要求：GB/T 29781—2013[S]. 北京：中国标准出版社，2013.

[27] 国家市场监督管理总局，中国国家标准化管理委员会. 电动汽车用动力蓄电池循环寿命要求及试验方法：GB/T 31484—2015[S]. 北京：中国标准出版社，2015.

[28] 国家市场监督管理总局，中国国家标准化管理委员会. 电动汽车用动力蓄电池电性能要求及试验方法：GB/T 31486—2015[S]. 北京：中国标准出版社，2015.

[29] 国家市场监督管理总局，中国国家标准化管理委员会. 电动汽车用动力蓄电池安全要求：GB 38031—2020[S]. 北京：中国标准出版社，2020.

[30] 深圳市市场监督管理局. 深圳市地方行业标准：电动汽车维护和保养规范：SZDB/Z 201-2016[S]. 深圳：深圳市市场监督管理局通知，2016.